全国高等职业教育规划教材

传感器与检测技术实训教程

董春利　编著

机 械 工 业 出 版 社

本书以传统的传感器与检测技术实训为载体,实训中模拟实际工作场景和模式。本书共9章,通过学习本书,学生不仅能掌握电阻式、电容式、电感式、磁电式、压电式、热电式、光电式传感器等的测量原理,检测力、位移、速度、加速度、温度等被测参数的操作方法,控制温度、转速等参数的自控系统的参数整定方法,更重要的是能强化操作规矩的养成、完成工科从业人员八个方面的能力训练。这些训练包括实训室环境管理能力训练、实训步骤的规划与实施能力训练、实训报告书的编写能力训练、实训结果的数据分析能力训练、实训步骤的设计与编写能力训练、实训过程的讲解与答疑能力训练、实训过程的查错与处理能力训练、实训系统的调试与参数整定能力训练。

本书可以作为高职高专院校、应用类本科院校或成人高校的电气自动化技术、生产过程自动化技术、应用电子技术、机电一体化技术、楼宇智能化技术以及相关专业的实训教材,也可以供自动化技术相关领域的从业人员参考。

图书在版编目(CIP)数据

传感器与检测技术实训教程/董春利编著 .—北京:机械工业出版社,2016.10
全国高等职业教育规划教材
ISBN 978-7-111-55408-0

Ⅰ.①传… Ⅱ.①董… Ⅲ.①传感器-检测-高等职业教育-教材
Ⅳ.①TP212

中国版本图书馆 CIP 数据核字(2016)第 279177 号

机械工业出版社(北京市百万庄大街22号 邮政编码 100037)
责任编辑:曹帅鹏
责任校对:张艳霞
责任印制:李 洋
中教科(保定)印刷股份有限公司印刷

2017 年 1 月第 1 版·第 1 次印刷
184mm×260mm·15 印张·359 千字
0001-3000 册
标准书号:ISBN 978-7-111-55408-0
定价:36.00 元

出 版 说 明

《国务院关于加快发展现代职业教育的决定》指出：到 2020 年，形成适应发展需求、产教深度融合、中职高职衔接、职业教育与普通教育相互沟通，体现终身教育理念，具有中国特色、世界水平的现代职业教育体系，推进人才培养模式创新，坚持校企合作、工学结合，强化教学、学习、实训相融合的教育教学活动，推行项目教学、案例教学、工作过程导向教学等教学模式，引导社会力量参与教学过程，共同开发课程和教材等教育资源。机械工业出版社组织全国 60 余所职业院校（其中大部分是示范性院校和骨干院校）的骨干教师共同策划、编写并出版的"全国高等职业教育规划教材"系列丛书，已历经十余年的积淀和发展，今后将更加紧密地结合国家职业教育文件精神，致力于建设符合现代职业教育教学需求的教材体系，打造充分适应现代职业教育教学模式的、体现工学结合特点的新型精品化教材。

"全国高等职业教育规划教材"涵盖计算机、电子和机电三个专业，目前在销教材 300 余种，其中"十五""十一五""十二五"累计获奖教材 60 余种，更有 4 种获得国家级精品教材。该系列教材依托于高职高专计算机、电子、机电三个专业编委会，充分体现职业院校教学改革和课程改革的需要，其内容和质量颇受授课教师的认可。

在系列教材策划和编写的过程中，主编院校通过编委会平台充分调研相关院校的专业课程体系，认真讨论课程教学大纲，积极听取相关专家意见，并融合教学中的实践经验，吸收职业教育改革成果，寻求企业合作，针对不同的课程性质采取差异化的编写策略。其中，核心基础课程的教材在保持扎实的理论基础的同时，增加实训和习题以及相关的多媒体配套资源；实践性较强的课程则强调理论与实训紧密结合，采用理实一体的编写模式；涉及实用技术的课程则在教材中引入了最新的知识、技术、工艺和方法，同时重视企业参与，吸纳来自企业的真实案例。此外，根据实际教学的需要对部分课程进行了整合和优化。

归纳起来，本系列教材具有以下特点：

1）围绕培养学生的职业技能这条主线来设计教材的结构、内容和形式。

2）合理安排基础知识和实践知识的比例。基础知识以"必需、够用"为度，强调专业技术应用能力的训练，适当增加实训环节。

3）符合高职学生的学习特点和认知规律。对基本理论和方法的论述容易理解、清晰简洁，多用图表来表达信息；增加相关技术在生产中的应用实例，引导学生主动学习。

4）教材内容紧随技术和经济的发展而更新，及时将新知识、新技术、新工艺和新案例等引入教材。同时注重吸收最新的教学理念，并积极支持新专业的教材建设。

5）注重立体化教材建设。通过主教材、电子教案、配套素材光盘、实训指导和习题及解答等教学资源的有机结合，提高教学服务水平，为高素质技能型人才的培养创造良好的条件。

由于我国高等职业教育改革和发展的速度很快，加之我们的水平和经验有限，因此在教材的编写和出版过程中难免出现问题和疏漏。我们恳请使用这套教材的师生及时向我们反馈质量信息，以利于我们今后不断提高教材的出版质量，为广大师生提供更多、更适用的教材。

机械工业出版社

前　言

  本书是根据辽宁省精品课程《传感器与检测技术》的进一步课程改革，把课程的实训定位于衔接学校实训室环境与工厂车间环境，以"培养技能，重在运用，能力本位"的指导思想编写的，是辽宁省高等教育学会、辽宁省高职教育学会和大连市职业技术教育研究院的重点科研课题的成果。

  本书以传统的传感器与检测技术实训为载体，在实训中模拟实际工作。学生不仅能掌握电阻式、电容式、电感式、磁电式、压电式、热电式、光电式传感器的测量原理，检测力、位移、速度、加速度、温度等被测参数的操作方法，控制温度、转速等参数的自控系统的参数整定方法，更重要的是能强化操作规矩的养成，获得工科从业人员在八个方面的实用能力训练。这些训练包括实训室环境管理能力训练、实训步骤的规划与实施能力训练、实训报告书的编写能力训练、实训结果的数据分析能力训练、实训步骤的设计与编写能力训练、实训过程的讲解与答疑能力训练、实训过程的查错与处理能力训练、实训系统的调试与参数整定能力训练。

  这些训练基本涵盖了工厂环境管理、施工组织与设计、工程实施报告与汇报、数据分析与处理、故障查错与处理、系统调试与竣工等工厂实际工作中要用到的基本能力，力图使高职高专自动化类各专业的学生在学习完本课程后，具有生产一线技术人员和运行人员所必须掌握的传感器技术应用知识、自动检测与控制系统应用能力以及工科学生的综合基本应用技能。

  本书主要特点是将工厂实际工作中需要注意的环境、健康、安全的知识融入教学的各个环节；每次训练课程都锻炼在工厂车间必须具备的一个环节，如识图绘图、列单领料、数据整理、报告撰写、汇报讲解、简单设计、故障寻迹和参数整定等，最终使学生成为一个具有专业素质的、懂工作规则、有健康安全意识的专业技术人员。

  本书用三个主线贯穿实训过程：以对实训步骤的认知、对任务的分解、对人员的分工为自学内容；以操作过程的合规性、材料使用的合理性、注意事项的安全性、实训结果的正确性、实训过程的纪律性为学生自学主旨；以课后实训报告的数据整理、实训总结、思考题解答为学生自我学习结果。

  本书具有一定的独立性，可以在教学中根据教学进度选用不同的项目，配合教材《传感器与检测技术》，完成48学时到96学时的理论+实训的教学内容。

  本书在编写过程中，得到大连职业技术学院和精品课程《传感器与检测技术》课题组其他老师的帮助，编写中参考和借鉴了许多专家、学者的著作，在此一并表示衷心的感谢！

  由于作者的水平有限，本书在内容选择和安排上，难免会存在遗漏和不妥之处，诚请读者批评指正。

编者

目　录

项目1　传感器与检测技术实训认识训练

【提要】本项目介绍了实训的安排与实训注意事项，讲解了康奈尔笔记法和思维导图，简单介绍了实训系统。

依托两个必做的实训项目，完成传感器与检测技术实训认识训练，使学生对整个实训和实训装置有进一步的认识，掌握测微头的使用方法，能够在后续的课程以及自己的职业生涯中，灵活运用优秀的思维导图学习工具和康奈尔笔记学习方法，获得更大的进步。

本项目成果：实训设备认识思维导图；测微头使用方法，康奈尔笔记法。

1.1　实训相关的一般知识

1.1.1　实训安排

1. 衔接学校实训室环境与工厂车间环境

继蒸汽时代、电气时代、信息时代三大工业革命之后，全球化分工使生产要素加速流动和配置，市场风向变化和产品个性化的需求对企业反应时间和柔性化能力提出前所未有的要求，全球进入空前的创新密集和产业变革时代。基于此，以物联网和智能制造为主导的第四次工业革命悄然来袭。

德国率先提出工业4.0的概念，之后美国也推出工业物联网，中国推出了中国制造2025等类似概念。无论工业4.0还是工业物联网，其主要特征都是智能和物联，而主旨都在于将传统工业生产与现代信息技术相结合，从而提高资源利用率和生产灵活性、增强客户与商业伙伴紧密度并提升工业生产的商业价值。

中国制造2025有两大核心内涵，其一是"建立一个高度灵活的个性化和数字化的产品与服务的生产模式"，即智能制造模式；其二是这个模式的物理基础："通过充分利用信息通信技术和网络空间虚拟系统——信息物理系统（传感系统）相结合的手段，将制造业向智能化转型"。很显然，制造工业领域中的传感器将起到越来越重要的作用。

在传感器技术起到越来越重要作用的今天，"传感器技术与应用"课程对于高职的自动化类和电子信息类专业的学生，就是必不可少的知识、能力与技能训练的主干课程。其实训就是在整个"传感器技术与应用"的课程教学过程中，将其知识、能力与技能训练融合在一起的关键环节。

"传感器与检测技术"的实训课程通常要求必须大于20课时。限于实训环境、资金、设备、师资的原因，在实训课中，绝大多数院校无法使用与工厂和工程中实际应用的真实的传感器。学生们操作的全部是由教学实验仪器厂专门为实训制作的简单的模型式产品。全部课程实训的内容都是验证性的实验：接线、通电、测数、验证原理。学生完成实训后，既不能得到实际传感器的操作经验，也不能得到维修维护技能，甚至连对真实传感器的感性认识都没有。这种实训课程不仅仅浪费了学习时间，也浪费了有限的课程资源。

"传感器与检测技术"课程一般学完之后不久就有学生进入工厂和车间实习，从学校的学习环境到工厂的车间工作环境，学生很难一下子适应过来。因此，本实训采取模拟工厂车间的环境管理，从环境认知上使学生得到锻炼；将工厂实际工作中需要注意的环境、健康、安全的知识融入教学的各个环节；每次实训课程都像在工厂车间一样，经过识图、绘图、列单领料、数据整理、报告撰写、汇报讲解、简单设计等一系列环节；经过这一系列的锻炼和培训，最终塑造成一个具有专业素质、懂工作规则、有健康安全意识的专业技术人员。

2. 本实训课程的创新性安排

按照上述要求，本实训课程定位于衔接学校实训室环境与工厂车间环境，则本实训课程的创新性安排如下。

（1）基本实训内容

以现有传感器与检测技术实训设备为基础，完成原有的传感器与检测技术实训，保留传感器与检测技术实训教学中的实训目的、实训设备、实训步骤、实训数据和实训报告等基础内容。

综合国内现有的主要传感器与检测技术实训设备生产厂商生产的实训设备，提炼出核心的、原则性的部分，完善实训的目的、设备、步骤，开发出实训的基础内容，使本实训指导能跨设备规格型号、符合各个学校现有的实训设备，用来指导学生的实训。

（2）能力实训内容

以上述的基本实训作为载体，重新设计教学过程，以符合工厂实际情况，面向工厂实际要求，重组以能力训练为核心的实训内容。

完成八个方面的能力训练：实训室环境管理能力训练、实训步骤的规划与实施能力训练、实训报告书的编写能力训练、实训结果的数据分析能力训练、实训步骤的设计与编写能力训练、实训过程的讲解与答疑能力训练、实训过程的查错与处理能力训练和实训系统的调试与参数整定能力训练。

这些训练基本涵盖了工厂环境管理、施工组织与设计、工程实施报告与汇报、数据分析与处理、故障查错与处理、系统调试与竣工等工厂实际工作中要用到的基本能力。

（3）新型教学模式

提供类工厂车间的环境，强化学生对工厂实际工况的认识。以车间5S管理⊖模式管理实训室，以工厂安全、健康、环境方面作为考核要求，让学生模拟处于真实工厂中。使之成为"做中学、学中练、理实一体化""以学生为中心，以教师为主导"的全过程自主实践教学。

将工厂实际工作中需要注意的环境、健康、安全的知识融入教学的各个环节；每次实训课程都能锻炼在工厂车间工作必须具备的识图、绘图、列单领料、数据整理、报告撰写、汇报讲解、简单设计、故障寻迹等技能，把学生培养成为具有专业素质、懂工作规则、有健康安全意识的专业技术人员。

⊖ 5S管理又称五常法则，即整理、整顿、清扫、清洁、素养。

（4）增加过程考核

对考核方式进行改革，采用"实训成绩记录表"完成过程考核的记载。摒弃过去那种"以测得数据为基准，以报告书写结果为载体"的单点考核。过程考核以任务分解、人员分工、操作过程合规、材料使用合理、实训过程守纪等为计分点，辅之以车间的5S管理、工厂的安全健康环境等内容。

形成以下三个主线贯穿实训过程：以对实训步骤的认知、对任务的分解、对人员的分工为学生自我学习内容。以操作过程的合规性、材料使用的合理性、注意事项的安全性、实训结果的正确性、实训过程的纪律性为学生自我学习主旨。以课后实训报告的数据整理、实训总结、思考题解答为学生自我学习结果。

整个实训全部以为学生自我学习为核心，过程考核贯穿全部实训。

3. 本实训课程的实训目的

本实训课程的目的：以传统的传感器与检测技术实训作为载体，让学生在实训中模拟实际工作。学生不仅能掌握电阻式传感器、电容式传感器、电感式传感器、磁电式传感器、压电式传感器、热电式传感器、光电传感器的原理和检测力、位移、振动、速度、温度等操作方法，而且更重要的是能强化规范化操作习惯的养成。完成工厂环境管理、工程组织与设计、工程实施报告与汇报、数据分析与处理、故障查错与处理、系统调试与竣工等工厂实际工作中要用到的基本能力训练。

用实际的案例说明，在实训课中是否能够利用实训装置，获得了测量结果并不重要；在实训过程中，严格按照操作规程和操作步骤进行才是重要的；而能够自始至终的严格按照规程，安全操作才是更重要的。即"结果不重要，过程很重要，安全更重要！"

培养受训者能够采用"正确的步骤"、采取"正确的行为"、选择"正确的方法"、安全做事。因为在做一件事的时候，步骤、行为和方法正确了，组成和贯穿的整个过程就正确了，那么其结果一定是唯一的且正确的。如果在操作中，采用要聪明、找窍门、走捷径的方法，其结果往往是五花八门的。

1.1.2　康奈尔笔记法

康奈尔笔记法，又叫做5R笔记法，是用产生这种笔记法的大学校名命名的。这一方法几乎适用于一切讲授或阅读课，特别是对于听课笔记，康奈尔笔记法应是最佳选择。这种方法是记与学、思考与运用相结合的有效方法。

这种做笔记的方法初用时，可以以一科为例进行训练。在这一科不断熟练的基础上，再用于其他科目。

运用这种方法，要将笔记本的一页分为左、右和底部三个部分。右侧为主栏或笔记栏，约占页面总宽度的70%；左侧为副栏或提示栏或回忆栏，约占页面总宽度的30%；底部为附栏或总结栏，约占页面总长度的20%。视情况不同，总结栏并不是在每一页都出现，也可以单独成页，如图1-1所示。

具体包括以下5个步骤：

（1）记录（Record）

在听讲或阅读过程中，在主栏内尽量多记有意义的论据、概念等讲课内容。这里全部记录的是讲义的内容。用简洁的文字，使用简单的记号，使用缩写的方式，要点与要点之间要

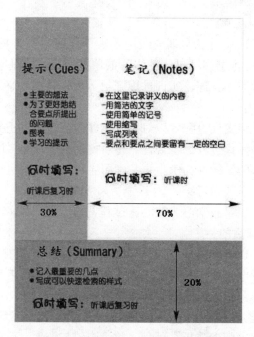

图1-1　康奈尔笔记法的页面分割

留有一定的空白。必要时，可以写成列表。

（2）简化（Reduce）

课后，尽可能及早将这些论据、概念简明扼要地概括和简化在提示栏，即副栏或回忆栏。这里记录的是主要想法，为了更好地结合要点所提出的问题、学习的提示等。必要时，可以用图表。

（3）背诵（Recite）

把主栏遮住，只用提示栏中的摘记提示，尽量多地回忆和叙述课堂上讲过的内容。尽量用自己的语言回忆复述笔记栏的内容。

（4）思考（Reflect）

这是康奈尔笔记法中最精髓的一步，其实就是把知识进行拓展和内在化的过程。在浏览记忆笔记之后，给自己留下一些时间进行消化。查漏补缺，澄清概念，加深理解，将自己的听课随感、意见、经验体会之类的内容，与讲课内容区分开，总结起来写在下方的总结栏。

记入最重要的几点，写成可以快速检索的形式。这部分也可以是卡片或笔记本的某一单独部分，加上标题和索引，编制成提纲、摘要，分成类目，并随时归档。

（5）复习（Review）

短期记忆很容易遗忘，间隔复习有助于加深记忆。每周用些时间，对某一门课程的笔记内容进行快速复习，主要是先看回忆栏，适当看主栏。

其实康奈尔笔记法是一种集笔记、复习、自测和思考于一体的学习方法，而不仅仅是一种分区式笔记法。由于预习和自测可以大幅提高学习效果。而康奈尔笔记法的精髓也在于此，因此并不是说，简简单单地把笔记分区就叫康奈尔笔记法。记录（Record）之后的4个R才是重点。至于笔记的形式并不重要，可以根据自己的需要，灵活改进应用。

1.1.3 思维导图

1. 思维导图的概念

思维导图又叫心智图，是英国著名心理学家托尼·巴赞（Tony Buzan）发明的一种表达发散性思维的图形思维工具，在多个领域都有广泛的应用。思维导图具有形象生动、结构清晰、层次分明的特点，是一种趣味性比较强的图解形式的记笔记的方法。

思维导图运用图文并重的技巧，把各级主题的关系用相互隶属与相关的层级图表现出来，将主题关键词与图像、颜色等建立记忆链接，充分运用左右脑的机能，利用记忆、阅读和思维的规律，协助人们在科学与艺术、逻辑与想象之间平衡发展，从而开启人类大脑的无限潜能。

虽然这种方法有很多优点，但它也不是万能的，也有自己的局限性。它是一种树状的信息分层可视化展示，结构比较固定，不适合分支间互相交互比较复杂的信息展示。可以配合其他思维工具一起使用，比如流程图、鱼骨图、SWOT[⊖]分析等。

思维导图将人类大脑的自然思考方式——放射性思考转化为可视化的图形思维工具。它既可以呈现知识网络，是组织陈述性知识的良好工具；也可以呈现思维过程，是组织程序性知识的良好工具。因此，它的应用领域非常广，如企业管理、项目计划、商业活动、教育教学等。常见的知识网络图、流程图、解析图等都属于思维导图。如图 1-2 所示。

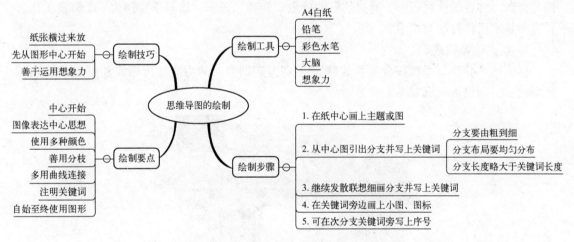

图 1-2　思维导图及其绘制方法

思维导图工具和基于思维可视化原理的理念引入到教育领域以来，已经在教育教学过程中产生了积极的影响，尤其是基于思维导图的学习过程很好地体现了建构主义学习理论的理念，国外对于思维导图在教学中应用的研究已经比较成熟，它已成为教学中很常用的一个方法，有着很好的教学效果。

2. 思维导图的作用

理清知识脉络，用大脑易于接受的图画方式表达出来；减少无用的信息对思维的干扰，

⊖ SWOT 即 Strength（优势）、Weakness（劣势）、Opportunity（机会）和 Threats（威胁）。

让思维更集中、头脑更敏捷；对思想进行梳理并使它逐渐清晰；发散的图式及图形的运用能极大地激发联想力、想象力。

节省时间、快速理解、快速记忆；更容易解决问题；集中注意力、让学习变得快乐；以良好的成绩通过考试。

1.1.4 实训系统的认识

1. 实训系统概述

"传感器系统综合实验装置""传感器技术实训装置""传感器检测与转换技术实训装置"或"检测与转换技术实训装置"是与本教材相配的实训或实验装置，目前在国内有超过20家教学仪器生产厂商生产，市场占有量比较大的有浙江天煌、杭州高联、上海硕博、北京理工伟业等公司。该装置是一套多功能、全方位、综合性、动手型的实验实训装置，可以与职业教育中的"传感器与检测技术""传感器技术与应用""自动检测技术""自动检测与转换技术""工业自动化仪表""非电测量技术与应用""过程检测技术与应用"等课程的教学实验实训配套使用，完成相关课程要求的数十种实验，包含光、磁、电、温度、位移、振动、转速等内容的测试实验。通过这些实验，实验者可对各种不同的传感器及测量电路原理和组成有直观的感性认识。

传感器与检测技术实验台采用的传感器大部分是透明演示结构，便于学生加强对书本知识的理解，并在实验过程中，通过信号的拾取、转换、分析，培养学生作为一个科技工作者具有的基本操作技能与动手能力。

2. 实训设备构成

标准的"传感器系统综合实验装置"主要由实训台、动力源、传感器和变送模板四部分组成。实训设备构成如图1-3所示。

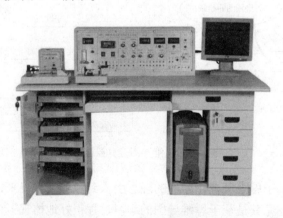

图1-3　实训设备构成图

（1）实训台部分

实训台部分由实验桌和主机箱组成。实验桌的两个特制柜可分别安放转动源、振动源，传感器，变送模板等，也留有计算机主机及键盘的空间。主机箱固定在实验桌上，桌面上预留显示器和示波器安放位置。

主机箱主要由信号发生器、直流稳压电源、数字式电压表、频率/转速表、定时器、高精度温度调节仪、气压表和玻璃转子流量计组成。

信号发生器能提供 1 ~ 10 kHz 的音频信号，以及 1 ~ 30 Hz 的低频信号。

直流稳压电源一共有四个，一般都必须有断电保护功能。有 ±15 V、+5 V 两个固定输出，一个 ±2 ~ ±10 V 可以分五档输出，还有一个可以在 2 ~ 24 V（或 0 ~ 24 V）之内连续可调输出。

数字式电压表一般必须具有输入阻抗大，精度高。其输入的量程为 0 ~ 20 V，分为 0 ~ 200 mV、0 ~ 2 V、0 ~ 20 V 三档。

频率/转速表可以用按键选择用于测量频率还是转速，选频率表时，测量范围为 1 ~ 9999 Hz。选转速表时，测量范围为 1 ~ 9999 r/min。

定时器的量程范围是 0 ~ 9999 s，可以精确到 0.1 s。

高精度温度调节仪可以接入多种输入信号、以及输出多种规格的信号。大多数有人工智能调节功能，以及参数自整定功能和先进控制算法。温度控制精度为 ±0.50℃。

气压表的量程范围是 0 ~ 40 kPa，精度 2%。

玻璃转子流量计的量程范围是 0 ~ 100 ml/min。

（2）动力源部分

动力源部分主要由转动源、振动源、气压源和热源等提供实训用动力的部分组成。

转动源由实训台上的 2 ~ 24 V 直流电源驱动，根据驱动电源的变化，转速范围为 0 ~ 4500 r/min。

振动源由实训台上的低频信号源提供激励信号，振动频率为 1 ~ 30 Hz 可调，其共振频率在 12 Hz 左右。

气压源由小型空气压缩机提供 0 ~ 20 kPa 的压缩空气，配套有气压表和空气过滤调节阀、玻璃转子流量计等。

热源由实训台的 0 ~ 220 V 交流电源供电加热，其温度范围为室温至 120℃，可由实训台上的高精度温度调节仪控制，控制精度为 ±1℃。

（3）传感器部分

在绝大多数的"传感器技术实训装置"中，所用传感器不是工厂和工程中实际应用的真实的传感器，而是由教学实验仪器厂专门为实验制作的简单的模型式的产品。这些传感器基本上都做成透明结构，能够直观地看到所运用的传感原理和传感部件，以便学生有直观的认识，大多配有专用测量连接线（可使接触电阻小），或直接安装在被测体上。

个别厂家还有微波传感器方位检测监测系统箱、红外测试系统等传感器系统，完成微波传感器的方位检测、红外传感器的热成像探测等。实训设备中的传感器如图1-4所示。

图 1-4　实训设备中的传感器

1）应变式传感器：金属应变传感器，量程 0 ~ 1 kg，应变片阻值 350 Ω。

2）压阻式传感器：集成扩散硅压力传感器，量程 20 kPa，极限压力 100 kPa。

3）差动电容传感器：两组定片和一组动片构成，量程≥5 mm。

4）差动变压器式传感器：铁心、初级线圈和次级线圈构成，量程≥5 mm。

5）电涡流传感器：多股漆包线与金属涡流片组成，量程≥3 mm。

6）磁电式转速传感器：线圈和永久磁钢构成，灵敏度 0.5 V/(m · s^{-1})。

7）霍尔位移传感器：线性霍尔片置于梯度磁场中，量程≥3 mm。

8）霍尔转速传感器：量程 2400 r/min，线性 ± 0.1%。

9）霍尔开关传感器：集成霍尔开关传感器，工作电压 DC 5 V。

10）压电加速度传感器：双片压电晶体和铜质量块构成，谐振频率 > 10 kHz。

11）Pt100：金属铂电阻传感器，0℃ 电阻值 100 Ω，测温范围 − 20 ~ 850℃。

12）Cu50：铜热电阻，0℃ 时电阻值 50 Ω，测温范围 − 50 ~ 100℃。

13）K 型热电偶：镍铬 − 镍硅热电偶，测温范围 − 50 ~ 1800℃。

14）E 型热电偶：镍铬 − 康铜热电偶，测温范围 − 100 ~ 1100℃。

15）PN 结温度传感器：测温范围 − 100 ~ 150℃，灵敏度 2.2 mV/℃，线性误差 1%。

16）NTC：负温度系数半导体热敏电阻，测温范围 − 50 ~ 350℃。

17）PTC：正温度系数半导体热敏电阻，测温范围 − 50 ~ 150℃。

18）AD590：电流输出型集成温度传感器，测温范围 − 55 ~ 155℃，灵敏度 1 μA/℃。

19）LM35：电压输出型集成温度传感器，测温范围 − 55 ~ 150℃，灵敏度 10 mV/℃。

20）红外传感器：红外热释电传感器，检测距离 0.1 ~ 5 m。

21）光敏电阻：硫化镉（CdS）材料，暗阻≥50 MΩ，亮阻≤2 kΩ。

22）硅光电池：光谱响应 420 ~ 675 nm，光敏区 7.34 mm^2。

23）光电开关传感器：射式光电开关：包含光轴相对放置的发射器和接收器。

24）光纤位移传感器：Y 形导光型传感器。

25）声电传感器：驻极体电容式，频响 20 ~ 20 kHz，灵敏度 − 27 dB。

26）磁阻传感器：锑化铟（InSb）差分磁敏电阻传感器。

27）气敏传感器：对酒精敏感，测量范围：$50 \times 10^{-6} ~ 2000 \times 10^{-6}$。

28）湿敏传感器：电容型湿度传感器，测量范围 1 ~ 99% RH。

29）可燃气体检测传感器：对一氧化碳、甲烷灵敏，探测范围：$100 \times 10^{-6} ~ 1000 \times 10^{-6}$ 可燃气体。

（4）变送模板部分

变送模板主要是与传感器配套使用的放大、调理和转换电路部分。包括交流电桥、电压放大器、差动放大器、电荷放大器等放大电路，以及低通滤波器、相敏检波器、移相器、温度检测等调理电路。

这些模板上附有放大、调理和转换电路的原理框图，以便学生有直观的认识。测量连接线用定制的接触电阻极小的迭插式联机插头连接。

变送模板一般有：应变传感器模板、电容传感器模板、差动变压器模板、电涡流传感器模板、霍尔式传感器模板、压电传感器模板、压力传感器模板、温度传感器模板、光电式传感器模板、超声波传感器模板、湿敏传感器模板、光纤位移传感器模板、热释电红外传感器模板、硅光电池传感器模板、集成温度传感器模板等。

调理模板一般有：电桥、电压放大器、差动放大器、电荷放大器、电容放大器、低通滤波器、相敏检波器、移相器、温度检测与调理、压力检测与调理等模板。变送模板与调理电路模板如图1-5所示。

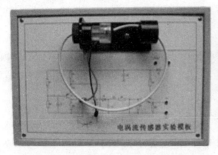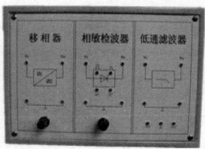

图1-5　变送模板与调理电路模板

（5）数据处理板卡及多媒体演示仿真软件

这些选配的附件部分，通常供一些特殊学校和或特殊专业选用，用来完成一些非通用性的实训或创新型实验。主要包括：高速数据采集卡硬件、上位机实时数据采集软件、传感器虚拟仿真实验室教学软件、多媒体三维动画演示软件等。

3. 可实现的实训内容

（1）传感器基本技能实训

1）金属箔式应变片：单臂电桥搭建特性测试、半桥搭建特性测试、全桥搭建特性测试，应变式传感器的重量测量。

2）压阻式传感器压力测量，扩散硅压阻传感器差压测量。

3）电容式传感器的位移特性测试，电容式传感器动态特性测试，电容式传感器的振动测量。

4）差动变压器的性能测试、激励频率对差动变压器特性的影响测试、差动变压器零点残余电压补偿、差动变压器的振动测量。

5）电涡流传感器的位移特性测试，被测体材质、面积大小对电涡流传感器的特性影响测试，电涡流传感器振动测量。

6）压电式传感器振动测量。

7）磁电式传感器转速测量，磁电式传感器振动测量。

8）霍尔式传感器直流激励时的位移特性测试，霍尔式传感器交流激励时的位移特性测试，霍尔式传感器振动测量。

9）温度控制的特性测量，铂电阻温度特性测试，热电偶温度特性测试、热电偶的冷端温度补偿，集成温度传感器的温度特性测试。

10）光纤传感器的位移特性测试、光纤传感器测量振动。

11）气敏传感器测试酒精浓度。

12）湿敏传感器湿度测量。

（2）传感器的应用实训

1）电子秤定标：直流全桥的应用。

2）振动测量：交流全桥的应用、差动变压器式传感器的应用。

3）转速测量：光电转速传感器的应用、开关型霍尔传感器的应用、光纤传感器的应用。

4）温度测量：Pt100 热电阻传感器的应用、K 型热电偶的应用、E 型热电偶的应用。

1.2 实训装置的认识实训

1.2.1 实训目的与意义

1. 知识目的

熟悉与掌握康奈尔笔记法，掌握思维导图的作用与绘制方法。

认识本课程所用实训装置的组成。熟悉主机箱上全部信号发生器、直流稳压电源、数字式电压表、频率/转速表、定时器、高精度温度调节仪的位置和作用。熟悉转动源、振动源、气压源的位置和作用。

认识金属箔式应变片传感器、差动电容式传感器、差动变压器式传感器、电涡流式传感器、磁电转速传感器、霍尔位移传感器、霍尔转速传感器、压电传感器、光电传感器、集成温度传感器（AD590，LM35）、K 型热电偶传感器、E 型热电偶传感器、Pt100 铂电阻、湿敏传感器、气敏传感器等传感器。

认识交流电桥、电压放大器、差动放大器、电荷放大器等放大电路，低通滤波器、相敏检波器、移相器、温度检测等调理电路，以及电涡流变换器、温度检测变换、压力检测变换等转换电路。

2. 能力目的

能够用康奈尔笔记法记笔记，能够运用思维导图的方法完成课程内容的预习与复习。

掌握主机箱上全部信号发生器、直流稳压电源、数字式电压表、频率/转速表、定时器、高精度温度调节仪的使用方法。掌握转动源、振动源、气压源的使用方法。

3. 素质目的

能够严格遵守实训纪律，不大声喧哗、不影响别人、不抄袭作业。充分体现团队精神，有分工、有合作。严格按照安全规定进行实训，不带电作业、上电前经过批准。

1.2.2 实训原理与设备

1. 实训原理

传感器技术实训装置是用于传感器与检测技术类课程教学实验的多功能教学装置。它集被测体、各种传感器、信号激励源、处理电路和显示器于一体，可以组成一个完整的传感器与检测系统。完成相关课程要求的数十种实验，包含光、磁、电、温度、位移、振动、转速等内容的测试实验。通过这些实验，实验者可对各种不同的传感器及测量电路原理和组成有直观的感性认识。

为此，在开始实训之前，学生必须对实训装置中实验台主机箱上的信号源和指示表，实训用的传感器，传感器模板，动力源板有一定的认识并学会使用和操作。

2. 实训设备

参考本校现有传感器与检测技术的实训装置，至少应能提供下列设备。

实验台主机箱：其上的 +5 V 直流电源、2～24 V 转速电源调节、直流电压表、转速/频率表。

传感器：实训台上的所有传感器。

变送模板：实训台上的所有传感器模板。

动力源：实训台上的所有动力源板。

其他：连接线缆、管缆。

1.2.3 实训内容与要求

1. 实训设备认识

顺序拿出实训室提供的传感器技术与应用实训装置上的全部实训台部分、动力源部分、传感器部分和变送模板部分设备。

观察其名称、组成、特点、规格，一一记录后汇总到一个表格里。表格名为"传感器与检测技术实训装置设备一览表"，表格由序号、名称、型号、规格、单位、数量、备注等栏目组成。

请使用思维导图绘制方法，将实验台主机箱、全部传感器、全部模块、动力源及其能完成的实验绘制到思维导图中。

2. 直流电压的测量

选择合适的直流稳压电源输出，选择合适的电压表，选择合适的引线，能够分别输出 +2 V，-5 V，+8 V，-10 V，+15 V，+20 V 电压。

记录接线方式，并绘制到纸上，包含到在实训报告中。图纸名称为"直流电压测量接线图"。

3. 气压的测量

选择合适的气源输出，选择合适的气压表，选择合适的引压管，能够分别测得 5 kPa，10 kPa，20 kPa，30 kPa，40 kPa。

将数据记录后汇总到一个表格里。表格名为"气压测量记录表"，表格由序号、测量电压、测量流量、备注等栏目组成。

4. 交流脉冲信号的测量

选择合适的交流电源（信号发生器）输出，选择合适变送模板（放大、调理和转换电路），选择合适的显示表或示波器，选择合适的引线，能够分别输出 10 Hz、30 Hz、1000 Hz、8000 Hz 的交流脉冲信号，此时其电压的峰峰值（或有效值）分别为多少？

将数据记录后汇总到一个表格里。表格名为"交流脉冲信号测量记录表"，表格由序号、测量频率、测量电压、备注等栏目组成。

1.2.4 实训报告内容要求

报告条目分为：实训目的、实训原理、实训设备、实训内容及其表格或图纸。

请将本次实训的学习内容，结合老师讲解和自己的学习，按照康奈尔笔记法记录笔记，附在实训报告的后面。

回答问题：1）通过本次实训，你是否达到了实训目的的要求？2）通过本次实训你学到了哪些知识、能力与技能？3）总结一下本实训中必须遵守的注意事项。

1.3　测微头的使用实训

1.3.1　实训目的与意义

1. 知识目的

熟悉与掌握康奈尔笔记法，掌握思维导图的作用与绘制方法。

认识本课程所用测微头的组成。熟悉测微头的与千分尺类工具的理论知识。

2. 能力目的

能够用康奈尔笔记法记笔记，能够运用思维导图的方法完成课程内容的预习与复习。

掌握测微头的使用方法。会用测微头测量位移。能够看刻度读出位移量。也能够根据位移要求旋转出位移量。

3. 素质目的

能够严格遵守实训纪律，不大声喧哗、不影响别人、不抄袭作业。充分体现团队精神，有分工、有合作。严格按照测微头的一般规定进行实训。

1.3.2　实训原理与设备

1. 实训原理

测微头是利用螺旋副原理，对测微螺杆轴向移动量进行读数并备有安装部位的测量器具。

在实验中，测微头是用来产生位移并指示出位移量的工具，又称为螺旋测微器。它是依据螺旋放大的原理制成的，即螺杆在螺母中旋转一周，螺杆便沿着旋转轴线方向前进或后退一个螺距的距离。因此，沿轴线方向移动的微小距离，就能用圆周上的读数表示出来。

螺旋测微器的精密螺纹的螺距是 0.5 mm，可动刻度有 50 个等分刻度，可动刻度旋转一周，测微螺杆可前进或后退 0.5 mm，因此旋转每个小分度，相当于测微螺杆前进或推后 0.5/50 = 0.01 mm。可见，可动刻度每一小分度表示 0.01 mm，所以螺旋测微器可准确到 0.01 mm。由于还能再估读一位，可读到毫米的千分位，故又名千分尺。

2. 实训设备

测微头

1.3.3　实训内容与要求

1. 实训设备认识

（1）测微头组成

测微头由不可动部分安装套、轴套和可动部分测杆、微分筒、微调钮组成。如图 1-6 所示。

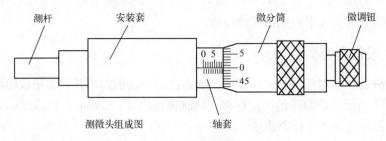

图1-6 测微头组成

（2）测微头读数与使用

测微头的安装套便于在支架座上固定安装，轴套上的主尺有两排刻度线，标有数字的是整毫米刻线（1mm/格），另一排是半毫米刻线（0.5mm/格）；微分筒前部圆周表面上刻有50等分的刻线（0.01mm/格）。

用手旋转微分筒或微调钮时，测杆就沿轴线方向进退。微分筒每转过1格，测杆沿轴方向移动微小位移0.01mm，这也叫测微头的分度值。

2. 测微头的使用方法

测微头在实验中是用来产生位移并指示出位移量的工具。

一般测微头在使用前，首先转动微分筒到10mm处，为了保留测杆轴向前、后位移的余量。其次将测微头轴套上的主尺横线面向自己安装到专用支架座上。然后移动测微头的安装套（测微头整体移动），使测杆与被测体（通常是测位移的各类传感器）连接，被测体的一头带有磁铁，以便与测微头刚性连接。被测体处于合适位置（视具体实验而定）时，再拧紧支架座上的紧固螺钉。当转动测微头的微分筒时，被测体就会随测杆而位移。

3. 测微头数值的读取与放置

测微头的读数方法是先读轴套主尺上露出的刻度数值，注意半毫米刻线；再读与主尺横线对准微分筒上的数值、可以估读1/10分度。遇到微分筒边缘前端与主尺上某条刻线重合时，应看微分筒的示值是否过零，如过零则为加已过零部分，如未过零则为减去未过零部分。

（1）读数

请读取图1-7a、b、c、d中测微头所在位置的读数。

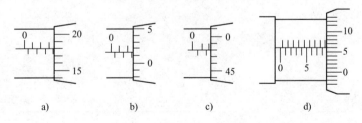

图1-7 测微头的数值读取

（2）置数

请用测微头摆出10.254mm，13.378mm，22.847mm的位置。

（3）安装

拿出电容式传感器实验模板，按照测微头的使用方法，将测微头与电容式传感器安装在模板上。互相检查确认无误后交由老师检查。

1.3.4 实训报告内容要求

报告条目分为：实训目的、实训原理、实训设备、实训内容及其表格或图纸。

根据图1-7所示，将测得的数据列表。同时将找出10.254 mm、13.378 mm、22.847 mm的位置，用直尺按比例2∶1绘制出来。

请将本次实训的学习课程，结合老师讲解和自己的学习，按照康奈尔笔记法记录笔记，附在实训报告的后面。

请将"1.3.3实训内容与要求"中的1、2、3项的全部内容绘制成思维导图。

回答问题：

1）测微头转一圈为多少位移量？

2）为什么要首先转动微分筒到10 mm处？

3）测微头轴套上的主尺横线是否要面向自己安装？

4）通过本次实训，你是否达到了实训目的的要求？通过本次实训，你学到了哪些知识、能力与技能？总结一下本实训中必须遵守的注意事项。

项目 2 工厂与车间管理认识训练

【提要】本项目介绍了工厂安全健康环境基本知识，给出了环境保护指引、健康卫生指引和安全防护指引；介绍了工厂安全生产注意事项，包括消防安全、用电和雷电安全、机械设备安全、动力设备安全、高空作业安全等方面；讲解了警示标识和求救报警，简单介绍了危险源的辨识。介绍了车间基础管理的基本知识，包括车间管理 5S 概念及其推行。

依托两个必做的实训项目，完成工厂与车间管理认识训练。使学生提前对工厂的环境安全健康有基本认识，对车间的环境控制与管理有切身的体会，能熟练地掌握危险源辨识和 5S 管理方法，能够在后续的课程中以及自己的职业生涯中，灵活运用这些工具和方法。

本项目成果：实训室危险源一览表，实训室防火注意事项，本实训室 5S 检查表。

2.1 工厂安全健康环境基本知识

2.1.1 工厂 EHS 基本概念

工厂安全健康环境，就是工厂的 EHS，其中 EHS 分别是 Environment、Health、Safety 单词的第一个字母。E 代表的是环境（Environment）、H 代表的是健康（Health）、S 代表的是安全（Safety）。

1. 环境的概念

环境的定义为空气、水、土地、自然资源、植物、动物、人以及它们之间的相互关系。因此，环境是多种介质的组合，是社会组织运行活动的外部存在。

环境的组成包括：空气、水、土地、自然资源、植物、动物和人。即 ISO14001 所关注的环境，区别于人们所营造的软件环境（例如：人文环境、经济环境和政治环境等）。

环境的影响包括：由环境因素而导致的环境的变化。比如，污染或自然资源枯竭。

一个企业应该具有责任，其组织生产的产品在生命周期内要考虑并采取措施，去减少产品对环境的负面影响，或者逐步采用对环境危害小的物质。企业采取的活动或付出的服务，需要符合 ISO14000 环境认证定义范围内的生产、生活活动或可望施加影响的活动。

2. 健康的概念

健康的内容包括各种工业卫生因素。工作环境的温度、湿度、照明、空气污染物、噪声、振动、辐射、体力强度和人体功效学等，通常也称为工业卫生，也叫做职业健康保护。

与工业卫生相关的标准包括：工业企业设计卫生标准、工作场所有害因素、职业接触极限、职业病诊断标准、防护卫生标准等。

企业组织在与工业卫生相关的卫生设计包括：选址，总体布局、平面及方向布置，防尘防毒，有害物理因素的控制（防暑防寒、防噪声与郑动、电离辐射、超高压电场），人工空气的调节，辅助用室基本卫生要求，应急救援。

3. 安全的概念

安全的内容包括电力安全、机械安全、化学品安全、防火防爆、建筑安全、石油化工安全、矿山安全和其他安全等。对企业而言安全通常称为工业安全。

安全作为客观存在的、具有一定可能性的随机事件，不安全的事件（意外事故）何时、何地、以何种方式和程度发生，需要一定的条件、一定的环境下、有一定的随机性。人们虽然难以从根本上杜绝事故，但是完全可以通过控制事故发生的条件来减少事故发生的概率和损失程度。

4. 工厂 EHS 中三要素的关系

E、H、S 并不是各自独立的部分，而是紧密联系在一起的三个环节，因此在管理中也逐步将其进行整合统一的管理。EHS 管理的核心是在预防，这也正符合了"凡事预则立，不预则废"的道理。无论从 EHS 的工程层面还是管理层面，EHS 的三个方面都是互相制约、互相支持的。比如，我们的生产环境存在很大的问题（现场设备物品乱堆乱放、设备布局空间狭小、光线昏暗、空气污浊等），那么将直接影响员工的心理和生理健康，在不良的身体状况下（如烦躁不安、疲劳困顿）发生事故的概率就会增大，最终将导致伤害员工或损坏设备的事故发生。因此，可以说，如果不能创造良好的现场环境，员工的健康、生产的安全都将不能得到保证。

2.1.2 工厂环境保护指引

1. 废弃物的处理与处置

（1）企业与员工的义务

企业必须提供合适、合法的废弃物处理方法，合适的废弃物处置地点，合适的废弃物存储。提供标识识别危险废弃物及其种类。提供废弃物辨认、标识和处置培训。不允许焚烧废弃物。

员工也必须接受废弃物处理程序的培训，即培训员工废弃物应很好地分离、收集、储存、运输和处理处置。

（2）废弃物类型

废弃物类型包括：医疗废弃物如用过的急救用品；危险废弃物如泄漏的原料、化学品；非危险废弃物如包装材料；普通食物等卫生垃圾；具全球性影响的废弃物如杀虫剂、电池；生活垃圾。

（3）危险废弃物特性

可燃性：极易引发轰燃，引起火灾，并刺激人体，如易燃液体。腐蚀性：如酸、碱。化学活性：导致爆炸/伴随其他化学品反应产生有毒气体。毒性：当吞食/通过皮肤吸收后可导致疾病/死亡。

（4）废弃物处置

再利用、循环再生、返还给卖主、处理（即使用化学/生物/物理的方法）、填埋。处理（非现场）：通过认可的或许可的承包商。现场废弃物焚烧：必须要有政府许可。

2. 废水的处理及排放

公司要获得法律要求的排污许可证，在排放到适当地点前应经过适当的废水处理，对废水处理设施进行适当的维护以确保正常运行。

（1）许可证管理

企业在进行以下工作时，必需具有必要的许可证。安装废水处理设备；排放污水至一个集中处理系统；排放污水至地表水或地面；抽取地表水或地下水。

（2）污水处理

污水处理使用的方法应当基于期望处理的污染物。分为：简单收集，如筛网、污水井；简单处理，如中和、热交换；复合处理，生物学的（需氧的、厌氧的）、化学的和机械的处理。

生物方法也称为二级处理方法，是一个生物（微生物）处理过程来分解有机物。

物理与化学方法包括，絮凝，以悬浮物或胶体的形式除去废物；浮选，从液体中分离固体或液体粒子（如从水、污泥中分离油）；吸附，使用吸附剂（如活性炭）来去除液相中可溶的污染物；过滤；中和，加入酸或碱，某些反应物质将会从溶液中析出；消毒，用紫外线来杀灭细菌。

3. 废气的处理及排放

（1）许可证管理

公司应获得法律要求的排污许可证，有用以控制过多灰尘、气味、烟尘、蒸汽或其他气态污染物的适当设备，对大气排放设备合适的维护。

确保烟囱和排气口无过量的物质堆积，通常不许露天焚烧（除非获得政府的批准），露天焚烧的残渣应正确收集和处理，危险物质严禁焚烧。

在以上情况下许可证可能是必需的，安装大气污染控制设备（如湿式洗涤器、袋式除尘器等）、使用锅炉、发电机、燃料燃烧设备、烟囱排放，工厂在审核时应出示有效的许可与证明。

许可与证明的内容包括烟囱高度、监测持续时间、取样频率、污染物类型。

（2）预防措施

预防措施包括去除（从发生源除去大气排放物）和取代（用更小伤害性的物质进行取代）。设备有旋风除尘器、湿式除尘器、除尘器、电除尘器。

（3）维护

定期维护和检查来保证控制设备的效能，保留维护记录。

2.1.3　工厂健康卫生指引

1. 工作间的管理

良好的工作间管理是包括工厂及其仪器和各项设施的清洁和整理，虽然需要计划和多方面的合作，但是养成良好职业卫生习惯的第一步，清洁和整齐的工作间是确保员工安全和健康的重要因素。

（1）环境清洁

需要配备人员来监督区域、设备和工具的日常清理工作，确保达致要求的卫生水平。比如：工作间需要定时打扫，次数和方法要与工作性质配合。垃圾或没有用的东西，应要存放在适当地方的适当器皿或废物箱中，并要定期清理。

（2）地方整理

可以改善工作效率和减少意外发生。比如：仪器、工具、器皿或工作桌面上的细小东西都要整齐地摆放，方便使用，厂房要有充足的空间来安放及储存东西。工具及物料要整齐的摆放，方便使用。

（3）意外预防

意外的发生会损害员工的健康，甚至导致死亡，要小心使用及存放危险的物品。比如，容器要有清晰、适当的标签及说明内容。定期保养和检查各类仪器及工具。采用适当的指示、充足的训练和专门的工作环境卫生管理的人员，可以避免环境污染和化学品泄漏。

2. 工作间的空气

工作场所的通风可以利用天然或人工的方法来提供，目的是引入清新空气，同时排出混浊的废气。一种是自然通风，包括了空气从窗户和缝隙渗透进来或溜走的途径，但受天气影响，难以控制，只适宜用于控制轻微的热负荷和微量气体污染物。一种是机械通风，利用机械装置或风扇来提供新鲜空气，可以增加供给或排放的空气流量。

一般通风要保持室内温度的均衡，配合其中进行的活动，有关的因素包括气温、湿度和气流。一般而言，在自然通风的工作环境中是在27℃以下，16℃以上，当有效温度可能超越27℃时，则需要评估和控制热危害。

在空气调节的场所内，室温可能保持在20℃~26℃及相对湿度在40%~70%。在安装人工通风系统时，要留意出风口和员工的位置，避免气流直吹员工，引致不适。

进行危险工序的场所内，应要有风险评估的制度，当工序有所改变或进行新工序时，亦需要进行风险评估。若场所内的污染程度，已经超越了职业卫生标准，有可能需要长期或定期监察空气质量，同时亦要考虑有效的控制措施改善工作环境。

3. 地面及排水设备

良好的排水道可以防止滑倒的意外，并减少霉菌等微生物的滋长。地面要经常清理，保持牢固及避免湿滑。提供合适的地台，避免员工接触湿的地面，引起意外。排水系统要经常清理。负责人员要经常巡查车间。

4. 一般福利设施

工作间要有足够的卫生间及洗手盆设备，设备应在工场附近。男、女员工要有分开的卫生间。卫生间要整齐、清洁和卫生。设备数量要匹配员工的数目。

在进行十分危险并有化学危害的工序时，在适当地点设有紧急的洗眼设备，要有良好的保养，维持清洁，让员工在紧急时可以使用。

要提供适当的饮用水给员工。饮用水设备要设置在适当的地点，不应该安装在危险机器或污染源附近，同样也不可设立在洗手间内。

2.1.4 工厂安全防护指引

1. 危险源的一般概念

在现代工业社会中，生产过程中的危险成为威胁人类安全和健康的主要因素之一。危险与安全是一对相互对立的概念，危险就是可能导致意外事件的一种已存在的或潜在的状态，它包括材料、物品、系统、工艺过程和设施等，当危险受到某种"激发"时，它将会从潜在的状态转化为引起系统损坏的事故。危险是一个泛指的概念，为了将生产过程中的危险具体明确下来，我们通过对某个系统存在的方方面面的危险进行识别，其结果形成系统中的危险源。

危险源是指系统中具有潜在能量和物质释放危险的，在一定触发因素作用下可能转化为事故的部位、区域、场所、空间、岗位、设备及其位置。这里所指的触发因素是危险源转化为事故的外因，它包括压力、温度、安全措施、环境、工艺等。

根据能量意外释放理论，能量或危险物质的意外释放是伤亡事故发生的物理本质。于是，把生产过程中存在的，可能发生意外释放的能量（能源或能量载体）或危险物质称作危险源。

根据危险源在事故发生、发展中的作用，把危险源划分为两大类，即第一类危险源和第二类危险源。系统中始终存在的、可能发生意外释放的能量或危险物质称作第一类危险源。导致能量或危险物质约束或限制措施破坏或失效的各种因素称作第二类危险源，通常包括人、物、环境等方面的问题。

第二类危险源往往是一些围绕第一类危险源随机发生的现象，它们出现的情况决定事故发生的可能性。第二类危险源出现越频繁，发生事故的可能性越大。

一起伤亡事故的发生往往是两类危险源共同作用的结果。第一类危险源是伤亡事故发生的能量主体，决定事故后果的严重程度。第二类危险源是第一类危险源造成事故的必要条件、决定事故发生的可能性。

为了防止第一类危险源导致事故，必须采取措施约束、限制能量或危险物质，控制危险源。

正常情况下，生产过程中的能量或危险物质受到约束或限制，不会发生意外释放，即不会发生事故。但是，一旦这些约束或限制能量或危险物质的措施受到破坏或失效（故障），则将发生事故。导致能量或危险物质约束或限制措施破坏或失效的各种因素称作危险因素。

在触发因素的作用下，危险源转化为危险状态，继而转化为事故。

对重大危险源分析主要从能量储存的安全条件和影响能量储存的不安全因素出发进行。这类不安全因素包括物理因素、化学因素和人的不安全行为等。

2. 危险源的辨识

危险源的辨识评价和控制是企业安全管理的主要内容，它对于明确企业安全管理的重点，控制事故的发生，以寻求最低事故率、最少的人员伤亡和经济损失起着重要的作用，同时，也是建立《职业健康安全管理体系》的重要内容。所以，对企业危险源的识别、评价和控制是预防和控制工伤事故和职业危害的必要手段。

通过对系统的分析、界定出危险源，并评价其危险的性质、危害程度、存在状况、危险源能量与物质转化过程的规律、转化的条件、触发因素等，以便有效地控制能量和物质的转化、使危险源不至于转化为事故。

（1）辨识范围

从以下方面可以对危险化学品危险源进行辨识。

1）工作环境：包括周围环境、工程地质、地形、自然灾害、气象条件、资源交通、抢险救灾支持条件等。

2）平面布局：功能分区（生产、管理、辅助生产、生活区），高温、有害物质、噪声、辐射、易燃、易爆、危险品设施、布置建筑物、建筑物布置风向、安全距离、卫生防护距离等。

3）运输路线：施工便道、各施工作业区、作业面、作业点的贯通道路以及与外界联系的交通路线等。

4）施工工序：物质特性（毒性、腐蚀性、燃爆性），温度、压力、速度、作业及控制条件，事故及失控状态。

5）生产设备：高温、低温、腐蚀、高压、振动、关键部位的备用设备、控制、操作、检修和故障、失误时的紧急异常情况，机械设备的运动部件和工件、操作条件、检修作业、误运转和误操作；电气设备的断电、触电、火灾、爆炸，建筑物防火、防爆、朝向、采光、运输通道、开门、生产卫生设施。

6）特殊装置、设备：锅炉房、危险品库房等。

7）有害作业部位：粉尘、毒物、噪声、振动、辐射、高温、低温等。

（2）危险化学品重大危险源的辨识

重大危险源：是指能导致重大事故发生的危险源。危险化学品重大事故特指重大火灾、爆炸、毒物泄漏事故，重大事故包括以下几种。

由易燃易爆物质引起的事故：产生强烈辐射和浓烟的重大火灾；威胁到危险物质，可能使其发生火灾、爆炸或毒物泄漏的火灾；产生冲击波、飞散碎片和强烈辐射的爆炸。

由有毒物质引起的事故：有毒物质缓慢或间歇性地泄漏；由于火灾或容器损坏引起的毒物逃散；设备损坏造成毒物在短时间内急剧地泄漏；大型储存容器破坏、化学反应失控、安全装置失效等引起的有毒物大量泄漏。

由上述重大事故分类可以看出，导致危险化学品重大事故发生的最根本的危险源是存在导致火灾、爆炸、中毒事故发生的危险有害物质。

（3）其他有效辨识

环境因素是组织活动产品或服务中能与环境发生相互作用的要素。识别环境因素时应考虑大气污染、水体污染、土壤污染、废弃物污染、原材料与自然资源的使用，对社区的影响及其他地方性环境影响。

在进行危险源辨识时也可列出一份问题的提示单，例如：

- 在平地上滑倒（跌倒）；
- 人员从高处坠落；
- 工具、材料等从高处坠落；
- 头上空间不足；
- 与工具、材料等的手提/搬运有关的危险源；
- 与装配、试车、操作、维护、改型、修理和拆卸有关的装置、机械的危险源；
- 车辆危险源，包括场地运输和公路运输；
- 火灾和爆炸；
- 对员工的暴力行为；
- 可吸入的物质；
- 可伤害眼睛的物质或试剂；
- 可通过皮肤接触和吸收而造成伤害的物质；
- 可通过摄入（如通过口腔进入体内）造成伤害的物质；
- 有害能量（如电、辐射、噪声、振动）；
- 由于经常性的重复动作而造成的与工作有关的上肢损伤；
- 不适当的热环境，如过热；
- 照明度；
- 易滑、不平坦的场地或地面；
- 不适当的楼梯护栏或手栏；
- 合同方人员的活动。

上面所列并不全面。企业应该且必须根据其工作活动的性质和工作场所的特点，编制危险源辨识与风险评价表，如表2-1所示。据此，在不同的区域为员工编制有针对性的危险源提示单。

表2-1 危险源辨识与风险评价表

部门/工序：设备部

序号	部门/工序/地点	工作步骤/活动	危险因素（人/机/物/法/环）	危险源	事故结果	事故类别	物理	化学	行为	其他	发生的可能性(L)	暴露危险环境频度(E)	事故产生后果(C)	风险值(D)	极高 I	高 II	一般 III	可接受 IV	现有控制文件 文件编号	无控制文件，但已采取的控制措施	建议改进的措施	备注
1	全厂区域	电源、线、开关接驳	机	电源线磨损、潮湿、线头裸露	触电	触电	电危害				3	3	6	54			√		NK/XR-012			纳入检查
2			人	操作失误	触电	触电			操作失误		3	3	6	54			√		NK/XR-012			编入新建制度
3			机	设备设施缺陷	高处坠落	高处坠落	设备缺陷				1	3	6	18			√		BOWI-033			
4			人	操作失误	高处坠落	高处坠落			操作失误		3	3	6	54			√		BOWI-033			
5			机	电源线磨损、环境潮湿、线头裸露	触电	触电	电危害				3	2	15	90			√		NK/XR-012			
6			人	操作失误	触电	触电			操作失误		3	2	15	90			√		NK/XR-012			
30	设备维修		人	没带焊工手套	灼烫	灼烫			违规作业		6	3	3	54			√		ZW4/DH 63.47			
31			机	火花飞溅	灼烫	灼烫	运动危害				6	3	3	54			√		ZW4/DH 63.48			
32			机	焊渣飞溅入眼睛	灼烫	灼烫	运动危害				3	2	6	36			√		ZW4/DH 63.49			
33	设备维修间		机	高温物体样条	灼烫	灼烫	高温物质				3	3	15	135			√		ZW4/DH 63.50			
34			人	操作失误	未带眼镜操作	其他伤害			操作失误		3	2	3	18				√				
35	加工零件		机	运动物	碎片飞出伤人	机械伤害	运动危害				3	2	3	18				√	NK/SG 001			纳入检查
36			法	粉尘	呼吸、眼睛	其他伤害				其他	3	2	3	18				√				
37	粘结		法	高温物质	烫伤	灼烫				其他	3	2	3	18				√				

21

2.2 工厂安全生产注意事项

工厂的员工有安全生产的义务。遵守本单位的安全生产规章制度和安全操作规程，服从管理，正确佩戴和使用劳动防护用品；接受安全生产教育和培训；及时报告事故隐患和不安全因素；参加事故抢险和救援。

2.2.1 消防安全注意事项

1. 灭火基本原理

火灾过程一般分为初起、发展、猛烈、下降、熄灭五个阶段。在灭火中，要抓紧时机，正确运用灭火原理，力争将火灾扑灭在初起阶段。

（1）冷却灭火

将水直接喷洒在燃烧的物质上，使可燃物质的温度降到燃点以下，从而使燃烧停止。用水冷却灭火是扑救火灾的常用方法，用二氧化碳灭火剂则冷却效果更好。还可用水冷却建筑构件、生产装置和容器等，以防止它们受热后压力增大变形或爆炸。

（2）隔离灭火

隔离灭火是根据发生燃烧必须具备可燃物这个条件，将燃烧物与附近的可燃物隔离或分散开，使燃烧停止。

这种灭火方法是扑救火灾比较常用的一种方法，适用于扑救各种固体、液体和气体火灾。

（3）窒息灭火

窒息灭火是根据可燃物质发生燃烧通常需要足够的空气（氧气）这个条件，采取适当措施来防止空气流入燃烧区，或者用惰性气体稀释空气中氧的含量，使燃烧物质因缺乏或断绝氧而熄灭。

这种灭火方法适用于扑救封闭性较强的空间或设备容器内的火灾。

2. 正确使用灭火器

灭火器是扑灭初起火灾的有效器具，正确掌握灭火器的使用方法，就能准确、快速地处置初起火灾。

（1）二氧化碳灭火器的使用方法

二氧化碳灭火器不导电，用于扑救电气、精密仪器、油类和酸类火灾，不能扑救钾、钠、镁、铝物质火灾。

使用方法：先拔出保险销，再压合压把，将喷嘴对准火焰根部喷射。

注意事项：使用时要尽量防止皮肤因直接接触喷筒和喷射胶管而造成冻伤。扑救电器火灾时，如果电压超过600 V，切记要先切断电源后再灭火。

应用范围：适用于A（固体）、B（液体）、C（气体）类火灾，不适用于D（金属）类火灾。扑救棉麻、纺织品火灾时，应注意防止复燃。由于二氧化碳灭火器灭火后不留痕迹，因此适宜扑救家用电器火灾。

（2）干粉灭火器使用方法

干粉灭火器不导电，可扑救电气设备火灾，但不宜扑救旋转电机火灾。可扑救石油、石油产品、油漆、有机溶剂、天然气和天然气设备火灾。

使用方法：与二氧化碳灭火器基本相同。但应注意的是，干粉灭火器在使用之前要颠倒几次，使筒内干粉松动。使用 ABC 干粉灭火器扑救固体火灾时，应将喷嘴对准燃烧最猛烈处左右喷射，尽量使干粉均匀地喷洒在燃烧物表面，直至把火全部扑灭。因干粉冷却作用甚微，灭火后一定要防止复燃。

应用范围：ABC 干粉灭火器适用于各类初起火灾，BC 干粉灭火器不适用于固体可燃物火灾，它们都不能用于扑救轻金属火灾。手提式 ABC 干粉灭火器使用方便、价格便宜、有效期长。它既可以扑救燃气灶及液化气钢瓶角阀等处的初起火灾，也能扑救油锅起火和废纸篓等固体可燃物质的火灾。

（3）手提式泡沫灭火器的使用方法

泡沫灭火器有一定导电性，扑救油类或其他易燃液体火灾。不能扑救忌水和带电物火灾。

使用方法：用手握住灭火器的提环，平稳、快捷地提往火场，不要横扛、横拿。灭火时，一手握住提环，另一手握住筒身的底部，将灭火器颠倒过来，喷嘴对准火源，用力摇晃几下，即可灭火。

注意事项：具有一定的导电性，不可扑救忌水和带电物的火灾。

3. 动火作业

动火作业指在具有火灾爆炸危险场所内进行的施工作业过程。凡进入具有火灾爆炸危险场所动火作业的必须严格执行本动火安全管理规定。动火作业涉及进入受限空间、设备内作业、高处作业、断路作业、临时用电等情况时，必须办理相应的作业许可证。

三级动火即指在生产中动用明火或可能产生火种的作业。如熬沥青、烘砂、烤板等明火作业和凿水泥基础、打墙眼、电气设备的耐压试验、电烙铁锡焊、凿键槽、开坡口等易产生火花或高温的作业等都属于动火的范围。动火作业根据作业区域火灾危险性的大小分为特级、一级、二级三个级别。动火作业所用的工具一般是指电焊、气焊（割）、喷灯、砂轮、电钻等。

2.2.2 用电和雷电安全注意事项

1. 预防触电伤害

触电事故是由电流的能量造成的，是电流伤害事故，分为电击和电伤，要注意以下几点安全要求：

1）电气设备发生故障或损坏，如刀开关、电灯开关的绝缘或外壳破裂等，应及时报告，请电工检修，不要擅自拆卸修理。

2）在生产中，如遇照明灯坏了或熔断器熔体熔断等情况，应请电工来调换或修理，调换熔体，粗细应适当，不能随意调大或调小，更不能用铁丝、钢丝代替。

3）使用的电气设备，其外壳应按安全规程，必须进行保护性接地或接零。

4）使用手电钻、电砂轮等手用电动工具，应有漏电保护器，其导线、插销、插座必须符合三相四线的要求，要有接零（接地）保护。不得将导线直接插入插座孔内使用。

5）在清扫环境时，不要用水冲洗电器开关箱或电器设备，更不要用碱水揩拭，以免使设备受潮受蚀，造成短路和触电事故。

6）在雷雨天，不要走进高压电杆、铁塔、避雷针的接地导线周围20 m以内，以免有雷击时发生雷电流入产生跨步电压触电。

7）对设备进行维修时，一定要切断电源，并在明显位置处放置"禁止合闸，有人工作"警示牌。

8）遵守一切电气操作规程。在做维护维修时，一定要按照生产厂的设备使用手册进行。

2. 预防雷电伤害

在高雷爆区，雷击具有极大的破坏力，可造成电线杆、房屋等被劈裂倒塌以及人、畜伤亡，还会引起火灾及易爆物品的爆炸。

雷电基本防护要注意以下几点：

1）建筑物上装设避雷装置，即利用避雷装置将雷电流引入大地而消失。

2）在雷雨时，人不要靠近高压变电室、高压电线和孤立的高楼、烟囱、电杆、大树、旗杆等，更不要站在空旷的高地上或在大树下躲雨。

3）不能用有金属杆的雨伞。在郊区或露天操作时，不要使用金属工具，如铁撬棒等。

4）不要穿潮湿的衣服靠近或站在露天金属商品的货垛上。

5）雷雨天气时在高山顶上不要开手机，更不要打手机。

6）雷雨天不要触摸和接近避雷装置的接地导线。

7）雷雨天，在户内应离开照明线、电话线、电视线和网络线等线路，以防雷电侵入被其伤害。

8）打雷时不要开窗、打手机和电话，不要拿喷头洗澡，不要游泳。

9）野外遇雷不要平躺地面，应两脚并拢，双手抱头，蹲下身体，披上不透水的雨衣。

2.2.3　机械设备安全事项

1. 防止一般机械伤害

危险机械设备是否具有安全防护装置，要看设备在正常工作状态下，是否能防止操作人员身体任何一部分进入危险区，或进入危险区时保证设备不能运转（运行）或者能作紧急制动。

首先，企业必须采取措施保证机械本身处于安全状态。其次，作为员工要明白，在操作机械时，危险是时时存在着的。操作者应注意：

1）上岗前必须经过培训，掌握设备的操作要领后方可上岗。

2）严格按照设备的安全操作规程进行操作。

3）操作前要对机械设备进行安全检查，在确定正常后，方可投入使用。

4）机械设备的安全防护装置，必须按规定正确使用，不准不用或将其拆掉。

5）必须正确穿戴好个人防护用品。长发者必须戴工作帽，必须穿三紧（领口紧、袖口紧、下摆紧）工作服，不能佩戴项链等悬挂物，操作旋转机床不能戴手套。

6）切忌长期加班加点，疲劳作业。

2. 防止机械设备伤害

开车前，应检查机械设备主要紧固件有无松动，操纵机构、离合器、制动器是否正常，安全防护装置是否完好。

机械加工操作包括送料、定料、操作机床、清废、润滑工件及模具安装调整拆卸模具等一系列的工艺操作。

1）每完成一次操作后，手或脚必须离开按钮或踏板，以防误动作。

2）在使用单次行程操作时，设备应在一次操作后即分离，而滑块必须停在死点位置。

3）不要把两个坯料放在冲模上，这样有可能损坏设备，也可能发生人身事故。

4）设备在运转中，不准进行擦拭或其他清洁工作。

5）发现非正常情况时，应采取恰当的应急措施。有机械设备的场所，必须要做到"有轴必有套、有轮必有罩、有台必有栏、有洞必有盖"。

6）禁止超长度、超宽度和超厚度的加工材料使用设备。

7）两人以上同时操作，应定人开车，统一指挥，注意协调配合好。

8）工作中要及时清理废料，清理、调整、检修及停电离岗前，必须停车，切断电源。

9）必须检查传送带等是否有损坏或裂纹现象，若发现损坏应及时更换。

2.2.4　警示标识和求救报警

1. 安全色

安全色是用以表达禁止、警告、指令、指示等安全信息含义的颜色，具体规定为红、蓝、黄、绿四种颜色。安全色的对比色是黑白两种颜色，红、蓝、绿色的对比色为白色，黄色的对比色为黑色。

1）红色。表示禁止、停止、防火等信号，能使人在心理上产生兴奋感和醒目感。

2）黄色。表示警告、注意，和黑色相间组成的条纹是视认性最高的色彩。

3）蓝色。表示指令或必须遵守的规定，和白色配合使用效果较好。

4）绿色。表示提示、安全状态、通行，能使人感到舒畅、平静和安全感。

2. 安全标志

安全标志是由几何图形和图形符号所构成，用以表达特定的安全信息。安全标志的作用是引起人们对不安全因素的注意，防止事故发生，但不能代替安全操作规程和防护措施。

（1）禁止标志

禁止标志是禁止人们不安全行为的图形标志，其基本形式是带斜杠的圆形边框，颜色为白底、红圈、红杠、黑图案。如图 2-1 所示。

a)　　　　　　b)　　　　　　c)　　　　　　d)

图 2-1　禁止标志

a) 禁止烟火　b) 禁止通行　c) 禁止合闸　d) 禁止乘人

（2）警告标志

警告标志是提醒人们对周围环境引起注意，以避免可能发生危险的图形标志，其基本形式是正三角形边框，颜色为黄底、黑边、黑图案。如图2-2所示。

图2-2　警告标志

a）当心触电　b）当心火灾　c）当心坠落　d）当心伤手

（3）指令标志

指令标志是强制人们必须做出某种动作或采用防范措施的图形标志，其基本形式是圆形边框，颜色为蓝底、白图案。如图2-3所示。

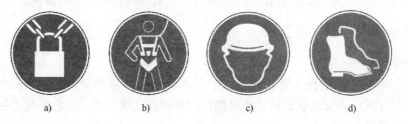

图2-3　指令标志

a）必须加锁　b）必须系安全带　c）必须戴安全帽　d）必须穿防护鞋

（4）提示标志

提示标志是向人们提供某种信息的图形符号，基本形式是正方形边框，颜色为绿底图案。也可以辅加方向文字，成长方形。如图2-4所示。

图2-4　提示标志

a）紧急出口　b）可动火区　c）避险处　d）方向辅助标志

3. 求救报警

事故发生时，本单位和家人首先要紧急抢救。同时，打电话求救报警。

1）人员受伤，拨打"120"电话，请求急救中心进行急救。注意要讲清楚受伤人数、什么伤、受伤程度等。

2）发生火灾、爆炸事故，拨"119"火警电话。注意要讲清楚着火单位名称、地址，着火物质，火情大小等。

3）发生道路交通事故，拨打"122"电话报警。注意要讲清楚事故发生地、情况。

4）危急时刻，拨打"110"报警电话。针对刑事、治安案件，群众突遇的、个人无力解决的紧急危难。

2.3 实训室 EHS 实训

2.3.1 实训目的与意义

1. 知识目的

熟悉环境、健康、安全的基本概念。熟悉工厂环境保护、健康卫生、安全防护的基本内容和处理方法。掌握安全生产基本知识，掌握事故应急与处理方法，掌握有效辨识危害知识。

2. 能力目的

能够运用安全生产基本知识，事故应急与处理方法，危害与风险的辨识，做好自身的日常安全管理，做好事前化解与预防。

能够运用工厂环境保护、健康卫生、安全防护的基本概念、实施内容和处理方法，在实训过程中自觉遵守并养成好的习惯。

3. 素质目的

能够严格遵守工厂环境保护、健康卫生、安全防护的基本方法。完成实训室的环境保护、健康卫生、安全防护的实训规定，完成实训室的环境保护措施，完成健康卫生实施方法，完成危险源的检查表并制定注意事项。在日常的点滴工作中加强安全管理，提高安全意识，预防事故。

2.3.2 实训原理与设备

1. 实训原理

环境是指空气、水、土地、自然资源、植物、动物、人以及它们之间的相互关系。因此，环境是多种介质的组合，如水、空气、土地等。环境的影响包括：由环境因素而导致的环境的变化。比如，污染或自然资源枯竭。

健康是指工作环境的温度、湿度、照明、空气污染物、噪声、振动、辐射、体力强度、人体功效学等，与其相关的包括：企业选址，总体布局、平面及方向布置，防尘防毒，有害物理因素的控制（防暑防寒、防噪声与振动、电离辐射、超高压电场），人工空气的调节，辅助用室基本卫生要求，应急救援。

安全包括电力安全、机械安全、化学品安全、防火防爆、建筑安全、石油化工安全、矿山安全、其他安全等。人们虽然难以从根本上杜绝事故，但是完全可以通过控制事故发生的条件来减少事故发生的概率和损失程度。

2. 实训设备

不同颜色的胶带：红、黄、蓝、黑等。

不同颜色的 A4、B5 纸张：红、黄、蓝、绿、白等。

剪刀、直尺。

2.3.3 实训内容与要求

1. 本实训室的 EHS 整改

1）复习 EHS 的论述，找出本实训室存在的 EHS 问题。

2）按照 EHS 的定义，将本实训室的 EHS 问题按 E、H、S 分类。

3）根据上述两项成果，对本实训室的环境问题，提出改进意见。

2. 本实训室的危险源辨识

1）复习危险源的论述，找出本实训室存在的危险源。

2）按照危险源定义，将本实训室的危险源分类。

3）根据上述两项成果，制定本实训室安全指引。

4）根据警示标识和求救报警的基本知识，制作警示标识，放置在合适的位置。

2.3.4 实训报告内容要求

报告条目分为：实训目的、实训原理、实训设备、实训内容及其成果或图纸。

本实训中，实训成果是实训室的环境问题、分类和改进意见。实训室的危险源、分类和安全指引。实训图纸是绘制的警示标示及其放置位置。

并回答问题：通过本次实训，你是否达到了实训目的的要求？你学到了哪些知识、能力与技能？总结一下本实训中必须遵守的注意事项。

2.4 车间基础管理的基本知识

2.4.1 车间管理 5S 基本概念

1. 车间基础管理的目的

车间管理指的是在生产现场中对人员、机器、材料、方法等生产要素进行有效管理，是企业独特的一种现场管理方法；这种管理对于塑造企业的形象、降低成本、准时交货、安全生产、高度的标准化、创造令人心旷神怡的工作场所、现场改善等方面发挥了巨大作用，逐渐被各国的管理界所认识。

良好的直觉感受；有助于导入，强化和规范标准化工作；减少浪费，提高质量和保障安全；设备更易于维护，提高设备的使用价值；体现了客户与员工之间的相互尊重；保持积极的精神状态；让车间洋溢着自豪的情绪。

一进入车间，如果物品堆放杂乱，合格品、不合格品混杂，成品、半成品未很好区分；那么产品的质量一定难以保障。如果工装、夹具随地放置；工人和设备的效率损失，成本一定增加。如果机器设备保养不良，故障多；那么产品精度一定降低，生产效率一定下降。如果地面脏污，设施破旧，灯光灰暗；意味着现场一定不安全，易感疲倦。

通常来讲，一流的企业，每个人自觉维护环境整洁，没人乱扔垃圾。二流的企业，别人扔的垃圾由专人捡。三流的企业，垃圾到处都是，没有人捡起来。如图 2-5 所示。

2. 车间基础管理 5S 的含义

5S 是指：Separate（Seiri 整理）、Sort/Straighten（Seiton 整顿）、Sweep/Shine（Seiso 清扫）、Standardize（Seiketsu 清洁）、Sustain（Shitsuke 素养）。

图 2-5　企业的外观
a) 一流企业　b) 二流的企业　c) 三流的企业

整理是清楚地区分必需品和非必需品，将非必需品处理掉。整顿是将必需品有条理地定位在较近的位置以便使用和归还。清扫是清洁和检查车间所有区域的地面、设备和器具等。清洁是持续改进，将前 3 个 S 标准文件化并加以验证。素养是形成纪律或养成习惯来完整地维护 5S 的正确流程。

2.4.2　车间管理的整理

1. 整理的内容与目的

整理的主要内容是清楚地区分必需品和非必需品，将非必需品处理掉。那么，如何判定必需品呢？对于一个物品，问几个问题：这个作什么用？一定要用吗？多久用一次？其他人是否也有？确保剩下的只是真正需要的。不要让只在非正常状态下偶尔使用一次东西阻碍进度。

整理是改善生产现场的第一步。其要点是对生产现场摆放和停滞的各种物品进行分类；其次，对于现场不需要的物品，诸如用剩的材料、多余的半成品、切下的料头、切屑、垃圾、废品、多余的工具、报废的设备、工人个人生活用品等，要坚决清理出现场。

整理的目的是：改善和增加作业面积；现场无杂物，行道通畅，提高工作效率；消除管理上的混放、混料等差错事故；有利于减少库存，节约资金。

2. 整理的方法

有时候我们自己也会惊讶，为什么会在工作中积累起那么多额外的用不着的东西。很多时候人们会把那些过时的或过气东西保留着，岂不知过时的文档会导致操作错误，过气的设备也会导致生产错误。为确保正确完成整理，我们通常使用 5 个 "为什么"，确认哪些才是我们真正需要的。这是整理的基本方法。

3. 物品的分类处理

将物品分类成三类：很少使用、偶尔使用、经常使用。很少使用的物品并不需要总是保留在工作区域。

将很少使用的物品从工作区中删除。至于哪些将来会偶尔使用得到的，在工作区设置一个明确的指示位置，在需要时可以很容易找到。

办公室经常需要不同方式的整理，有很多时候，几乎所有的时间都在从成堆的文书中，翻找现在工作急需的文件。整理前和整理后的办公区例图见图 2-6 所示。

4. 物品分类的挂红牌法

扔掉完全不需要的物品后，将物品分成必需品和非必需品。采用 "红牌策略"，将红牌悬挂于所有非必需品上。对非必需品挂红牌为了目视化的辨别和跟踪处理。挂红牌也是为了防止意外地把昂贵、重要的物品丢掉。在明显的非必需品处理掉以后，剩下的物品挂上红牌以便正确处置。

a) b)

图 2-6 办公区

a）整理前 b）整理后

挂红牌不应滥用。明显的垃圾只需要简单的废弃处理，不需要挂红牌。挂红牌的物品在另一个地方也许有价值，但不是本区域马上要用的。5S 活动之后，挂红牌的物品不应忘记。后续的活动应该安排挂红牌的物品。一个完善的红牌建议尽可能大些，使用亮红色使之异常醒目，并最好附有预先印刷的序列号。

不需要创建一个挂红牌物品的"仓库"，因为很多时候非必需的设备可以在另一个区域或设施使用。更昂贵的物品甚至可以出售。作为 5S 的另一部分，可能后续的步骤，挂红牌的物品可能会被另一个项目或车间使用和占有。

2.4.3 车间管理的整顿

1. 物品的定位

整顿是将必需品重新组织、定位在较近的位置以便使用和归还。将必需品放在最佳位置，且该区域被目视化置管理。

整顿是把需要的人、事、物加以定量和定位，对生产现场需要留下的物品进行科学合理地布置和摆放，以便在最快速的情况下取得所要之物，在最简洁有效的规章、制度、流程下完成事务。简言之，整顿就是人和物放置方法的标准化。

整顿的关键是要做到定位、定品、定量。抓住了上述三个要点，就可以制作看板，做到目视管理，从而提炼出适合本企业的物品的放置方法，进而使该方法标准化。

生产现场物品的合理摆放使得工作场所一目了然，创造整齐的工作环境有利于提高工作效率。

图 2-7 为整顿前后的对比图。避免那些可以藏污纳垢的杂乱的区域和柜子。橱柜隐藏杂乱无章的物品，但绝不是一个好习惯。要努力把一切做成可视的。所有物品都应该有一个存放的地方。而且必须是显而易见的。如果不见了，会有人注意到。比如，柜子的左边缺了什么？

一切物品都应该有一个明确的位置，包括垃圾容器。要确保物品的定位符合工厂的安全规则。如果安全规则不允许在工作区域吃或喝，就不应该在物品存放区域创建一个就餐位置。

2. 整顿的方法

整顿的方法主要有，选择合适的位置存放物品；制定符合一定规律的规则存储物品；采

a)   b)

图 2-7　整顿前后的对比图
a）整顿前　b）整顿后

用位置标识索引物品位置；对于复杂物品，采用影像板做分类标识；按照国际惯例制作彩色标识板对物品的类别进行标识。

在选择一个物品存放区域，定位物品时，一定要注意人体工程学，以确保所有操作人员都可以轻松地拿到所需物品。

3. 颜色代码标准化

颜色代码标准化的目的是使用普通的颜色，来标识工厂内的重要物品、零件、区域，让所有员工或参观者均能理解。

通常黄色表示过道，黑色表示垃圾桶，红色表示报废和返工，蓝色表示原材料，白色表示在制品，绿色表示成品，黑白相间的方格表示空容器，橘黄色表示可移动夹具，黄黑相间的方格表示危险品等。颜色代码标准化示例图如图 2-8 所示。

图 2-8　颜色代码标准化示例图

2.4.4 车间管理的清扫

1. 清扫的内容

清扫是清洁和检查车间所有区域的地面、设备、器具等。清扫会让车间变得干净起来，它将所有区域打扫干净，将地面扫清并拖净，把设备和器具清洁干净，倒掉车间所有垃圾。

在清扫的同时要问自己，为何这样脏？一定要解决物品变脏的根本原因。

清扫是把工作场所打扫干净，对出现异常的设备立刻进行修理，使之恢复正常。清扫过程是根据整理、整顿的结果，将不需要的部分清除掉，或者标示出来放入仓库。清扫活动的重点是必须按照企业具体情况决定清扫对象，清扫人员，清扫方法，准备清扫器具，实施清扫的步骤，方能真正起到作用。

2. 清扫的过程

扫除和洁净是清扫的基本步骤，清扫的过程就是检查的过程。清扫后的车间会让在车间工作的人充满自豪感，去除污垢会提高设备价值。

清扫之后便于检查，检查之后才会发现问题，发现了问题才能纠正。

清扫活动应遵循下列原则：

1）自己使用的物品，如设备、工具等，要自己清扫，而不要依赖他人，不增加专门的清扫工；

2）对设备的清扫要着眼于对设备的维护保养，清扫设备要同设备的点检和保养结合起来；

3）清扫的目的是为了改善，当清扫过程中发现有油水泄露等异常状况发生时，必须查明原因，并采取措施加以排除，不能听之任之。

如图 2-9 所示，清扫前，排水位置不当，很可能会有溢出；清扫后，重新放置了溢出排水口，允许适量排水至水槽。这个区域不仅清洁了，而且为防止泄漏的发生指引方向。

 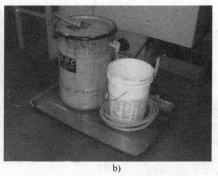

a)   b)

图 2-9 清扫的改善实例

a）清扫前 b）清扫后

2.4.5 车间管理的清洁

1. 清洁的内容

清洁是对前三个 S 的持续性改进，并将前三个 S 给予标准化、文件化。

持续改进可以进一步清洁车间，进一步合理规划的车间，去除过多的存储面积，增加平坦的表面。持续改进可以使设备易于更快地清洁，从源头去除污垢和漏油。使用标准化的检查表确定每天的清洁和组织活动，设立5S巡查队，来监视5S的进展。

一旦团队通过了前面的三个S，就要使用第四个S作为车间管理工具来维持收获。新标准应该成为日常工作的一部分。每日检查清单应该成为员工工作标准的一部分。而5S的验证工作应该是领导和主管标准工作的一部分。

2. 清洁的标准化

随着前面三个S的推进，接下来的4S就是前面3S的持续维护和改善的过程。消除污垢，找出泄漏、溢出的原因，建立一个标准系统来保持物品的整洁及条理性。4S清洁需要组织人员形成书面化规定、目视化控制和标准化程序，我们要从发现的问题里，将其升华，提升到去预防问题的发生上。

3. 清洁的作用

维持作用：清洁起维持的作用，将整理、整顿、清扫后取得的良好成绩维持下去，成为公司内必须人人严格遵守的固定的制度。

改善作用：对已取得的良好成绩，不断地进行持续改善，使之达到更高更好的境界。

清洁是通过检查前3S实施的彻底程度来判断其水平和程度，一般要制订对各种生产要素、资源的检查判定表，来进行具体的检查。其内容包括：作业台、椅子、货架、通道、设备、办公台、文件资料、公共场所。

4. 确良清洁需求表与评审表

根据具体应用场合不同，在清洁阶段可以制定不同的清洁需求表与评审表。便于有步骤地进行清洁工作，以及检查和评比。

清洁需求表就是为表述非常具体的期望是什么而列出的检查清单，如表2-2所示。评审表就是一份回顾清单，由主管人员对现场实施的5S情况做出评估。其格式如表2-3所示。

2.4.6 车间管理的素养

1. 素养的内容

素养是能遵守已经规定的或正在规定的规定而改变习惯，改变不合理体制，制造一个有纪律的场所。亦即形成纪律或养成习惯，来维持5S的全部正确流程。

如果企业的每位职员都有良好的心态，积极上进的精神，对于规定的事情，大家严格地按要求去执行，就能养成一种习惯，习惯会成自然。

素养，强调的是持续保持良好的习惯。它是一个延续性的习惯，就好像一个人每天早上起来，都习惯刷牙、洗脸一样。如果哪一天没刷牙、洗脸，就会身不由己地觉得怪怪的，这就是一种习惯。

2. 素养的作用

素养，必须制订相关的规章和制度，进行持续不断的教育培训，持续地推行5S中的前4S，直到成为全公司员工共有的习惯，每一个人都知道整理、整顿、清扫、清洁的重要性。要求每一个员工都严守标准，整理、整顿、清扫、清洁都要按照标准去作业。

一个优秀的人才应永远知道如何把东西区分为必需的与非必需的、东西要取放迅速、在责任区域内应该把事情做得很好，力争做到零缺点。所以说，素养是企业文化的起点或最终归属。

工作中心：<u>大型制动器工位</u>　#120501

5S需求表　　　　　　　　　　　　　　　　　第＿＿＿工作周

表2-2　清洁需求表

需求	方法	标准	频率	周一		周二		周三		周四		周五	
				早班	晚班	早班	晚班	早班	晚班	早班	晚班	早班	晚班
清扫地板	扫帚	无纸片、碎屑	班次										
清洁班组长椅	可视法	无碎屑、物品有序摆放	班次										
用后物品放回	可视法	全部物品有序存放	班次										
整顿操作台区域	可视法	按序排列、贴有标签	每天										
清洁工具箱	精细清洁、抹布揩净	没有污迹	每天										
清洁计算机机箱	精细清洁、抹布揩净	没有污迹	每天										
擦拭过滤柜	精细清洁、抹布揩净	没有污迹	每天										
钻床吸尘	真空吸尘器	无碎屑	每天										
拖地	拖布	无油渍、无污点	每天										
物品归位	可视法	物品存放有序	每天										
擦拭钻床	精细清洁、抹布揩净	没有污迹	每周五										
清空垃圾桶	新塑料袋	运往垃圾站	每周五										
检查机柜标签	可视法	标签张贴合适	每周五										
擦拭全部机床	精细清洁、抹布揩净	没有污迹	每周五										

注：每周一换新的检查表。

表 2-3 5S 评审表

5S 评审表—车间用

评级因素
O 表示 OK，可通过
X 表示未通过，需改进

日期：_____
区域：_____

分类	检查项目	评级	改进事项
整理 1S	工作间非必需的材料		
	工作间非必需的工具		
	工作间非必需的设备		
	工作间非必需的机柜、架子、电源、家具		
	个人物品		
整顿 2S	容器/材料贴标签		
	在合适的地点或指定地点清洗设备		
	工具/仪器/移动设备		
	通道过安全区域划分/指定和标记		
	看板/测量摆板摆整齐并更新		
清扫 3S	地板清洁/垃圾桶清空		
	设备/桌面工作区清洁		
	工具/仪器/工具箱精洁		
	货架/机柜摆整齐/按顺序/清洁		
	墙壁/吊车/公告栏等清洁		
清洁 4S	编写处理程序和责任书		
	制定维护 5S 和推行 TPM 的程序		
	建立前 3S 的管理审查单（参考每个区域的）		
素养 5S	开发系统性		

关键点					
循环	0～4	5～8	9～12	13～16	17～19
5S 评级	1	2	3	4	5

总得分 ——
5S 评级 ——

Rev. 1

2.5 实训室的基础管理实训

2.5.1 实训目的与意义

1. 知识目的

熟悉整理、整顿、清扫、清洁、素养的基本内容。熟悉整理、整顿、清扫、清洁、素养的基本步骤与实施方法。

2. 能力目的

能够运用整理、整顿、清扫、清洁、素养的基本概念、基本步骤和基本方法，完成对实训室推行5S的过程。

3. 素质目的

能够严格遵守整理、整顿、清扫、清洁、素养的基本要求，完成实训室的整理、整顿、清扫、清洁、素养，完成检查表与评审表的制定，完成检查表与评审表的填写。

2.5.2 实训原理与设备

1. 实训原理

整理：区分必需品和非必需品。整顿：物品有条理，各就其位清洁、方便使用。清扫：将每日的清洁任务日常事务化。清洁：每个人每次都以相同的方式做事。素养：维持成果，持续改善。

2. 实训设备

不同颜色的胶带：红、黄、蓝、黑黄等。

不同颜色的 A4、B5 纸张：红、黄、蓝、绿、白等。

剪刀、直尺。

2.5.3 实训内容与要求

1. 整理

（1）列出实训室内的所有物品，形成清单。

（2）按照整理的要求，划分成必需品和非必需品，形成两个清单。

（3）将非必需品移出工作区域。如有可能，移出实训室。

（4）制作红牌，将其悬挂在无法移出实训室的非必需品上。

（5）将必需品进行到整顿阶段。

2. 整顿

（1）将上述的必需品，使用不同颜色的胶带定位并做标识。

（2）颜色代码见整顿部分的知识内容。

（3）按照整顿部分的实例内容，将常用工具整顿。

3. 清扫

（1）清扫地面、设备、器具、家具。

（2）列举实训室中地面、设备、器具、家具的脏污原因。

（3）制作在清扫中发现的设备、器具、家具的损坏清单。

（4）检修在清扫中发现的设备、器具、家具的损坏，并在清单中标识。

4. 清洁

（1）按照清洁部分的知识内容，制作实训室 5S 处理程序与责任书。

（2）按照清洁部分的知识点和样表，制作实训室工位 5S 需求表。

（3）按照清洁部分的知识点和样表，制作实训室 5S 评审表。

5. 素养

（1）按照素养部分的知识内容，制作实训室 5S 检查表。

（2）每次实训时，按照检查表检查实训室的 5S 状态。

2.5.4 实训报告内容要求

报告条目分为：实训目的、实训原理、实训设备、实训内容及其成果或图纸。

本实训中，实训成果是实训室的必需品和非必需品清单，实训室中地面、设备、器具、家具的脏污原因和损坏清单，实训室 5S 处理程序与责任书，实训室工位 5S 需求表，实训室 5S 评审表，实训室 5S 检查表。实训图纸是非必需品红牌及其放置位置；不同颜色的胶带定位及其标识。

回答问题：1）通过本次实训，你是否达到了实训目的的要求？2）通过本次实训你学到了哪些知识、能力与技能？3）总结一下本实训中必须遵守的注意事项。

项目3 实训步骤的规划与实施能力训练

【提要】本项目介绍了工程项目及实训项目的实施过程，给出了实训的表格管理及其表格，规定了实训过程的分组分工，并且用示例和实例介绍了实训的过程和实训规则的建立。

依托两个可选做的实训项目，完成上述实训步骤的规划与实施能力训练。以期学生能够对实训的过程和实训规则给予重视，并养成依规则实施、以团队实施、按分工实施的素养；能够在后续的课程中以及自己的职业生涯中，灵活运用这些规则和方法，获得有前途的职业人生。

本项目成果：填写正确的"设备使用记录表""实训成绩记录表""实训设备材料表"。

3.1 实训的过程与规则建立

3.1.1 工程项目的实施过程

一般说来，一个工程项目的实现一定需要组成一个项目管理的团队。在一个团队中，不同的成员完成不同的任务。在不同的阶段，由不同的团队完成。

同时，每一项工程都是在相关专业的国际或国内标准的规范要求下进行的。对于设备与材料有制造标准、检验标准、使用标准；对于某个工程有设计标准、安装标准、验收标准；对于整个项目有安全标准、强制标准和推荐标准。

一个工程项目一般至少需要经过五个阶段：第一个阶段是设计规划阶段；第二个阶段是设备材料工程招标采购阶段；第三个阶段是施工安装阶段；第四个阶段是测试调试阶段；第五个阶段是验收竣工阶段。

下面以一个自动化工程为例说明。

1. 设计规划阶段

根据工程规模的不同，设计规划阶段很多时候会分成多个分阶段，比如可行性研究阶段、初步设计阶段、施工图阶段、二次施工图阶段。其中每个分阶段之间，都需要获得建设方和政府有关管理部门的批准。设计规划阶段的主要工作内容如下。

（1）熟悉工艺，完成控制方案

自动化的目的是根据生产工艺的要求，采用自动化系统对生产过程中的电气设备进行控制，以提高生产的效率和可靠性并降低运行人员的劳动强度。

设计一个自动化系统，首先，需了解生产工艺，对生产流程的每一个环节都要熟悉，并清楚各个环节之间的依存关系。其次，根据上述的流程和产品要求，选择合适的控制方案，实现生产过程自动化。第三，用图纸的方式将上述的工艺过程与控制方案表示出来，完成工艺流程图的绘制。

（2）传感器与执行器设备选型

要想让上述生产工艺过程实现自动化，就必须为这个工艺装置配套相应的自动化设备。这些自动化设备无非就是三部分：传感器、控制器和执行器。

各种各样的传感器和变送器对生产过程进行检测，获得信息，输送给控制器；控制器将传感器从生产工艺过程获得的信息进行加工，发出控制指令，传递给执行器；执行器根据控制指令改变工艺装置的某个参数。

在这个阶段，需根据工艺流程图，确定所有传感器、控制器、执行器等电气设备及其附属设备的个数、规格、量程，并根据工艺要求、环境要求、机械要求、电气要求，参考电气设备技术规格书等技术资料进行设备选型，确定型号后编制传感器与执行器设备清单。

（3）工程施工图绘制

盘点系统中的动力设备并设计动力设备主回路及控制回路；绘制电气原理图及控制箱（柜）尺寸图、柜内布置图、柜面元件图、端子接线图、安装图、平面布线图等相关图纸并出具材料清单；统计动力电缆及电气控制电缆类型及长度并确定布线方案，统计所有电线电缆规格长度、管线及桥架等布线部件数量，编制设备功能描述说明书。

（4）控制系统设备选型

根据传感器与执行器设备清单用以确定控制系统中I/O点数；根据工艺流程按功能来确定控制站点的个数和每个控制站的I/O点数；根据每个控制站的I/O点数和控制功能要求确定控制器系列。

根据上面确定的I/O点数选用控制器的输入、输出模块，然后再根据运算处理能力的需求和估计的程序复杂程度以及通信方式来确定控制模块的型号以及程序存储器大小。

如有多个控制站，确定各控制站间的通信方式；最后再选择电源和机架、编程电缆、编程软件等。选型完成后，设计控制柜的图纸。

2. 设备材料工程招标采购阶段

设备材料有时候由建设方自己采购，有时候委托工程实施方采购。设备材料和工程施工两个招标一揽子解决了工程问题，通常叫工程大包。因此，本阶段的主要内容如下。

（1）设备材料招标

根据上述设计规划阶段形成的设备材料清单、图纸文件、技术规格书等技术文件，采用邀标、招标、议标的形式，完成对设备材料的采购、合同签署、款项支付等。

（2）工程施工招标

根据上述设计规划阶段形成的设备材料清单、图纸文件、技术规格书等技术文件，采用邀标、招标、议标的形式，完成对工程施工的招标。

（3）设备材料检验

当设备材料到场后，先根据上述材料清单将设备和材料分门别类一一点检并入库上账。再根据上述设计的技术规格书和设备技术说明书，对设备进行功能和性能检查校核。

3. 施工安装阶段

施工安装阶段主要包括以下内容。

（1）线缆布线

按照施工图或二次施工图的设计要求，将线缆的桥架、线槽和保护管敷设到位。有的工程会在土建施工阶段，将一些管槽敷设到位。

按照图纸和电缆表、设备表，将不同规格和用途的线缆敷设、穿管。

（2）设备安装

按照施工图的要求，将传感器、执行器、就地控制箱等现场设备安装就位。将控制室内接线柜、控制柜、电气配电柜等室内盘柜安装就位。将集散控制系统、可编程序控制器、变频器等计算机控制系统安装就位。

（3）接线

按照施工图的回路接线图、单元接线图或电缆表，将传感器、执行器、控制器、现场控制箱、控制室接线柜、控制柜、电气配电柜等连接起来。然后使用校线设备校核接线是否正确。

4. 测试与调试阶段

（1）编写程序

根据系统和设备的功能描述说明书，编写控制流程框图；根据控制流程框图的要求，编写 PLC 控制程序、变频器控制程序等计算机控制系统程序。

（2）测试调试

对系统中各个设备进行逐一上电测试。将传感器、控制器进行参数设定、标定。控制程序进行离线模拟调试。控制程序进行在线联机调试。控制程序进行参数优化。

5. 验收与竣工阶段

（1）工程验收

对验收所需要的文件进行整理，编制自动化工程竣工验收单。内容包括：图纸技术资料，设备材料（符合国家标准、有合格证、有甲方检验证明），线管接口，线管吊装，管线敷设，接线盒，导线连接，线、线管截面比，线管与热源管距离，导线绝缘耐压测试，导线出盒软管连接，线盒封闭方式，导线接头绝缘等方面。

（2）培训工作

编制培训资料、系统操作维护说明书，对控制程序等技术文件进行整理。完成对用户的运行、管理、维护人员的培训。

（3）工程竣工

完成竣工图的编制，完成竣工会议的组织。

完成自动化相关的竣工表格的编制，包括：自动化仪表工程质量检验用计量器具表、自动化仪表工程单位工程（或分部工程）质量控制资料核查记录表、仪表盘（柜、台、箱）安装检验批质量验收记录表、温度仪表安装检验批质量验收记录表、压力仪表安装检验批质量验收记录表、流量仪表安装检验批质量验收记录表、物位仪表安装检验批质量验收记录表、机械量和其他仪表安装检验批质量验收记录表、执行器安装检验批质量验收记录表、仪表线路安装检验批质量验收记录表、仪表管道安装检验批质量验收记录表、仪表试验检验批质量验收记录表。

完成电气相关的竣工表格的编制，包括：成套配电柜、控制柜及动力、照明配电柜安装记录，电缆桥架安装检查记录，电缆敷设及绝缘电阻测试记录，配线线路绝缘电阻测试记录，漏电保护装置模拟测试记录，照明全负荷通电试运行记录，线路、插座、开关接线检查记录，接地电阻测试记录，避雷针、带安装记录；电气隐蔽工程检查验收记录，接地装置施工隐蔽验收记录；分部（子分部）工程质量验收记录。

3.1.2 实训项目的实施过程

由于本课程的设计思路是"搭建学校和工厂之间的过渡跳板"，因此，本部分的实训就是要在实训中模拟实际工作，强化学生在实训的操作过程中的规矩养成。

经过实训让学生牢记，在本实训中，实训的数据和结果能否获得并不重要，重要的是按照规矩和规范完成实训过程，而在整个实训过程中保证时时处处是安全的更重要！也就是说，需要受训者用正确的步骤、正确的行为、正确的方法安全行事。步骤、行为和方法正确了，组成和贯穿的整个过程就正确，数据和结果的获得一定也是正确的。

按照上节中的工程实际过程，在实训中也要组成一个团队，并按照下述的阶段，为团队的每一个成员划分好各自的分工。同时，在实训中一定牢记每一步都符合规范。

安全方面的规范　在任何工作中要牢记，不知道后果的行为不能做，坚决不能有侥幸心理，不合安全规范的工作拒绝做。

工作方面的规范　使用工具设备要有规矩：设备要安放稳定牢靠；工具使用后及时归位；保持工作环境的整洁。（万用表的档位：不用时放在电压的最大位，换档位时要断电后进行）。

对照工程实际过程，在本课程中简化为以下五个过程：规划阶段（文件、图纸、设计）、准备阶段（材料、设备、采购）、执行阶段（安装、接线、实施）、开车阶段（调试、运行、测试）、报告阶段（数据处理、计算、总结）。

1. 规划阶段

规划阶段是指在实训开始前并不动手操作，而是要做好文件准备。本阶段内容包括：阅读实验指导书，了解实训目的、实训原理、实训用的设备材料、实训的步骤等；阅读相关设备的操作说明书等；查阅实训指导书上的图纸（接线图和原理图等）、实训设备上的图纸，必要时绘制单元接线图。

从上述的图纸中查数连接线的数量、线与线之间的关系，需要使用到哪些设备、哪些材料；并书面记录这些设备与材料，列出材料表（一览表、汇总表），至少包括名称、规格、数量、用途等栏目。

2. 准备阶段

准备阶段是指在实训开始时，要做好材料准备。本阶段内容包括：按照上述的书面记录的设备材料表，将所用的设备、材料在实训室材料存放处找出来。用万用表等工具和仪器确认这些设备和材料是合格可用的。并按照不同的用途整理好，按使用位置和功能将这些设备材料放置在合适的位置。

3. 执行阶段

执行阶段是指在实训开始动手时，要以一定的原则做事，同时还要保证安全行事。本阶段内容包括如下几个方面。

（1）接线的路径匹配

相邻地点输入接到相邻地点输出的几根线要走同一个线路，使用同一长度，使用不同颜色来区分。

（2）接线的颜色的匹配

电源正极用红色线缆、电源负极用黑色线缆、接地线用蓝色或绿色线缆，而且要养成习惯。有时不同的国家有不同的惯用方法，需要在动手前了解清楚，并认真加以区别。

（3）接线的长度的匹配

接线要尽量使用合理的线长，不要太长、防止盘结，不要太短、容易绷断和松动。全部接线不能有交叉、绞合、盘结；这样易于接线、也易于检查。

整个执行阶段，不以完成接线的速度为目标，而以完成接线的正确为目标。

4. 开车阶段

开车阶段是指在完成安装和接线后，实训进入实际操作的阶段，这时一定要遵循安全规定。本阶段内容如下。

在通电前，要有一定的程序。一要自我检查或互检错误，特别是要检验和确认电源的正确性；二要有上级负责人确认检查，在实训时是老师，在工作中是师傅或直接上司。

整个开车阶段，不以测得数据的速度和准确性为目标，而以完成数据测量过程的安全、合规为目标。

5. 报告阶段

报告阶段是指在开车得到实训数据后，学生在课后进入实训报告的撰写阶段，这时一定要按照实训指导书的要求书写。本阶段内容如下。

完成实训数据的整理、相应实训数据曲线的绘制、拟合直线及其方程的绘制与计算、其他指导书要求的计算以及与实训有关的问题的解答。

本阶段需要注意实训报告的内容布局、表格的单位选择、曲线的坐标设计、计算的来龙去脉、问题回答对理论课程的引用以及对实训数据的对比。

3.1.3 实训的表格管理

1. 设备使用记录表

主要用于记录设备的使用情况，类似于工厂实际工作中的交接班记录表。学生接手时，应该检查本次实训所用设备的状态，一方面可以保证在实训时，设备处于好用状态，另一方面，可以排除设备损坏时的责任认定。设备使用记录表如表3-1所示。

2. 实训成绩记录表

主要用于记录学生在实训过程中的完成情况，这样就使得实训成绩完全融入整个实训全过程，而不是集中于实训报告的完成和期末一两次考试的完成情况。

根据下一节的分组和分工，在每一个步骤中，如果老师发现学生的实施有错误，会根据所犯错误所属的阶段和分类，给予标记。每次实训的错误累积将成为整个实训成绩的减分因素。实训成绩记录表如表3-2所示。

3. 实训设备材料表

主要用于在实训的第一个步骤规划阶段，按照实训要求查阅接线图、查清连接线的数量，加入实训设备与材料，并理清线与线之间、线与设备之间的关系。规划人员列出材料清单，即将实训所需材料和设备，填入此实训设备材料表。实训设备材料表如表3-3所示。

表 3-1　设备使用记录表

传感器与检测技术实训
设备使用记录表

实训题目			指导教师			台号	
日期节次				班级			
组长			组员				
所用设备		接手时状态		离开时状态			备注
编号	名称	位置	状态	位置	状态		

表 3-2　实训成绩记录表

传感器与检测技术实训
实训成绩记录表

实训题目			指导教师			台号	
日期节次				班级			
成员		实训成绩（每错一项扣1分）					备注
组员	分工	规划	准备	执行	实施	检查	安全	总扣分

表 3-3　实训设备材料表

传感器与检测技术实训
实训设备材料表

实训题目			指导教师		台号	
日期节次				班级		
序号	品名	规格	数量	单位	用途	备注

3.1.4 实训的分组分工

1. 分组

分组原则：按照学号分组或者自由分组。每组以 3~5 人为好，4 人最佳。

每组选出组长，由组长进行任务分工，填写设备使用记录表、实训成绩记录表。组长不是永久的，每次实训必须选举不同的组长。

2. 分工

根据任务不同，组长对组员进行分工，组员的分工可交叉进行，即一人兼多职，一职用多人。一般按照实训的阶段进行分工。

（1）规划工作

规划工作就是做文件准备。本实训课程的最终成果是实训设备材料表和实训接线图。规划工作一般由两人承担，在全体组员讨论后，拟定设备材料表和接线图，由这两个人执笔完成。

如果实训设备材料表和接线图不正确，在实训成绩记录表对负责规划工作和检查工作的组员给予记录。

（2）准备工作

准备工作就是设备材料的准备。本实训课程的最终成果是正确的领取设备和材料。准备工作一般由两人承担。此二人按照上述拟定的材料表去指定位置领取材料，要求一人唱标、一人附标。领取材料后，在实训台处还要完成设备材料完好的检验。如果检查出问题，要填列到实训设备记录表中。

如果设备材料领取的不正确，在实训成绩记录表对负责准备工作和检查工作的组员给予记录。此时，更换设备和材料需要先更正实训设备材料表。

（3）执行工作

执行工作就是实训设备的安装与接线。本实训课程的最终成果是正确地安装设备和接线。执行工作一般由两人承担。此二人按照实训指导书的指示，或者规划时完成的接线图，完成设备安装和线缆连接。通常要求一人发出指令，另外一人完成安装和接线。

如果设备材料安装的不规范、不正确，在实训成绩记录表对负责执行工作和检查工作的组员给予记录。

（4）实施工作

实施工作就是在实训设备安装和接线完成后的实训数据测量。本实训课程的最终成果是取得正确的实训数据。一般由两人承担。一人指令执行操作和读取数据，另一人完成记录。

如果实操作过程不正确、不规范，在实训成绩记录表对负责开车工作和检查工作的组员给予记录。

（5）检查工作

检查工作就是在实训全过程中对规划、准备、执行、开车全过程的正确性、合规性和安全性进行检查。本实训课程的最终成果是要求全过程中无步骤、方法和安全方面的错误。一般由一至二人承担。要求在每个步骤的事前、事中和事后都要检查。

如果在规划、准备、执行、开车全过程不正确、不规范，在实训成绩记录表对负责检查工作的组员给予记录。

（6）安全方面

安全方面就是在实训全过程中对规划、准备、执行、开车全过程的安全性进行评估。

任何人，如果在规划、准备、执行、开车全过程违反安全的一般要求，在实训成绩记录表中对相应违反的组员给予记录。

3.2 应变式传感器重量测量实训

3.2.1 实训目的与意义

1. 知识目的

理解并牢记实训要求，了解工程项目的实施过程，掌握实训项目的实施过程，熟悉实训的表格管理中的三个表格。

了解金属箔式应变片的应变效应；加深理解单臂电桥的工作原理；掌握电阻应变式传感器测力时的性能。

2. 能力目的

能够按照实训要求，安全、规范地做事。能够按照实训项目的实施过程进行规划、准备、执行、开车。能够熟练地运用实训所用的三个表格。

能够运用应变效用原理和金属应变片及其单臂电桥，完成砝码重量的测量。

3. 素质目的

能够严格遵守实训纪律，不大声喧哗、不影响别人、不抄袭别人。充分体现团队精神，有分工、有合作。严格按照实训规范进行实训，不带电作业、上电前经过批准。

能够按照规则要求进行实训项目的规划、准备、执行、开车，并遵守行为规范、专业规范和安全规范。

能够按照教学要求完成实训项目的实训步骤规划、接线图与设备表准备、材料准备与接线、安装调试与数据测量、数据处理与图纸绘制，并最终完成实训报告的撰写。

3.2.2 实训原理与设备

1. 实训原理

电阻应变片的工作原理是应变效应，即电阻丝在外力作用下发生机械变形时，其电阻值发生变化。

描述电阻应变效应的关系式为

$$\frac{\Delta R}{R} = K \cdot \varepsilon \tag{3-1}$$

式中，$\frac{\Delta R}{R}$ 为电阻值的相对变化；K 为与试件材料相关的常数；ε 为试件的应变。

金属箔式应变片是通过光刻、腐蚀等工艺制成的一种很薄的金属箔栅，作为应变敏感元件，它转换被测部位受力状态变化。

电桥的作用是完成电阻到电压的比例变化，电桥的输出电压反映了相应的受力状态。对单臂电桥，当四个臂的阻值在未受力为相等时，其输出电压为

$$U_0 = \frac{E}{4} \cdot \frac{\Delta R_1}{R_1} = \frac{E}{4} \cdot K \cdot \varepsilon \qquad (3-2)$$

2. 实训设备与材料

实验台主机箱：其上有 ±4 V 直流电源、±15 V 直流电源、直流电压表。

传感器：应变式传感器（已经安装在应变式传感器实验模板的弹性体上）。

变送模板：应变式传感器实验模板。

其他：连接线缆，托盘、砝码、自备的数显万用表。

3. 实训设备认识

应变式传感器已装于应变传感器模板上。传感器中 4 片应变片 R_1、R_2、R_3、R_4 连接在实验模板左上方的弹性体上，如图 3-1 所示。弹性体左下角应变片为 R_1，右下角为 R_2，右上角为 R_3，左上角为 R_4。当弹性体上的托盘支点受压时，R_1、R_3 阻值增加，R_2、R_4 阻值减小，可用四位数显万用表进行测量判别。

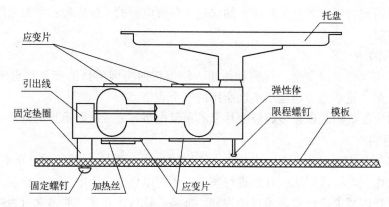

图 3-1　应变式传感器安装示意图

弹性体上还安装有验证温度效应的加热电阻和加热器。常态时，应变片的阻值为 350 Ω，加热丝电阻值为 50 Ω 左右。

4. 实训图纸

应变传感器实验模板如图 3-2 所示，其中的 R_1、R_2、R_3、R_4 为应变片，没有文字标记的 5 个电阻符号下面是空的，其中 4 个组成电桥模型是为实验者组成电桥方便而设，图中的粗黑曲线表示连接线。也就是说，使用连接线的方式，将应变片接入到电桥的任何一个空位置，与其他电阻组成桥路，完成测量。

3.2.3　实训过程与规则指导

按照本项目的知识内容要求，必须以正确的步骤完成实训。第一步是完成文件、图纸、设计的规划阶段；第二步是材料、设备、采购的准备阶段；第三步是完成安装、接线、检查的执行阶段；第四部是完成调试、运行、测试的实施阶段。贯穿全过程的是符合标准、规定、制度的规范要求，以及符合 EHS 的安全要求。

1. 规划过程指导

（1）分组分工

分组后，组长将本实训涉及的实训设备——检查，填入表 3-1 实训设备记录表。实训

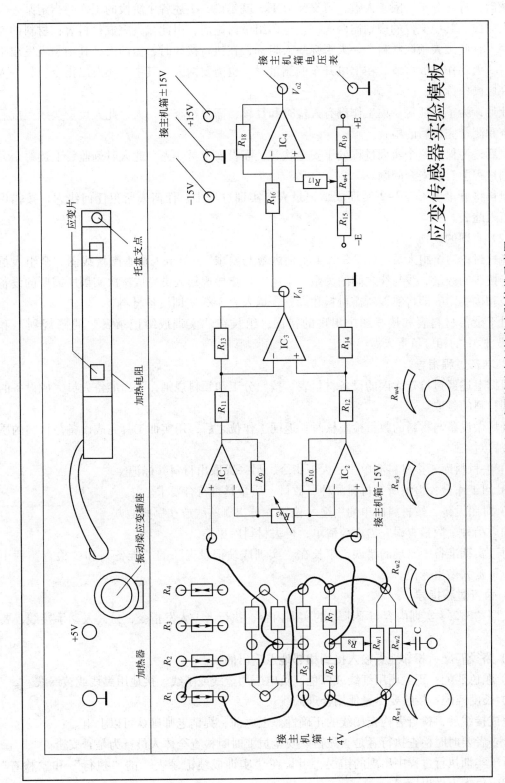

图3-2 应变式传感器单臂电桥性能实验接线示意图

47

过程中如果发现某一设备有任何问题，经老师确认后将故障现象填入表格。

然后，进行分工。限于人数，可交叉分工。就是说，上述各个阶段的工作要指定某一人或几人完成。其中文件的规划需两人，在全体组员讨论后，由此二人完成材料表；材料的准备需两人，此二人领取材料，一人唱标一人附标；在执行接线时，需两人，其中一人发出指令，另一人动作完成接线。在上电开车的测量时，也需要两人，其中一人发出指令，另一人执行完成操作读数。

此外，为了保证每一项工作都有人检查和复核，需设检查员一人，此人负责接线完成后的检查和测量完成后的检查。

最后，为保证整个实训过程处于安全状态，需设安全员一人，此人时刻监督上述每个人在实训过程中有否安全问题。

组长将分工填入表3-2实训成绩记录表。实训过程中，任何人所犯任何错误，按错误类别填入此表。

（2）实训的规划

经过讨论，全组人员阅读"3.2.4实训内容与要求"。全组人员查阅接线图。全组人员查清连接线的数量、线与线之间的关系。全组人员指导规划人员完成本次实训所需要的设备材料表和接线图。即将实训所需材料和设备，填入表3-3实训设备材料表。

对于设备材料表和接线图中出现的错误，组长在"实训成绩记录表"的"规划"和"检查"栏中的相应负责人做出标记。

2. 准备过程指导

根据上述经过检查无误的设备材料表，按照分工和领料规则，派出准备人员完成设备的领取和材料的领取。

现场做设备与材料的数量检查核对。返回工作位之后，用实训工具完成设备与材料的质量检查核对。

1）去材料库，按材料清单，一人下指令，另一人取出材料并标记。

2）回工作台，检测所领材料品种、数量、质量是否符合要求。

3）对照设备，按材料清单的用途（位置）分出哪些线放在哪些地方。

如果品种、数量有误，需更改清单，再去材料库更换。

对于实训准备中出现的错误，组长在"实训成绩记录表"的"准备"和"检查"栏中的相应负责人做出标记。

3. 执行过程指导

按照"3.2.4实训内容与要求"的实训内容，执行者一人发指令，另一人动手接线，要注意：

1）路径匹配：相邻地点输入接到相邻地点输出的线。

2）颜色匹配：正电压用红线或棕色、负电压用蓝线或黑线、接地用黑线或黄绿线。

3）长度匹配：接线要尽量使用合理的线长。

完成接线后，检查者检查接线的正确性。上电前，提请老师确认可以上电。

检查者要时时检查执行者是否做错。安全员要时时检查全体人员行为是否安全。

对于实训执行过程中出现的错误，组长在"实训成绩记录表"的"执行"和"检查"中的相应负责人做出标记。

4. 实施过程指导

按照设计的实训步骤，根据分组分工，由负责实施的人员完成实训操作。实施者一人发出指令，另一人复述指令、完成动作，并汇报给前者。测量时，一人报出读数，另一人记录读数。同组其他人员进行检查。

检查者要时时检查执行者是否做错。安全员要时时检查全体人员行为是否安全。

对于实训实施中出现的错误，组长在"实训成绩记录表"的"执行""实施"和"检查"中的相应负责人做出标记。

5. 实训结束指导

当全部数据读取完毕，意味着实训做完。在数据完成后，检查者复核数据，交由老师检查。之后进行断电、拆线。拆线要注意方法，不允许从一端强拽线缆。

此外，还回材料到材料库时，需要分类归还并注意5S制度。

整理数据，完成实训报告。

对于整个实训过程中出现的安全错误，比如极性不正确、未做必要的检查而通电、带电作业等，组长在"实训成绩记录表"的"安全"和"检查"中的相应负责人做出标记。

3.2.4 实训内容与要求

1. 实训操作内容

（1）放大器输出调零

用导线将实验模板上的 ±15 V、⊥ 插口与主机箱电源 ±15 V、⊥ 分别相连，将图 3-2 实验模板上差动放大器的两输入端用导线短接，即使 $V_i = 0$；调节放大器的增益电位器 R_{w3} 大约到中间位置。（先逆时针旋到底，再顺时针旋转到底，计算总圈数，翻转至一半圈数）；将主机箱电压表的量程切换开关打到 2 V 档。经检查无误后，合上主机箱电源开关；调节实验模板放大器的调零电位器 R_{w4}，使电压表显示为零。

（2）单臂电桥实验

断电；拆去放大器输入端口的短接线，按照图 3-2 接线。经检查无误后，合上主机箱电源开关；调节实验模板上的桥路平衡电位器 R_{w1}，使主机箱电压表显示为零；在应变传感器的托盘上放置一只砝码，读取数显表数值，依次增加砝码和读取相应的数显表值，记下实验结果填入表 3-4 中。直到 200 g（或 500 g）砝码加完。实验完毕，关闭电源。

表 3-4 应变式传感器重量测量实训数据记录表

重量/g								
电压/mv								

2. 实训结果要求

1）根据上述表 3-4 的记录数据，绘制实训曲线。

2）根据实训曲线，绘制拟合直线。

3）计算拟合直线的直线方程。

4）计算系统灵敏度。

5）计算非线性误差。

3.2.5　实训报告的撰写

1. 实训报告内容要求

报告条目分为：实训目的、实训原理、实训仪器与设备、实训步骤、实训数据记录表、实训曲线、实训数据分析、实训小结、回答问题等 9 部分。

需要叙述实训目的是否实现，实训原理是否理解，对实训仪器和设备的认识，实训步骤按实际操作过程的描述，实训时测得的数据记录表，按照要求绘制的实训曲线，按照要求完成的实训数据分析，根据实训过程获得的知识与技能，体会、经验与教训等小结，并回答针对本实训出现的问题。

最终交付全部过程文件（各项表格）和结果文件（实训数据处理的图纸与计算）。

2. 实训报告数据要求

根据实训数据记录表，根据不同砝码重量和测得电压的数据，绘制出重量 - 电压$(g - V)$特性曲线。

根据实训曲线，绘制拟合直线。计算拟合直线的直线方程。

计算在有效测量范围内，本应变传感器单臂电桥测量重力的灵敏度和线性度，要求必须有计算步骤与计算过程。

3. 回答实训的问题

1）组成单臂电桥时，作为桥臂电阻的应变片选用正、负应变片有何区别？（受拉的是正应变片，受压的是负应变片）。

2）根据绘制的曲线，用文字描述重量 - 电压$(g - V)$特性，并说明与理想的重量 - 电压$(g - V)$特性有哪些区别，为什么？

3）总结一下本实训中学到的知识与技能以及必须遵守的注意事项。

3.3　金属箔式应变片传感器性能比较实训

3.3.1　实训目的与意义

1. 知识目的

理解并牢记实训要求，了解工程项目的实施过程，掌握实训项目的实施过程，熟悉实训的表格管理中的三个表格。

了解金属箔式应变片的应变效应；加深理解半桥、全桥、单臂电桥的工作原理；比较半桥、全桥、单臂电桥的不同性能，掌握电阻应变式传感器测力时，其不同应用时的桥路特点。

2. 能力目的

能够按照实训要求，安全、规范地做事。能够按照实训项目的实施过程进行规划、准备、执行、开车。能够熟练地运用实训所用的三个表格。

能够运用应变效用原理和金属应变片及其半桥、全桥电桥，完成砝码重量的测量。

3. 素质目的

能够严格遵守实训纪律，不大声喧哗、不影响别人、不抄袭作业。充分体现团队精神，有分工、有合作。严格按照实训规范进行实训，不带电作业、上电前经过批准。

能够按照规则要求进行实训项目的规划、准备、执行、开车，并遵守行为规范、专业规范和安全规范。

能够按照教学要求完成实训项目的实训步骤规划、接线图与设备表准备、材料准备与接线、安装调试与数据测量、数据处理与图纸绘制，并最终完成实训报告的撰写。

3.3.2 实训原理与设备

1. 实训原理

电阻丝在外力作用下发生机械变形时，其电阻值发生变化，这就是电阻应变效应。电桥的作用是完成电阻到电压的比例变化，电桥的输出电压反映了相应的受力状态。

把不同受力方向的两只应变片接入电桥作为邻边，这时候电桥为半桥电路，其输出灵敏度会提高，非线性得到改善。当应变片阻值和应变量相同时，其桥路输出电压为

$$U_0 = \frac{E}{2} \cdot \frac{\Delta R_1}{R_1} = \frac{E}{2} \cdot K \cdot \varepsilon \tag{3-3}$$

将受力方向相同的两应变片接入电桥对边，相反的应变片接入电桥邻边，此为全桥测量电路。当应变片初始阻值相同时，其桥路输出电压为

$$U_0 = E \cdot \frac{\Delta R_1}{R_1} = E \cdot K \cdot \varepsilon \tag{3-4}$$

可见其输出灵敏度比半桥又提高了一倍，非线性误差和温度误差均得到改善。

2. 实训设备与材料

实验台主机箱：其上有 ±4 V 直流电源、±15 V 直流电源、直流电压表。

传感器：应变式传感器（已经安装在应变式传感器实验模板的弹性体上）。

变送模板：应变式传感器实验模板。

其他：连接线缆，托盘、砝码、自备的数显万用表。

3. 实训图纸与资料

实训用的应变式传感器与主机箱的有关连接图纸见图 3-3 半桥实验接线图、图 3-4 全桥实验接线图。其他资料见学校实训设备生产厂商的随机资料。

3.3.3 实训过程与规则指导

按照本项目的知识内容要求，必须以正确的步骤完成实训。第一步是完成文件、图纸、设计的规划阶段；第二步是材料、设备、采购的准备阶段；第三步是完成安装、接线、检查的执行阶段；第四部是完成调试、运行、测试的实施阶段。贯穿全过程的是符合标准、规定、制度的规范要求，以及符合 EHS 的安全要求。

1. 规划过程指导

（1）分组分工

分组后，组长将本实训涉及的实训设备一一检查，填入表 3-1 实训设备记录表。实训过程中如果发现某一设备有任何问题，经老师确认后将故障现象填入表格。

然后，进行分工。限于人数，可交叉分工。就是说，上述各个阶段的工作要指定某一人或几人完成。其中文件的规划需两人，在全体组员讨论后，由此二人完成材料表；材料的准备需两人，此二人领取材料，一人唱标一人附标；在执行接线时，需两人，其中一人发出指

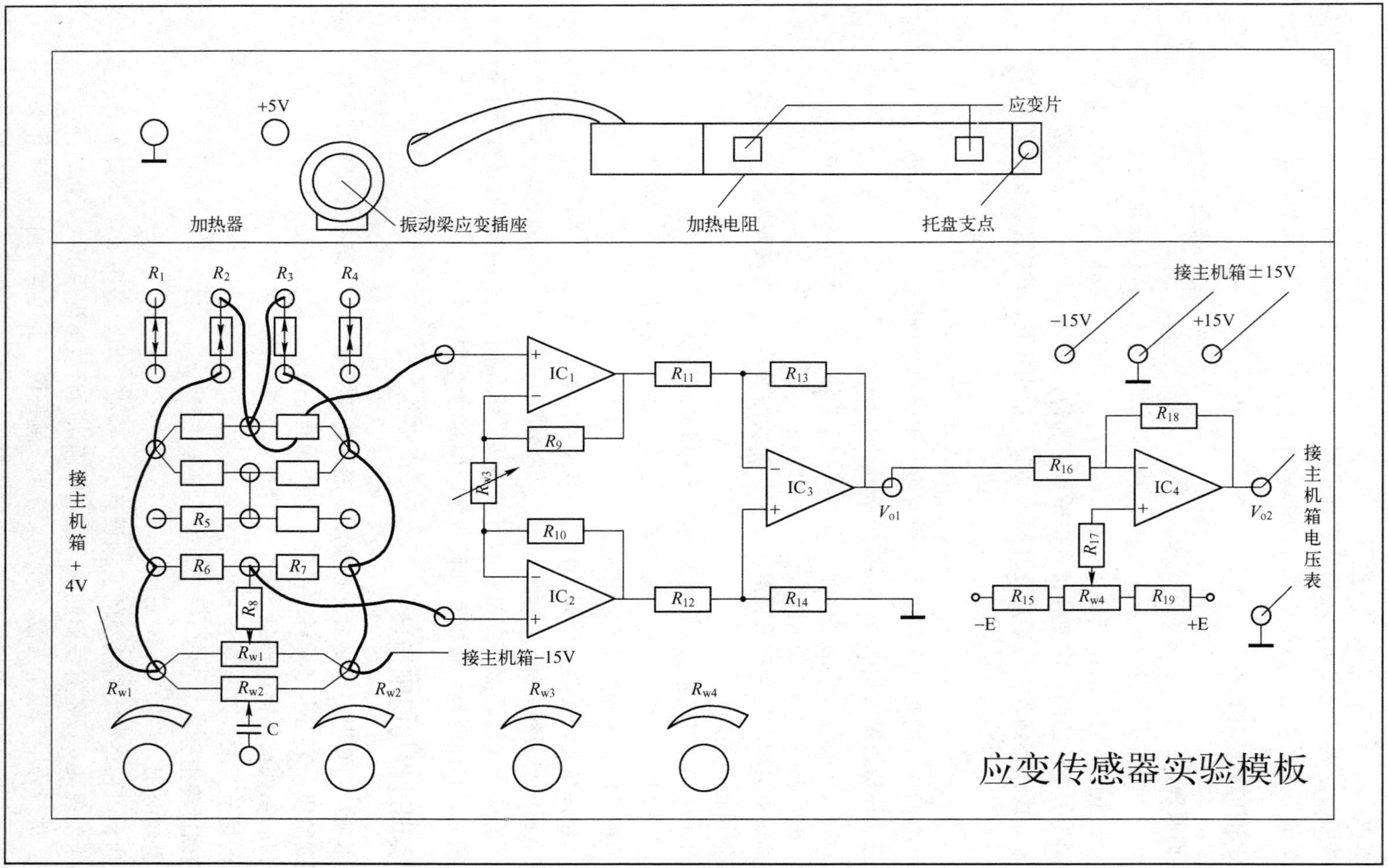

加热器
+5V
振动梁应变插座
加热电阻
托盘支点
应变片
R1
R2
R3
R4
R5
R6
R7
R8
R9
R10
R11
R12
R13
R14
R15
R16
R17
R18
R19
IC1
IC2
IC3
IC4
Rw1
Rw2
Rw3
Rw4
C
接主机箱+4V
接主机箱-15V
接主机箱±15V
-15V
+15V
Vo1
Vo2
-E
+E
接主机箱电压表
应变传感器实验模板

图3-3 半桥实验接线图

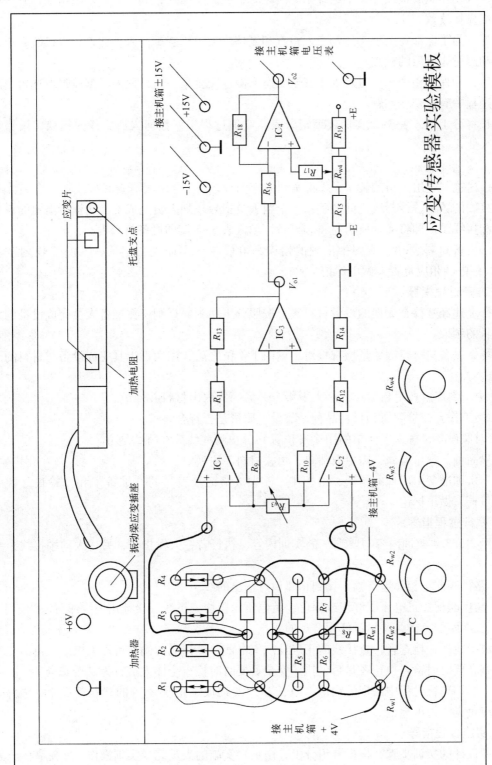

图3-4 全桥实验接线图

令，另一人动作完成接线。在上电开车的测量时，也需要两人，其中一人发出指令，另一人执行完成操作读数。

此外，为了保证每一项工作都有人检查和复核，需设检查员一人，此人负责接线完成后的检查和测量完成后的检查。

最后，为保证整个实训过程处于安全状态，需设安全员一人，此人时刻监督上述每个人在实训过程中有否安全问题。

组长将分工填入表3-2实训成绩记录表。实训过程中，任何人所犯任何错误，按错误类别填入此表。

（2）实训的规划

经过讨论，全组人员阅读"3.3.4实训内容与要求"。全组人员查阅接线图。全组人员查清连接线的数量、线与线之间的关系。全组人员指导规划人员完成本次实训所需要的设备材料表和接线图。即将实训所需材料和设备，填入表3-3实训设备材料表。

对于设备材料表和接线图中出现的错误，组长在"实训成绩记录表"的"规划"和"检查"栏中的相应负责人做出标记。

2. 准备过程指导

根据上述经过检查无误的设备材料表，按照分工和领料规则，派准备人员完成设备的领取和材料的领取。

现场做设备与材料的数量检查核对。返回工作位之后，用实训工具完成设备与材料的质量检查核对。

1）去材料库，按材料清单，一人下指令，另一人取出材料并标记。

2）回工作台，检测所领材料品种、数量、质量是否符合要求。

3）对照设备，按材料清单的用途（位置）分出哪些线放在哪些地方。

如果品种、数量有误，需更改清单，再去材料库更换。

对于实训准备中出现的错误，组长在"实训成绩记录表"的"准备"和"检查"栏中的相应负责人做出标记。

3. 执行过程指导

按照"3.3.4实训内容与要求"的实训内容，执行者一人发指令，另一人动手接线，要注意：

1）路径匹配：相邻地点输入接到相邻地点输出的线。

2）颜色匹配：正电压用红线或棕色、负电压用蓝线或黑线、接地用黑线或黄绿线。

3）长度匹配：接线要尽量使用合理的线长。

完成接线后，检查者检查接线的正确性。上电前，提请老师确认可以上电。

检查者要时时检查执行者是否做错。安全员要时时检查全体人员行为是否安全。

对于实训执行过程中出现的错误，组长在"实训成绩记录表"的"执行"和"检查"中的相应负责人做出标记。

4. 实施过程指导

按照设计的实训步骤，根据分组分工，由负责实施的人员完成实训操作。实施者一人发出指令，另一人复述指令、完成动作，并汇报给前者。测量时，一人报出读数，另一人记录读数。同组其他人员进行检查。

检查者要时时检查执行者是否做错。安全员要时时检查全体人员行为是否安全。

对于实训实施中出现的错误，组长在"实训成绩记录表"的"执行"、"实施"和"检查"中的相应负责人做出标记。

5. 实训结束指导

当全部数据读取完毕，意味着实训做完。在数据完成后，检查者复核数据，交由老师检查。之后进行断电、拆线。拆线要注意方法，不允许从一端强拽线缆。

此外，还回材料到材料库时，需要分类归还，并注意5S制度。

整理数据，完成实训报告。

对于整个实训过程中出现的安全错误，比如极性不正确、未做必要的检查而通电、带电作业等，组长在"实训成绩记录表"的"安全"和"检查"中的相应负责人做出标记。

3.3.4 实训内容与要求

1. 实训操作内容

（1）放大器输出调零

用导线将实验模板上的 ±15V、⊥ 插口与主机箱电源 ±15V、⊥ 分别相连，将图 3-3 实验模板上放大器的两输入端用导线短接，即使 $V_i = 0$；调节放大器的增益电位器 R_{w3} 大约到中间位置。

将主机箱电压表的量程切换开关打到 2V 档。经检查无误后，合上主机箱电源开关；调节实验模板放大器的调零电位器 R_{w4}，使电压表显示为零。

（2）半桥实验

拆去放大器输入端口的短接线，按照图 3-3 接线。注意 R_2 应和 R_3 受力状态相反，即将传感器中两片受力相反（一片受拉、一片受压）的电阻应变片作为电桥的相邻边。

经检查无误后，合上主机箱电源开关；调节实验模板上的桥路平衡电位器 R_{w1}，使主机箱电压表显示为零；在应变传感器的托盘上放置一只砝码，读取数显表数值，依次增加砝码和读取相应的数显表值，记下实验结果填入表 3-5。直到 200g（或 500g）砝码加完。实验完毕，关闭电源。

（3）全桥实验

保持上述增益电位器 R_{w3}、调零电位器 R_{w4} 的位置不动。按照图 3-4 接线。注意 R_2 应和 R_3 的受力状态相反，注意 R_1 应和 R_4 的受力状态相反，即将传感器中两片受力相反（一片受拉、一片受压）的电阻应变片作为电桥的相邻边。

经检查无误后，合上主机箱电源开关；调节实验模板上的桥路平衡电位器 R_{w1}，使主机箱电压表显示为零；在应变传感器的托盘上放置一只砝码，读取数显表数值，依次增加砝码和读取相应的数显表值，记下实验结果填入表 3-5。直到 200g（或 500g）砝码加完。实验完毕，关闭电源。

表 3-5　金属箔式应变片传感器性能比较实训数据记录表

重量 W/g									
电压 U_h/mV									
电压 U_q/mV									

2. 实训结果要求

1）根据上述实训数据记录表中的数据，分别绘制半桥和全桥实训曲线。

2）根据实训曲线，分别绘制半桥和全桥拟合直线。

3）分别计算半桥和全桥拟合直线的直线方程。

4）分别计算半桥和全桥系统灵敏度。

5）分别计算半桥和全桥非线性误差。

3.3.5 实训报告的撰写

1. 实训报告内容要求

报告条目分为：实训目的、实训原理、实训仪器与设备、实训步骤、实训数据记录表、实训曲线、实训数据分析、实训小结、回答问题等 9 部分。

需要叙述实训目的是否实现，实训原理是否理解，对实训仪器和设备有何认识，实训步骤按实际操作过程的描述，实训时测得的数据记录表，按照要求绘制的实训曲线，按照要求完成的实训数据分析，根据实训过程获得的知识与技能、体会、经验与教训等小结，并回答针对本实训出现的问题。

最终交付全部过程文件（各项表格）和结果文件（实训数据处理的图纸与计算）。

2. 实训报告数据要求

（1）实训曲线绘制要求

根据实训数据记录表，根据不同砝码重量和测得电压的数据，绘制出重量 – 电压$(g-V)$特性曲线。根据实训曲线，绘制拟合直线。计算拟合直线的直线方程。半桥和全桥的两条曲线，绘制在一个坐标图中，在有可能的情况下，要把单臂电桥的曲线一并绘制在其中，便于比较与判断。

根据绘制的曲线，用文字描述重量 – 电压$(g-V)$特性，并说明与理想的重量 – 电压$(g-V)$特性有哪些区别，为什么。

（2）实训数据分析要求

计算在有效测量范围内，本应变传感器半桥和全桥电桥测量重力的灵敏度和线性度，要求必须有计算步骤与计算过程。

3. 回答实训的问题

1）组成半桥电桥测量时，两片不同受力状态的电阻应变片接入电桥时，应放在对边还是邻边。

2）组成全桥电桥测量时，当两组对边（R_1、R_3 为对边）电阻值相同，即 $R_1 = R_3$，$R_2 = R_4$，而 $R_1 \neq R_2$ 时，是否可以组成全桥。

3）桥路（差动电桥）测量时存在非线性误差，是因为下列哪个原因：①电桥测量原理上存在非线性；②应变片应变效应是非线性的；③调零值不是真正为零。

4）总结一下本实训中学到的知识与技能以及必须遵守的注意事项。

项目4 实训报告书的编写能力训练

【提要】本项目介绍了实训报告的种类、特点等知识，详细介绍了训练性实训报告的概念与撰写时的注意事项，讲解了实训报告的结构组成；用实例和示例介绍了一个优秀的实训报告，并逐条逐项分析了这个报告的优缺点。

依托两个可选做的实训项目，完成对上述实训报告书编写能力的训练。使学生能够经过本项目的训练，熟练掌握实训报告的书写方法和技巧，并且能应用于其实际工作中，能够在后续的课程中以及自己的职业生涯中，灵活运用这些方法和技巧，获得优异的学习成绩和职业素养。

本项目成果：书写合格的实训报告书。

4.1 如何写好实训报告书

4.1.1 实验报告的一般知识

实验报告是描述、记录某个实验过程和结果的一种科技应用文体。撰写实验报告是科学技术工作不可缺少的重要环节。虽然实验报告与科技论文一样都以文字形式阐明了科学研究的成果，但二者在内容和表达方式上仍有所差别。

科技论文一般是把成功的实验结果作为论证科学观点的根据。实验报告则客观地记录实验的过程和结果，着重告知一项科学事实，不夹带实验者的主观看法。

实验报告的书写是一项重要的基本技能训练。它不仅是对每次实验的总结，更重要的是它可以初步地培养和训练学生的逻辑归纳能力、综合分析能力和文字表达能力。因此，参加实验的每位学生，均应及时认真地书写实验报告。要求内容实事求是，分析全面具体，文字简练通顺，誊写清楚整洁。

1. 实验报告书的种类

一般来讲，实验类报告有四种，一是基于科学研究的探究性试验报告，二是基于某种参数的提取的检测性检验报告，三是基于某种规律或定律或现象的验证性实验报告，四是基于掌握操作的基本步骤与练习的训练性实训报告。

探究性试验报告是在科学研究活动中，人们为了检验某一种科学理论或假设，通过实验中的观察、分析、综合、判断，如实地把实验的全过程和实验结果用文字形式记录下来的书面材料。其具有情报交流和保留资料的作用。

检测性检验报告一般出现在工业生产或医疗方面或者是检验检疫方面，是人们为了从某种检材中定性的提取出或排除某种元素，或者定量的检出其含量，用特定的仪器仪表，运用定式化的检测步骤完成实验，所做的书面报告。这种报告基本是格式固定，常使用专用的报告单。其不具有情报交流的作用，但是具有保留资料的作用。

验证性实验报告是在某门课程的学习过程中，学生为了了解某种理论、掌握某种规律与定律，在特定条件下，由教师限定实验设备与实验步骤，学生通过实验进行观察、测量、记录，如实的用数据记录下来的书面材料。这类实验往往是从上述探究性试验报告中提炼和简化并挑选出来的典型类别。其不具有情报交流和保留资料的作用。

训练性实训报告是用于某种工作、某个岗位或某个设备的操作人员的训练。采用某种设备按照其固有操作要求，进行的按照一定的规定、要求，依照一定的步骤和方法完成训练后，由被培训者依照一定的要求书写的书面报告。这种报告主要是考核被训者对训练项目的掌握程度的检验工具。也不具有情报交流和保留资料的作用。

2. 实验报告的特点

无论是探究性试验报告、检测性检验报告、验证性实验报告，还是训练性实训报告。只要是实验报告，其具有的特点是共同的。

实验报告必须具有正确性。实验报告的写作对象是实验的客观事实，其内容必须科学、正确，表述真实、质朴，判断恰当。

实验报告必须具有客观性。实验报告以客观的事实为写作对象，它是对客观事实的实验过程和结果的真实记录。虽然也要表明对某些问题的观点和意见，但这些观点和意见都是在客观事实的基础上提出的。

实验报告一定具有确证性。确证性是指实验报告中记载的实验结果能被任何人所重复和证实。也就是说，任何人按给定的条件去重复，无论何时何地，都能观察到相同的科学现象，得到同样的结果。

实验报告还须具有可读性。可读性是指为使读者了解复杂的实验过程。实验报告的写作除了以文字叙述和说明以外，还常常借助画图像、列表格、作曲线图等方式，说明实验的基本原理和各步骤之间的关系，解释实验结果等。

实验报告还需要有记实性。对实验的过程、步骤、方式方法和结果，必须如实记录。不能编造数据和增添臆想的成分。

4.1.2 训练性实训报告

1. 训练性实训报告的概念

职业教育区别于普通大学教育就在于专业技能的学习，专业技能很大程度上需要在实训课中训练出来，实训报告书作为实训课的一个总结，对于实训的作用是至关重要的。

书写实训报告是一项重要的基本技能训练。它不仅是对每次实训的总结，更重要的是它可以初步地培养和训练学生的逻辑归纳能力、综合分析能力和文字表达能力，是论文写作的基础，也是技术性报告写作的基础。因此，参加实训的每位学生，均应及时认真地书写实训报告。要求内容实事求是，分析全面具体，文字简练通顺，誊写清楚整洁。

实训报告必须在科学的基础上进行。成功的或失败的实训结果记载，有利于不断积累研究资料，总结研究成果，提高实训者的观察能力。分析问题和解决问题的能力。

2. 撰写时的注意事项

写实训报告是一件非常严肃、认真的工作，要讲究科学性、准确性、求实性。在撰写过程中，常见错误有以下几种情况。

（1）编造数据

在实训时，由于观察不细致、不认真，没有及时、准确、如实记录，结果不能准确地写出所发生的各种现象，因而，不能实事求是地分析各种现象发生的原因。

因此，在记录中，一定要看到什么，就记录什么，不能弄虚作假。为了印证一些实验现象而修改数据，假造实验现象等做法，都是不允许的。

（2）叙述问题

由于对实训的重视程度不够，理论知识不扎实、实际操作不合理，导致说明不准确，或层次不清晰。无法真实、有效、客观、正确地叙述整个实训过程。

（3）术语问题

往往出于专业素养不够，没有尽量采用专用术语来说明事物。

例如"用棍子在混合物里转动"中的"转动"一语，就不如应用专用术语"搅拌"，这样，既可使文字简洁明白，又合乎实验的情况。

（4）格式问题

在撰写实训报告时，由于自己的语文素养不够，或者是 Word 等办公软件的应用能力较差，使得在格式上出问题。比如，字体大小不一、行间距不等、首行无缩进、编号杂乱无章、一逗到底、不分段落等。

此外，还有外文、符号、公式不准确，没有使用统一规定的名词和符号等问题。

4.1.3 实训报告的结构

1. 实训名称及相关信息

实训名称，即标题，就是这个实训是做什么的，集中反映了实训内容。要用最简练的语言反映实训的内容。如，"某种传感器测量某参数实训""某种传感器在某方面的性能实训"等。

还有一些要在报告封面体现的信息。比如，学生所在学校、系部、班级，学生姓名、学号及合作者，实验日期和地点，指导教师姓名等。

2. 实训目的

实训目的要明确，通常分成三个方面：知识层面、能力层面和素质层面。

在知识层面上，理论上验证了某种效应、定理、公式、算法或工作原理，并使实训者对此种理论获得深刻和系统的理解。比如，验证并加深理解单臂电桥的工作原理。

在能力层面上，实训者掌握使用某设备、某工具在某方面的使用能力、应用技巧，比如，金属应变式传感器在测量载荷方面的应用能力；或者某种设备的维护维修方法，某种程序或软件的调试方法。

在素质层面上，一般需说明在整个实训过程中，如何体现出实训者的专业和职业素养。

3. 实训原理

在此阐述实验相关的主要原理。简要说明实训所依据的理论，包括重要定律，公式及据此推算的重要结果。就是要说明这个实训是根据什么来做的。

4. 实训环境或条件

做这个实训需要的所有条件，通常包括实训所需要的硬件环境和软件环境。

硬件环境包括实训设备、实训材料、动力源等。往往是仪器、仪表、工具、计算机等。

软件环境包括材料的说明文件，比如图纸、操作说明书等。还包括软件平台、操作系统、专用软件包等。

有时候，复杂的实训要写出设备的名称、型号、数量、原理、主要结构、型号、性能等；可按空间顺序介绍实验装置，按时间顺序说明操作程序。

5. 实训内容及过程

这是实训报告极其重要的内容。就是记录做实训的过程。开始操作时，第一步做了什么，第二步做了什么，第三步做了什么……。主要写操作步骤，不要照抄实习指导书的内容，要详细描述每一个操作动作。

有时候还可以用框图的方式画出实训流程图，甚至是实训装置的每一步的示意图，再配以相应的文字说明，这样既可以节省许多文字说明，又能使实训报告简明扼要，清楚明白。

有时候应写明依据何种原理、算法或操作方法来进行实训，以及较为详细的实训步骤。

6. 实训结果与数据分析

实训结果，即实训报告的主体。根据实训中涉及以及实训得到的数据，需要设计表格，把原始记录的时间、条件、环境、偶然情况等，填在表格相应的位置，按顺序类别安排数字。必要时，还需要用图表表示。甚至可以用屏幕截图显示实训结果或测得的现象。原始资料应附在本次实训主要操作者的实训报告上，同组的合作者要复制这些原始资料。

此外，有时需要根据这些数据，用专业术语描述实训中所见现象，用误差和数理统计分析原理对数据进行分析，确保数据准确，图表规范。即先列出实训所运用的原始数据、实训结果或现象，写明实训的现象，并对实训数据或现象进行分析。

对于实训结果的表述，一般有以下三种方法。

文字叙述：根据实训目的将实训结果系统化、条理化，用准确的专业术语客观地描述实训现象和结果，要有时间顺序以及各项指标在时间上的关系。

图表：用表格或坐标图的方式使实训结果突出、清晰，便于相互比较，尤其适合分组较多，且各组观察指标一致的实训，使组间异同一目了然。每一图表应有表目和计量单位，应说明一定的中心问题。

曲线图：应用记录仪器描记出的曲线图，这些数据的变化趋势形象生动、直观明了。

在实训报告中，可任选其中一种或几种方法并用，以获得最佳效果。

7. 实训报告讨论

讨论是在实训的基础上，分条讨论实训中所发现的规律，见到的现象，包括影响实训报告的根本因素，扩大实训结果的途径，对所发现的规律和现象的解释。

此外，需要讨论实训结果是否符合真实值，如果有误差要分析产生误差的原因，还有实训的一些比较关键的步骤的注意事项等。

根据相关的理论知识对所得到的实训结果进行解释和分析。如果所得到的实训结果和预期的结果一致，那么它可以验证什么理论？实训结果有什么意义？说明了什么问题？这些是实训报告应该讨论的。

但是，不能用已知的理论或生活经验硬套在实训结果上；更不能由于所得到的实训结果与预期的结果或理论不符而随意取舍甚至修改实训结果，这时应该分析其异常的可能原因。

如果本次实训失败了，应找出失败的原因及以后实验应注意的事项。不要简单地复述课本上的理论而缺乏自己主动思考的内容。

另外，也可以写一些本次实训的心得以及提出的一些问题或建议等。

8. 实训报告结论

实训结论是结果推导，就是做这个实训要得到的结果。根据实验过程中观察到的现象和测得的数据，进一步从理论上加以分析，最后用肯定的语言进行概括，做出论断。

结论不是具体实训结果的再次罗列，而是针对这一实训所能验证的概念、原则或理论的简明总结，是从实训结果中归纳出的一般性、概括性的判断，要简练、准确、严谨、客观。

4.2 实训报告书示例与分析

4.2.1 实训报告书示例

本实训报告书的实例，摘自一个真实的实训报告书，是某级某班的一组学生实训报告的修改版。

1. 封面

实训一　金属应变片单臂、半桥和全桥性能比较实训

学院：电气电子工程学院

班级：××班

姓名：××

学号：××号

同组成员：××

指导教师：××

日期：××

2. 实训目的

一、实验目的

1. 知识目的

理解并牢记实训要求，了解工程项目的实施过程，掌握实训项目的实施过程，熟悉实训的表格管理中的三个表格。

了解金属箔式应变片的应变效应；加深理解单臂电桥、半桥、全桥的工作原理；比较半桥、全桥、单臂电桥的不同性能，掌握电阻应变式传感器测力时的性能及其不同应用时的桥路特点。

2. 能力目的

能够按照实训要求，安全、规范地做事。能够按照实训项目的实施过程进行规划、准备、执行、开车。能够熟练地运用实训所用的三个表格。

能够运用应变效用原理和金属应变片及其单臂电桥、半桥、全桥，完成砝码重量的测量。

3. 素质目的

能够严格遵守实训纪律，不大声喧哗、不影响别人、不抄袭别人。充分体现团队精神，有分工、有合作。严格按照实训规范进行实训，不带电作业、上电前经过批准。

能够按照规则要求进行实训项目的规划、准备、执行、开车，并遵守行为规范、专业规范和安全规范。

能够按照教学要求完成实训项目的实训步骤规划、接线图与设备表准备、材料准备与接线、安装调试与数据测量、数据处理与图纸绘制，并最终完成实训报告的撰写。

3. 实训原理

二、实验原理

电阻丝在外力作用下发生机械变形时，其电阻值发生变化，这就是电阻应变效应。描述电阻应变效应的关系式为 $\dfrac{\Delta R}{R} = K \cdot \varepsilon$

式中，$\dfrac{\Delta R}{R}$ 是电阻值的相对变化；K 是与试件材料相关的电阻应变灵敏系数；ε 是试件的应变。

金属箔式应变片是通过光刻、腐蚀等工艺制成的一种很薄的金属箔栅，作为应变敏感元件，它反映被测部位受力状态变化。

电桥的作用是完成电阻到电压的比例转换，电桥的输出电压反映了相应的受力状态。对单臂电桥，当四个臂的阻值在未受力时为相等，其输出电压为

$$U_{0d} = \frac{E}{4}\frac{\Delta R_1}{R_1} = \frac{E}{4}K \cdot \varepsilon$$

把不同受力方向的两只应变片接入电桥作为邻边，这时候电桥为半桥电路，其输出灵敏度会提高，非线性得到改善。当应变片阻值和应变量相同时，其桥路输出电压为

$$U_{0b} = \frac{E}{2}\frac{\Delta R_1}{R_1} = \frac{E}{2}K \cdot \varepsilon$$

将受力方向相同的两应变片接入电桥对边，相反的应变片接入电桥邻边，此为全桥测量电路。当应变片初始阻值相同时，其桥路输出电压为

$$U_{0q} = E\frac{\Delta R_1}{R_1} = E \cdot K \cdot \varepsilon$$

因此，物体所受的压力可以由电桥的输出电压表现出来。而且，单臂、半桥、全桥输出灵敏度分别提高了一倍，非线性误差和温度误差均得到改善。

4. 实训环境或条件

三、实验仪器和设备

实验台主机箱：其上的 ±4 V 直流电源、±15 V 直流电源、直流电压表。

传感器：应变式传感器（已经安装在应变式传感器实验模板的弹性体上）。

变送模板：应变式传感器实验模板。

其他：连接线缆。托盘、砝码、自备的数显万用表。

5. 实训内容及过程

四、实验内容和步骤

（一）实训环境的 5S 作业

1. 整理

将工作台上无关的物品移出工作台。包括个人用品（手机、课本、衣服、书包、饮水瓶等）以及其他非个人用品。对照实验仪器与设备的清单，将其他不需要的实训模板、工具、器材等移出工作台，留下本实训所用的设备与材料。

2. 整顿

将工作台的中心放置"应变式传感器实验模板"，将"托盘和砝码"放置在工作台的右侧，将"自备的数显万用表"放置在工作台的左侧。记录用的三个表格放置在工作台的右上角，将笔记本放置在三个表格的下方。

在工作台上的主机箱定位要使用的 ±4 V 直流电源、±15 V 直流电源和直流电压表及其输入插孔。

3. 清扫

将上述工作台及其物品进行简单清扫。

4. 清洁

将上述工作内容，用图纸的方式定位，用表格的方式标识，起名为："金属应变片单臂、半桥和全桥性能比较实训环境 5S 作业程序"

（二）对应变式传感器实验模板的认识

由实训指导书得知传感器中 4 片应变片和加热电阻已连接在实验模板左上方的 R_1、R_2、R_3、R_4 和加热器上。传感器左下角应变片为 R_1；右下角为 R_2；右上角为 R_3；左上角为 R_4。常态应变片阻值为 350 Ω。

将万用表打至 2 k 档位，进行测量，测得应变片阻值为 350 Ω。将托盘放在实验模板上，将 10 个砝码都放上，测得数据如下。

R_1	350.7 Ω
R_2	349.3 Ω
R_3	350.7 Ω
R_4	349.3 Ω

从上述数据可以得知，当传感器托盘支点受压时，R_1、R_3阻值增加，R_2、R_4阻值减小，验证了实训指导书的叙述。但是，实训指导书对应变电阻的位置描述有误，应该是：传感器左上角应变片为R_1；左下角为R_2；右上角为R_3；右下角为R_4。

（三）应变式传感器实训的规划

1. 分组

按照学号分组，我和××、××、××、××分到第一组。我为组长，填写设备使用记录表和实训成绩记录表。

2. 分工

1）规划（文件）：我和××（全体成员讨论后，由我完成材料表）。

2）准备（备料）：××、××（领取材料，由××唱标××附标）。

3）执行（接线）：我和××（我指令，××完成接线）。

4）开车（测量）：××、××（××指令，××完成操作读数）。

5）检查员：××和××（接线完成后要检查；测量完成后要检查）。

6）安全员：××（时刻监督上述每个人在实训过程中有否安全问题）。

3. 规划

1）全组人员阅读实训指导书。

2）全组人员查阅接线原理图。

3）全组人员查清连接线的数量、线之间的关系。

4）全组人员指导我和××列出"实训设备材料表"如下。

序　号	名　称	长　度	颜　色	数　量	用　途
1	导线	10 cm	蓝	8	桥路接线
2	导线	10 cm	红	8	桥路接线
3	导线	30 cm	蓝	1	DC15 V 接地
4	导线	30 cm	红	1	DC15 V 正极
5	导线	30 cm	黑	1	DC15 V 负极
6	导线	40 cm	红	1	DC −4 V 电压表负极
7	导线	40 cm	黑	1	DC +4 V 电压表负极

（四）应变式传感器实训的准备

准备人员××、××，按照上述材料清单，做材料准备。

1）去材料库，按材料清单，××下指令，××取出材料并标记。

2）回工作台，××、××用万用表校线检测所领材料品种、数量、质量是否符合要求。

3）对照设备，按材料清单的用途（位置），××、××分出哪些线放在哪些地方。

4）如果品种、数量有误，现更改清单，再去材料库更换。

（五）应变式传感器实训的执行

我发指令，××动手接线，注意以下几点。

1）路径匹配：相邻地点输入接到相邻地点输出的线。

2）颜色匹配：正电压用红线、负电压用蓝或绿线、接地用黑线。

3）长度匹配：接线要尽量使用合理的线长。

检查者××和××时时检查执行者是否做错。

安全员××时时检查全体人员行为是否安全。

（六）应变式传感器实训的实施

1. 将实验模板的差动放大器调零

1）用导线将实验模板上的±15 V、⊥插口与主机箱电源±15 V、⊥分别相连（正电压用红线、负电压用蓝或绿线、接地用黑线）。

2）用导线将实验模板中的放大器的两输入口短接（$U_i = 0$）。

3）旋转放大器的增益电位器 R_{w3} 大约到中间位置。

4）将主机箱电压表的量程切换开关打到 2 V 档。

5）请老师检查无误。

6）合上主机箱电源开关。

7）旋转放大器的调零电位器 R_{w4}，使电压表显示为零。

8）关闭电源开关。之后，在整个实验过程中 R_{w3}、R_{w4} 位置不动。

2. 单臂电桥接线

1）拆去放大器输入端口的短接线。

2）根据实训指导书的图×-×接线。

3）用导线将 R_1 引入由 R_5、R_6、R_7 组成的桥路。

3. 半桥电桥接线

1）根据实训指导书的图×-×接线。

2）用导线将 R_2 和 R_3 引入由 R_6、R_7 组成的桥路。

4. 全桥电桥接线

1）根据实训指导书的图×-×接线。

2）用导线将 R_1、R_2、R_3 和 R_4 单独引入由空白电阻处组成桥路。

3）注意应变片的受力状态（将传感器中两片受力相反的电阻应变片作为电桥的相邻边）。

5. 电桥数据测量

1）每次接线后，先检查接线无误，再请老师检查。

2）无误后，合上主机箱电源开关。

3）调节实验模板上的桥路平衡电位器 R_{w1}，使主机箱电压表显示为零。

4）在应变传感器的托盘上放置一只砝码，读取数显表数值。

5）依次增加砝码和读取相应的数显表值，直到 200 g 砝码加完。

6）记下实验结果填入下表 3-4。

7）关闭电源。

重量/g	0	20	40	60	80	100	120	140	160	180	200
电压 1/mV	0	5	11	16	21	26	32	37	42	47	53
电压 2/mV	0	11	21	32	43	54	64	75	86	96	107
电压 4/mV	0	21	43	65	87	109	131	153	175	197	219

6. 实训结果与数据分析

五、应变式传感器实验分析

1. 根据数据记录表，画出的实验曲线

利用 Excel 自动生成，如下所示。

重量/g	0	20	40	60	80	100	120	140	160	180	200
单臂电压 U_d/mV	0	5	11	16	21	26	32	37	42	47	53
半桥电压 U_b/mV	0	11	21	32	43	54	64	75	86	96	107
全桥电压 U_q/mV	0	21	43	65	87	109	131	153	175	197	219

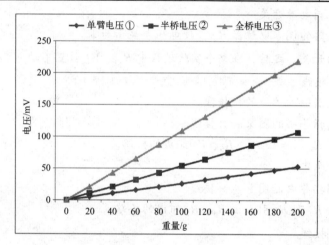

2. 根据实验曲线，画出拟合直线，计算拟合直线方程

根据所学知识，如果传感器输入量变化范围较小时，可用一条直线（切线或割线）近似地代表实际曲线的一段，使传感器输出—输入特性线性化。可以用两种方法获得此拟合直线。

经观察，此三条拟合直线都可以采用"端点连线拟合"法得到其拟合直线。

（1）对于单臂电桥

两个端点的数值：$W_0 = 0\,g$ 时，$U_0 = 0\,mV$；$W_{10} = 200\,g$ 时，$U_{10} = 53\,mV$。

由于

$$\frac{U_d - U_0}{U_{10} - U_0} = \frac{W - W_0}{W_{10} - W_0}$$

即

$$\frac{U_d}{53} = \frac{W}{200}$$

得到拟合直线方程

$$U_d = 0.265W$$

（2）对于半桥电桥

两个端点的数值：$W_0 = 0\,\text{g}$ 时，$U_0 = 0\,\text{mV}$；$W_{10} = 200\,\text{g}$ 时，$U_{10} = 107\,\text{mV}$。

由于
$$\frac{U_b - U_0}{U_{10} - U_0} = \frac{W - W_0}{W_{10} - W_0}$$

即
$$\frac{U_b}{107} = \frac{W}{200}$$

得到拟合直线方程 $U_b = 0.535W$

（3）对于全桥电桥

两个端点的数值：$W_0 = 0\,\text{g}$ 时，$U_0 = 0\,\text{mV}$；$W_{10} = 200\,\text{g}$ 时，$U_{10} = 219\,\text{mV}$。

由于
$$\frac{U_q - U_0}{U_{10} - U_0} = \frac{W - W_0}{W_{10} - W_0}$$

即
$$\frac{U_q}{219} = \frac{W}{200}$$

得到拟合直线方程： $U_q = 1.095W$

3. 根据数据记录表，计算系统灵敏度 S 和非线性误差 δ。

灵敏度 S 为
$$S = \frac{\Delta U}{\Delta W}$$

非线性误差 δ 为
$$\delta = \frac{\Delta L_{\max}}{Y_{FS}}$$

因此，单臂电桥、半桥电桥、全桥电桥的系统灵敏度 S 和非线性误差 δ 计算如下。

（1）单臂电桥

1）灵敏度 S_d 为
$$S_d = \frac{\Delta U}{\Delta W} = \frac{U_{10} - U_0}{W_{10} - W_0} = \frac{53\,\text{mV}}{200\,\text{g}} = 0.265\,\text{mV/g}$$

2）非线性误差 δ_d

从实验曲线图中可发现：$W = 100\,\text{g}$ 时，非线性误差最大
$$\Delta L_{\max} = |U_5 - U_5'|$$

由于 $U_5 = 26\,\text{mV}$；$U_5' = 0.265 \times 100 = 26.5\,\text{mV}$；$Y_{FS} = 53\,\text{mV}$

所以
$$\delta_d = \frac{\Delta L_{\max}}{Y_{FS}} = \frac{|26 - 26.5|}{53} \times 100\% = 0.943\%$$

（2）半桥电桥

1）灵敏度 S_b 为
$$S_b = \frac{\Delta U}{\Delta W} = \frac{U_{10} - U_0}{W_{10} - W_0} = \frac{107\,\text{mV}}{200\,\text{g}} = 0.535\,\text{mV/g}$$

2）非线性误差 δ_b

从实验曲线图中可发现：$W = 100\,\text{g}$ 时，非线性误差最大

$$\Delta L_{\max} = |U_5 - U'_5|$$

由于 $U_5 = 54 \text{ mV}$；$U'_5 = 0.535 \times 100 = 53.5 \text{ mV}$；$Y_{FS} = 107 \text{ mV}$

所以
$$\delta_b = \frac{\Delta L_{\max}}{Y_{FS}} = \frac{|54 - 53.5|}{107} \times 100\% = 0.467\%$$

（3）全桥电桥

1）灵敏度 S_q 为

$$S_q = \frac{\Delta U}{\Delta W} = \frac{U_{10} - U_0}{W_{10} - W_0} = \frac{219 \text{ mV}}{200 \text{ g}} = 1.095 \text{ mV/g}$$

2）非线性误差 δ_q

从实验曲线图中可发现：$W = 100 \text{ g}$ 时，非线性误差最大

$$\Delta L_{\max} = |U_5 - U'_5|$$

由于 $U_5 = 109 \text{ mV}$；$U'_5 = 1.095 \times 100 = 109.5 \text{ mV}$；$Y_{FS} = 219 \text{ mV}$

所以
$$\delta_q = \frac{\Delta L_{\max}}{Y_{FS}} = \frac{|109 - 109.5|}{219} \times 100\% = 0.228\%$$

可见，全桥的灵敏度是半桥的灵敏度的一倍，半桥的灵敏度是单臂的灵敏度的一倍；全桥的非线性误差是半桥的非线性误差的一半，半桥的非线性误差是单臂的非线性误差的一半。

7. 实训报告讨论

六、小结：从实训学到的知识与技能

1. 关于应变片的认识

根据"对应变传感器实验模板的认识"中测得的数据可知，在托盘中加上 10 个砝码后，承受拉应变的 R_1、R_3 电阻值增加，承受拉应变的 R_2、R_4 的电阻值减小。

这就验证了电阻的应变效应的关系式。达到了了解金属箔式应变片的应变效应的实训目的。

2. 关于桥路的认识

使用的桥路如下图。

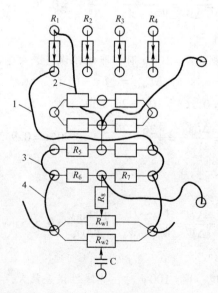

可以看出是 1 线和 2 线将应变电阻 R_1 引入了 R_5、R_6、R_7 的另一个臂，3 线及其对面的线将这 4 个电阻连成桥路。桥路的输出从上下两个端点引出，桥路的供电有左右两个端点引出，R_{w1} 和 R_{w2} 组成的可变电阻组合分别与 R_5、R_6 并联，因而可以调整桥路的平衡电阻。

3. 关于放大电路的认识

由于桥路的输出很小，根据"对应变传感器实验模板的认识"中测得的数据和实验原理中的公式可以计算出

$$U_{01} = \frac{E}{4}\frac{\Delta R_1}{R_1} = \frac{4-(-4)}{4} \times \frac{350.7-350}{350} = 4\,\mathrm{mV}$$

那么，每一个砝码产生的输出只有 $0.4\,\mathrm{mV}$。这个数值太小，不容易测得。因此，必须使用放大电路。在下图的放大电路中，IC_1、IC_2 组成差动输入放大电路、IC_3 为电平转换放大电路，IC_4 为放大电路。

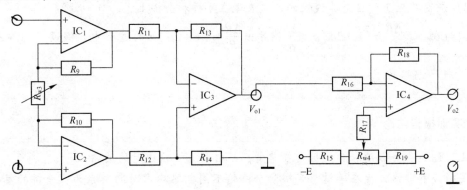

所以，调 R_{W3} 在中间位置就是让 IC_1、IC_2 两个输入信号相平衡，它反映的是放大倍数（所以叫增益电位器）；调 R_{W4} 是寻找 IC_4 的"＋"输入端让它与"－"输入端电位相等。这时，输入为零，输出也为零（所以叫调零电位器）。

当 R_{W3} 和 R_{W4} 的位置不变时，整个放大电路的放大倍数就一定了。这样单臂电桥、半桥电桥、全桥电桥的输出就有了可比性。

4. 关于电气实训与机械实训的相同点和不同点的认识

在做机械实训时（注：本班学生是机械相关专业的学生），指导老师要求没有让使用的设备不要乱动，在动力设备起动之前必须由指导老师检查后许可。在这一点上与电气实训指导老师的要求是相同的。还有工作桌面上要尽量减少不必要的东西，也是相同的。

不同的是电气的实训还要注意更多：

1）接线的颜色的匹配：正电压用红线、负电压用蓝或绿线、接地用黑线，而且要求养成习惯（国外设备有时候会相反，在接触国外设备时要认真加以区别）。

2）相邻地点输出接到相邻地点输入的一组线要走同一个线路，使用同一长度，使用不同颜色。

3）全部接线不能有交叉、绞合、盘结；这样易于接线，也易于检查。

4）接线要尽量使用合理的线长，不要太长防止盘结，不要太短容易绷断和松动。

5. 半桥测量时，两片不同受力状态的电阻应变片接入电桥时，应放在邻边还是对边呢？

应该放在邻边。

因为只有这样，测量的输出公式 $U_0 = E\left(\dfrac{R_2}{\Delta R_1 + R_1 + R_2 - \Delta R_2} - \dfrac{R_4}{R_3 + R_4}\right)$ 中，

这两个电阻应变片的变化差值才能体现出来。

6. 桥路（差动电桥）测量时为什么存在非线性误差呢？

原因如下：

1）电桥测量原理上存在非线性，特别表现在单臂上。

因为在公式 $U_0 = E\left(\dfrac{n}{(1+n)^2}\right)\dfrac{\Delta R_1}{R_1}$ 导出的过程中，有了 $\Delta R_1 \ll R_1$ 的假设才得以获得。

2）应变片应变效应是非线性的，这表现在半桥和全桥上。

因为在公式 $\dfrac{\Delta R}{R} = (1 + 2\mu)\varepsilon + \dfrac{\Delta\rho}{\rho}$ 推导出 $\dfrac{\Delta R}{R} = (1 + 2\mu)\varepsilon$ 的过程中，假设了 $(1 + 2\mu)\varepsilon$ $\gg \dfrac{\Delta\rho}{\rho}$，将 $\dfrac{\Delta\rho}{\rho}$ 忽略掉了。

8. 实训报告结论

七、结论：灵敏度和非线性度在单臂、半桥和全桥输出时的关系

灵敏度和非线性度在单臂、半桥和全桥的不同电路输出时的关系为：全桥的灵敏度是半桥的灵敏度的一倍，半桥的灵敏度是单臂的灵敏度的一倍；全桥的非线性误差是半桥的非线性误差的一半，半桥的非线性误差是单臂的非线性误差的一半。

1. 从实验所得数据上进行分析比较

经过实验所得数据计算出来的单臂、半桥和全桥输出时的灵敏度和非线性度如下：

（1）灵敏度

1）单臂电桥的灵敏度：$S_d = 0.265\,\text{mV/g}$

2）半桥电桥的灵敏度：$S_b = 0.535\,\text{mV/g}$

3）全桥电桥的灵敏度：$S_q = 1.095\,\text{mV/g}$

可见：全桥的灵敏度是半桥的灵敏度的一倍；半桥的灵敏度是单臂的灵敏度的一倍。

（2）非线性

1）单臂电桥的非线性误差：$\delta_d = 0.943\%$

2）半桥电桥的非线性误差：$\delta_b = 0.467\%$

3）全桥电桥的非线性误差：$\delta_q = 0.228\%$

可见：全桥的非线性误差是半桥的非线性误差的一半；半桥的非线性误差是单臂的非线性误差的一半。

2. 从理论上进行分析比较

（1）灵敏度问题

1）单臂的灵敏度：
$$K_{Ud} = \frac{U_0}{\frac{\Delta R}{R}} = \frac{E}{4}$$

2）半桥的灵敏度：
$$K_{Ub} = \frac{U_0}{\frac{\Delta R}{R}} = \frac{E}{2}$$

3）全桥的灵敏度：
$$K_{Uq} = \frac{U_0}{\frac{\Delta R}{R}} = E$$

可见，全桥的灵敏度是半桥的灵敏度的一倍；半桥的灵敏度是单臂的灵敏度的一倍。

（2）非线性误差问题

1）单臂的非线性误差计算

由于实际上的单臂电桥输出应为 $U'_{0d} = E\dfrac{\dfrac{\Delta R}{R}}{4 + 2\dfrac{\Delta R}{R}}$

为便于计算而将分母中的 $\dfrac{\Delta R}{R} = 0$，得 $U_{0d} = E\dfrac{\dfrac{\Delta R}{R}}{4}$

因此其非线性误差为

$$\delta_L = \frac{U'_{0d} - U_{0d}}{U_{0d}} \times 100\% = \frac{E\dfrac{\dfrac{\Delta R}{R}}{4 + 2\dfrac{\Delta R}{R}} - E\dfrac{\dfrac{\Delta R}{R}}{4}}{E\dfrac{\dfrac{\Delta R}{R}}{4}} \times 100\% = 4 \cdot \left(\frac{1}{4 + 2\dfrac{\Delta R}{R}} - \frac{1}{4} \right) \times 100\%$$

将"对应变传感器实验模板的认识"中测得的值代入得

$$\delta_{Ld} = 4 \times \left(\frac{1}{4 + 2 \times \dfrac{350.7 - 350}{350}} - \frac{1}{4} \right) \times 100\% = 0.998\%$$

可见，单臂电桥是有0.998%的非线性误差的。

2）半桥的非线性误差计算

由于实际上的半桥电桥输出应为 $U'_{0b} = E\dfrac{\dfrac{\Delta R}{R}}{2} = \dfrac{E}{2}\left[(1 + 2\mu)\varepsilon + \dfrac{\Delta \rho}{\rho} \right]$

为便于计算而将 $\dfrac{\Delta \rho}{\rho} = 0$，得到 $U_{0b} = E\dfrac{\dfrac{\Delta R}{R}}{2} = \dfrac{E}{2}(1 + 2\mu)\varepsilon$

因此其非线性误差为

$$\delta_{\mathrm{Lb}} = \frac{U'_{0\mathrm{d}} - U_{0\mathrm{d}}}{U_{0\mathrm{d}}} \times 100\% = \frac{\dfrac{E}{2}\left[(1+2\mu)\varepsilon + \dfrac{\Delta\rho}{\rho}\right] - \dfrac{E}{2}(1+2\mu)\varepsilon}{\dfrac{E}{2}(1+2\mu)\varepsilon} \times 100\% = \frac{\dfrac{\Delta\rho}{\rho}}{(1+2\mu)\varepsilon} \times 100\%$$

$$\delta_{\mathrm{Lb}} = \frac{\dfrac{\Delta\rho}{\rho}}{(1+2\mu)\varepsilon} \times 100\%$$

3）全桥的非线性误差与半桥相似

$$\delta_{\mathrm{Lq}} = \frac{U'_{0\mathrm{d}} - U_{0\mathrm{d}}}{U_{0\mathrm{d}}} \times 100\% = \frac{\dfrac{\Delta\rho}{\rho}}{2(1+2\mu)\varepsilon} \times 100\% = \frac{1}{2}\delta_{\mathrm{Lb}}$$

4.2.2 示例实训报告书分析评价

1. 实训名称

实训名称及相关信息齐全。实训题目字体、字号、位置一目了然。其他信息系部、班级，姓名、学号及合作者，实验日期和地点，指导教师姓名等一应俱全，有骥可索。

2. 实训目的

实训目的的三个层面，知识层面、能力层面、素质层面，没有缺漏。尽管因课时安排的原因，本实训将前述的3.2、3.3两个实训合并。但学生仍然可以合并实训指导书中的三个层面的实训目的综合起来合并叙述。

3. 实训原理

学生能将实训指导书中的实训原理，有效综合，并结合课本的知识合并叙述，没有堆砌感。

4. 实训环境或条件

直接引用实训指导书中的内容，没有冗言。

5. 实训内容及过程

实训报告的这部分有许多精彩之处。

第一点，把5S的内容加到报告中。将整理、整顿、清扫、清洁四部分所做的工作，一一描述清楚。

第二点，把对于应变式传感器的实验模板做了仔细地观察与测量，运用测量结果对应变式传感器测量应变的原理给予解释，并且纠正了实训指导书中的描述错误。

第三点，将分组分工、规划、准备、执行、实施的各个步骤描述得很清晰，每项任务真正落实到每个人。并且将实训设备材料表截取后，列入实习报告中。

第四点，对于应变式传感器的三个测量过程，综合在一个实训步骤中描述，有分别叙述，有综合描述，有简有繁，相得益彰。

6. 实训结果与数据分析

实训报告的这部分是实训指导书中提出的"实训报告的撰写"中的"实训报告数据要求"。实训报告的这部分也很精彩。

第一点，其实验曲线的绘制使用 Excel 软件自动生成，以及使用 Word 文档撰写实训报告，不仅仅让实训报告格式统一、文字清晰，而且综合运用了其他课程的实训结果为之所用，是我们值得提倡的。

第二点，无论是对拟合直线方程的计算和推导，还是对灵敏度、非线性误差的计算和推导。其计算与推导过程循序渐进、有始有终、逻辑性强。其已知条件、解题根据、计算过程、最终答案，一一列举、步步有章有法。此外，取点与取数皆具代表性，符号与代号编列有序，参数与单位不离数据。

7. 实训报告讨论

实训报告的这部分是对实训指导书中提出的回答问题部分的解答。除此之外，报告的讨论部分还对实训模板上的应变片、桥路、放大电路三大部分，做了一一剖析，解释了实训指导书中的一些描述，并强化了在电子技术和电工技术中学到的知识及其实际应用。

由于实训者是机械相关专业的学生，学生还将在电气电子类实训室的实训规则，与机械实训时的规则加以比较，获得更深的体会，并获得了提升，同时也迎合了实训指导书中提出的"实训报告的撰写"中的"回答实训的问题"中要求的一些收获和注意事项。

8. 实训报告结论

实训报告的实训结论部分就是推导，单臂、半桥和全桥输出时的灵敏度和非线性度有何种关系，这是整个实训在实训结果和数据上的实训目的之一。

这个实训报告从实践获得的数据和课本上未完成的推导，两个方面证明了实训原理中列举的数据。即"全桥的灵敏度是半桥的灵敏度的一倍，半桥的灵敏度是单臂的灵敏度的一倍；全桥的非线性误差是半桥的非线性误差的一半，半桥的非线性误差是单臂的非线性误差的一半。"

这不是具体实训结果的再次罗列，而是针对这一实训所能验证的概念、原则或理论的简明总结，是从实训结果中归纳出的一般性、概括性的判断，非常简练、准确、严谨、客观。

4.3 压阻式传感器的压力测量实训

4.3.1 实训目的与意义

1. 知识目的

了解实训报告的分类与特点，掌握训练类实训报告的概念和注意事项，熟悉训练类实训报告的结构。

了解扩散硅压阻式传感器的应变效应；加深理解扩散硅压阻式压力传感器的工作原理；了解压力的产生方法和计量单位；掌握扩散硅压阻式压力传感器压力测量时的性能。

2. 能力目的

能够按照训练类实训报告的结构，撰写实训报告。能够在撰写报告时，依据训练类实训报告的概念和注意事项。

能够运用扩散硅压阻式传感器的工作原理，完成所产生的压力测量。

3. 素质目的

能够严格遵守实训纪律，不大声喧哗、不影响别人、不抄袭作业。充分体现团队精神，有分工、有合作。严格按照实训规范进行实训，不带电作业、上电前经过批准。

能够按照规则要求进行实训项目的规划、准备、执行、开车，并遵守行为规范、专业规范和安全规范。

能够按照教学要求完成实训项目的实训步骤规划、接线图与设备表准备、材料准备与接线、安装调试与数据测量、数据处理与图纸绘制，并最终完成实训报告的撰写。

4.3.2 实训原理与设备

1. 实训原理

半导体材料在受到外力作用产生极微小应变时，其内部原子结构的电子能级状态会发生变化，从而导致其电阻率剧烈变化。用此材料制成的电阻也就出现极大变化，这种物理效应称为半导体材料的压阻效应。

半导体材料的压阻效应特别强，即半导体材料在某一轴向受外力作用时，其电阻率 ρ 发生的变化较大。扩散硅压阻式压力传感器在单晶硅的基片上扩散出 P 型或 N 型电阻条，接成电桥。

半导体受到应力的作用时，会发生应变，其电阻相对变化为

$$\frac{\Delta R}{R} \approx \frac{\Delta \rho}{\rho} \tag{4-1}$$

对半导体材料，其电阻率变化与应变之间的关系为

$$\frac{\Delta \rho}{\rho} = \pi E \varepsilon \tag{4-2}$$

其中，$\Delta \rho / \rho$ 为半导体应变片的电阻率相对变化量；E 为半导体材料的弹性模量；π 为半导体材料的压阻系数；ε 为应变，是长度相对变化量。

在压力作用下根据半导体的压阻效应，基片产生应力，电阻条的电阻率产生很大变化，引起电阻的变化，我们把这一变化引入测量电路，则其输出电压的变化反映了所受到的压力变化。

2. 实训设备与材料

实验台主机箱：包括其上的 ±4 V 直流电源、±15 V 直流电源、直流电压表。

传感器：扩散硅压阻式压力传感器。

变送模板：压力传感器实验模板。

动力源：气压源、气压表、转子流量计。

其他：连接线缆，连接管缆。自备的数显万用表。

3. 实训图纸与资料

实训用的扩散硅压阻式压力传感器与主机箱的有关安装和连接图纸，见图 4-1 压阻式压力传感器压力测量安装接线图。其他资料学校实训设备生产厂商的随机资料。

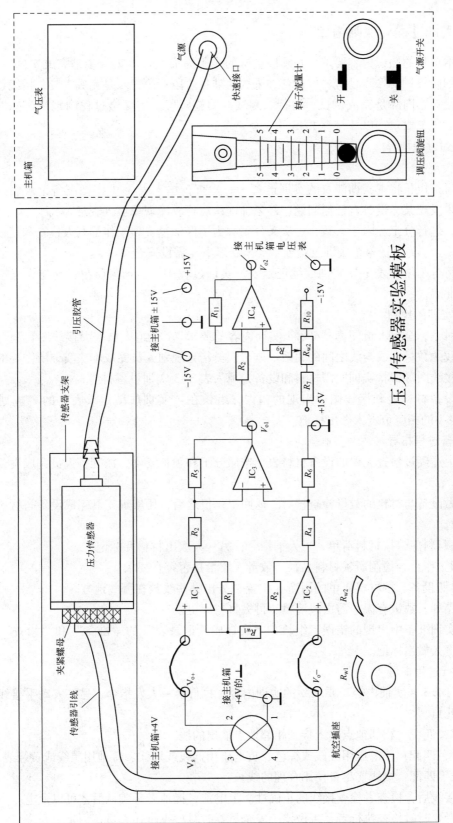

图4—1 压阻式压力传感器压力测量安装接线图

4.3.3　实训过程与规则指导

按照本项目的知识内容要求，必须以正确的步骤完成实训。第一步是完成文件、图纸、设计的规划阶段；第二步是材料、设备、采购的准备阶段；第三步是完成安装、接线、检查的执行阶段；第四部是完成调试、运行、测试的实施阶段。贯穿全过程的是符合标准、规定、制度的规范要求，以及符合 EHS 的安全要求。

1. 规划过程指导

（1）分组分工

分组后，组长将本实训涉及的实训设备一一检查，填入表 3-1 实训设备记录表。实训过程中如果发现某一设备有任何问题，经老师确认后将故障现象填入表格。

然后，进行分工。限于人数，可交叉分工。为了保证每一项工作都有人检查和复核，需设检查员一人。为保证整个实训过程处于安全状态下，需设安全员一人。

组长将分工填入表 3-2 实训成绩记录表。实训过程中，任何人所犯任何错误，按错误类别填入此表。

（2）实训的规划

经过讨论，全组人员阅读 "4.3.4 实训内容与要求"。全组人员查阅接线图。全组人员查清连接线的数量、线与线之间的关系。全组人员指导规划人员完成本次实训所需的设备材料表和接线图。即将实训所需材料和设备，填入表 3-3 实训设备材料表。

对于设备材料表和接线图中出现的错误，组长在 "实训成绩记录表" 的 "规划" 和 "检查" 栏中的相应负责人做出标记。

2. 准备过程指导

根据上述经过检查无误的设备材料表，按照分工和领料规则，派准备人员完成设备和材料的领取。

现场做设备与材料的数量检查核对。返回工作位之后，用实训工具完成设备与材料的质量检查核对。

1）去材料库，按材料清单，一人下指令，另一人取出材料并标记。

2）回工作台，检测所领材料品种、数量、质量是否符合要求。

3）对照设备，按材料清单的用途（位置）分出哪些线放在哪些地方。

如果品种、数量有误，需更改清单，再去材料库更换。

对于实训准备中出现的错误，组长在 "实训成绩记录表" 的 "准备" 和 "检查" 栏中的相应负责人做出标记。

3. 执行过程指导

按照 "4.3.4 实训内容与要求" 的实训内容，执行者一人发指令，另一人动手接线，要注意以下几点。

1）路径匹配：相邻地点输入接到相邻地点输出的线。

2）颜色匹配：正电压用红线或棕色、负电压用蓝线或黑线、接地用黑线或黄绿线。

3）长度匹配：接线要尽量使用合理的线长。

完成接线后，检查者检查接线的正确性。上电前，提请老师确认后才可以上电。

检查者要时时检查执行者是否做错。安全员要时时检查全体人员行为是否安全。

对于实训执行过程中出现的错误，组长在"实训成绩记录表"的"执行"和"检查"中的相应负责人做出标记。

4. 实施过程指导

按照设计的实训步骤，根据分组分工，由负责实施的人员完成实训操作。实施者一人发出指令，另一人复述指令、完成动作，并汇报给前者。测量时，一人报出读数，另一人记录读数。同组其他人员进行检查。

检查者要时时检查执行者是否做错。安全员要时时检查全体人员行为是否安全。

对于实训实施中出现的错误，组长在"实训成绩记录表"的"执行""实施"和"检查"中的相应负责人做出标记。

5. 实训结束指导

当全部数据读取完毕，意味着实训做完。在数据完成后，检查者复核数据，交由老师检查。之后进行断电、拆线。拆线要注意方法，不允许从一端强拽线缆。

此外，还回材料到材料库时，需要分类归还并注意 5S 制度。

整理数据，完成实训报告。

对于整个实训过程中出现的安全错误，比如极性不正确、未做必要的检查而通电、带电作业等，组长在"实训成绩记录表"的"安全"和"检查"中的相应负责人做出标记。

4.3.4 实训内容与要求

1. 实训操作内容

（1）安装

1）将压力传感器安装在实验模板的支架上，根据图 4-1 连接管路和电路（主机箱内的气源部分、压缩泵、贮气箱、流量计已接好）。

2）引压胶管一端插入主机箱面板上气源的快速接口中（注意管子拆卸时请用双指按住气源快速接口边缘往内压，则可轻松拉出），另一端口与压力传感器相连。

（2）接线

1）压力传感器引线为 4 芯线：1 端接地线，2 端为 U_{0+}，3 端接 +4V 电源，4 端为 U_{0-}，接线见图 4-1。

2）实验模板上 R_{W2} 用于调节放大器零位，R_{W1} 调节放大器增益。先将 R_{W1} 旋到满度的 1/3 位置（即逆时针旋到底再顺时针旋 1/3 总圈数圈）。

3）按图 4-1 将实验模板的放大器输出，V_{02} 接到主机箱电压表的 V_{in} 插孔，将主机箱中电压表的显示选择开关拨到 2V 档。

（3）调零

1）检查无误后，合上主机箱主电源开关。仔细调节 R_{W2} 使主机箱电压表显示为零。

2）检查无误后，合上主机箱上的气源开关，启动压缩泵。

3）逆时针旋转转子流量计下端调压阀的旋钮，此时可看到流量计中的滚珠在向上浮起悬于玻璃管中，同时观察气压表和电压表的变化。

（4）测量

1）调节流量计旋钮，使气压表显示某一值，观察电压表显示的数值。

2）仔细地逐步调节流量计旋钮，使压力在 2～18kPa 之间变化，从 2kPa 开始每上升

1 kPa气压，分别读取气压表读数和电压表读数，将数值列于表4-1中。

表4-1　金属箔式应变片传感器性能比较实训数据记录表

压力 P/kPa									
电压 U_{02}/mV									

3）实验完毕，关闭电源。

2. 实训结果要求

1）根据上述实训数据记录表中的数据，绘制实训曲线。

2）根据实训曲线，绘制拟合直线。

3）计算拟合直线的直线方程。

4）计算系统灵敏度。

5）计算非线性误差。

3. 电路标定方法

如果将电压表的输出数值直接表示为压力值，即将本实验装置变成一个压力计，则必须对电路进行标定，通常采用逼近法。

1）输入4 kPa气压，调节 R_{w2}（低限调节），使电压表显示0.25 V（有意偏小）。

2）输入16 kPa气压，调节 R_{w1}（高限调节），使电压表显示1.2 V（有意偏小）。

3）调气压为4 kPa，调节 R_{w2}（低限调节），使电压表显示0.3 V（有意偏小）。

4）调气压为16 kPa，调节 R_{w1}（高限调节），使电压表显示1.3 V（有意偏小）。

5）这个过程反复调节直到逼近要求值（4 kPa为0.4 V，16 kPa为1.6 V）即可。

4.3.5　实训报告的撰写

1. 实训报告内容要求

报告条目分为：实训目的、实训原理、实训仪器与设备、实训步骤、实训数据记录表、实训曲线、实训数据分析、实训小结、回答问题等9部分。

需要叙述实训目的是否实现，实训原理是否理解，对实训仪器和设备有何认识，实训步骤按实际操作过程的描述，实训时测得的数据记录表，按照要求绘制的实训曲线，按照要求完成的实训数据分析，根据实训过程获得的知识与技能、体会、经验与教训等小结，并回答针对本实训出现的问题。

最终交付全部过程文件（各项表格）和结果文件（实训数据处理的图纸与计算）。

2. 实训报告数据要求

（1）实训曲线绘制要求

根据实训数据记录表，根据不同压力时测得的电压的数据，绘制出压力–电压（$P-U$）特性曲线。根据实训曲线，绘制拟合直线。计算拟合直线的直线方程。

根据绘制的曲线，用文字描述压力–电压特性，并说明与理想的压力–电压特性有哪些区别，为什么。

（2）实训数据分析要求

计算在有效测量范围内，本扩散硅压阻式压力传感器测量压力的灵敏度和线性度，要求必须有计算步骤与计算过程。

3. 回答实训的问题

1) 在本实验模板上 R_{W1} 调节放大器增益。如果将 R_{W1} 旋到满度的 2/3 位置与在 1/3 位置有什么区别?

2) 测量中存在非线性误差,是因为下列哪个原因:①电桥测量原理上存在非线性;②应变片应变效应是非线性的;③调零值不是真正为零。

3) 如果本实验装置要成为一个压力计,即电压表输出的数值直接是 kPa 数。你应该如何处理?

4) 总结一下本实训中学到的知识与技能,以及必须遵守的注意事项。

4.4 电容式传感器的位移测量实训

4.4.1 实训目的与意义

1. 知识目的

了解实训报告的分类与特点,掌握训练类实训报告的概念和注意事项,熟悉训练类实训报告的结构。

理解电容式传感器的工作原理;了解电容式传感器的结构。加深理解电容式传感器的特性。掌握用电容式传感器测量位移时的性能。

2. 能力目的

能够按照训练类实训报告的结构,撰写实训报告。能够在撰写报告时,依据训练类实训报告的概念和注意事项。

能够运用电容式传感器的工作原理和结构,完成物体位移的测量。

3. 素质目的

能够严格遵守实训纪律,不大声喧哗、不影响别人、不抄袭作业。充分体现团队精神,有分工、有合作。严格按照实训规范进行实训,不带电作业、上电前经过批准。

能够按照规则要求进行实训项目的规划、准备、执行、开车,并遵守行为规范、专业规范和安全规范。

能够按照教学要求完成实训项目的实训步骤规划、接线图与设备表准备、材料准备与接线、安装调试与数据测量、数据处理与图纸绘制,并最终完成实训报告的撰写。

4.4.2 实训原理与设备

1. 实训原理

本实训采用的传感器为圆筒式变面积差动结构的电容式位移传感器,如图 4-2 所示。它是由两个圆筒和一个圆柱组成的。设圆筒的半径为 R;圆柱的半径为 r;圆柱的长为 x,则电容量为

$$C_0 = \frac{2\pi\varepsilon L}{\ln\dfrac{R}{r}} \tag{4-3}$$

图 4-2 中的 C_1、C_2 两个电容是差动连接,当图中的圆柱产生 Δy 位移时,电容量的变化

量为

$$\Delta C = C_1 - C_2 = \frac{2\pi\varepsilon}{\ln\frac{R}{r}}(L - \Delta y) - \frac{2\pi\varepsilon}{\ln\frac{R}{r}}(L + \Delta y) = 2\frac{C_0}{L}\Delta y \qquad (4-4)$$

由于式中 C_0、L 为常数，说明 ΔC 与位移 Δy 成正比，配上配套测量电路就能测量位移。

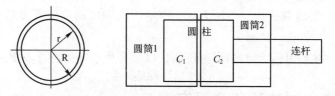

图 4-2　圆筒式变面积差动电容式位移传感器

2. 实训设备与材料

实验台主机箱：其上的 ±15 V 直流电源、直流电压表。

传感器：电容式传感器。

变送模板：电容式传感器实验模板。

其他：连接线缆、测微头、自备的数显万用表。

3. 实训图纸

电容式传感器实验模板及其安装接线图如图 4-3 所示。

使用专用航空插头的引线连接模板上的元器件和电容式传感器。模板上的 CX_1 和 CX_2 的位置为圆筒式变面积差动结构的电容式位移传感器的两个电容。

4.4.3　实训过程与规则指导

按照本项目的知识内容要求，必须以正确的步骤完成实训。第一步是完成文件、图纸、设计的规划阶段；第二步是材料、设备、采购的准备阶段；第三步是完成安装、接线、检查的执行阶段；第四步是完成调试、运行、测试的实施阶段。贯穿全过程的是符合标准、规定、制度的规范要求，以及符合 EHS 的安全要求。

1. 规划过程指导

（1）分组分工

分组后，组长将本实训涉及的实训设备一一检查，填入表 3-1 实训设备记录表。实训过程中如果发现某一设备有任何问题，经老师确认后将故障现象填入表格。

然后，进行分工。限于人数，可交叉分工。为了保证每一项工作都有人检查和复核，需设检查员一人。为保证整个实训过程处于安全状态下，需设安全员一人。

组长将分工填入表 3-2 实训成绩记录表。实训过程中，任何人所犯任何错误，按错误类别填入此表。

（2）实训的规划

经过讨论，全组人员阅读"4.4.4 实训内容与要求"。全组人员查阅接线图。全组人员查清连接线的数量、线与线之间的关系。全组人员指导规划人员完成本次实训所需要的设备材料表和接线图。即将实训所需材料和设备，填入表 3-3 实训设备材料表。

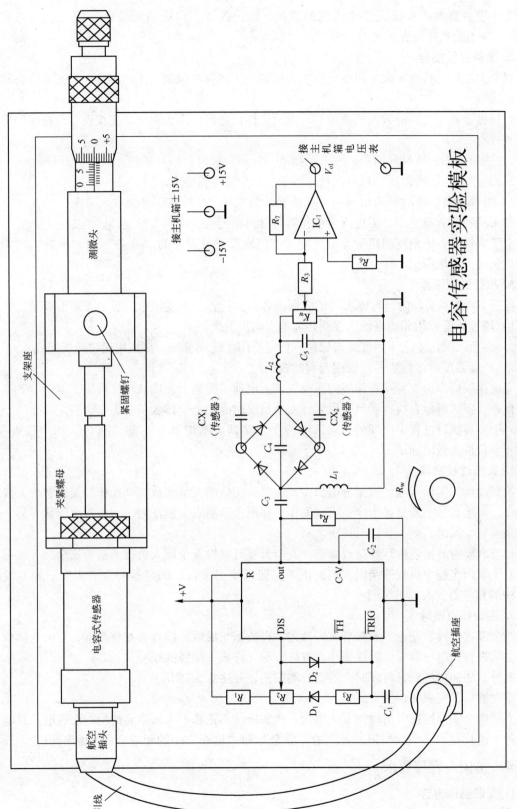

图4-3 电容式传感器位移实验安装、接线图

对于设备材料表和接线图中出现的错误，组长在"实训成绩记录表"的"规划"和"检查"栏中的相应负责人做出标记。

2. 准备过程指导

根据上述经过检查无误的设备材料表，按照分工和领料规则，派出准备人员完成设备和材料的领取。

现场做设备与材料的数量检查核对。返回工作位之后，用实训工具完成设备与材料的质量检查核对。

1）去材料库，按材料清单，一人下指令，另一人取出材料并标记。

2）回工作台，检测所领材料品种、数量、质量是否符合要求。

3）对照设备，按材料清单的用途（位置）分出哪些线放在哪些地方。

如果品种、数量有误，需更改清单，再去材料库更换。

对于实训准备中出现的错误，组长在"实训成绩记录表"的"准备"和"检查"栏中的相应负责人做出标记。

3. 执行过程指导

按照"4.4.4 实训内容与要求"的实训内容，执行者一人发指令，另一人动手接线。

1）路径匹配：相邻地点输入接到相邻地点输出的线。

2）颜色匹配：正电压用红线或棕色、负电压用蓝线或黑线、接地用黑线或黄绿线。

3）长度匹配：接线要尽量使用合理的线长。

完成接线后，检查者检查接线的正确性。上电前，提请老师确认后才可以上电。

检查者要时时检查执行者是否做错。安全员要时时检查全体人员行为是否安全。

对于实训执行过程中出现的错误，组长在"实训成绩记录表"的"执行"和"检查"中的相应负责人做出标记。

4. 实施过程指导

按照设计的实训步骤，根据分组分工，由负责实施的人员完成实训操作。实施者一人发出指令，实施者另一人复述指令、完成动作，并汇报给前者。测量时，一人报出读数，另一人记录读数。同组其他人员进行检查。

检查者要时时检查执行者是否做错。安全员要时时检查全体人员行为是否安全。

对于实训实施中出现的错误，组长在"实训成绩记录表"的"执行""实施"和"检查"中的相应负责人做出标记。

5. 实训结束指导

当全部数据读取完毕，意味着实训做完。在数据完成后，检查者复核数据，交由老师检查。之后进行断电、拆线。拆线要注意方法，不允许从一端强拽线缆。

此外，还回材料到材料库时，需要分类归还，并注意 5S 制度。

整理数据，完成实训报告。

对于整个实训过程中出现的安全错误，比如极性不正确、未做必要的检查而通电、带电作业等，组长在"实训成绩记录表"的"安全"和"检查"中的相应负责人做出标记。

4.4.4 实训内容与要求

1. 实训操作内容

（1）安装

1）按照测微头的使用方法，安装好测微头。

2）改变电容传感器的动极板位置，将电容式传感器调整至中间位置。

3）将电容式传感器安装于实验模板上，并与测微头端接。

4）安装完成后由老师检查。

（2）接线

1）将电容式传感器用引线接线于电容传感器实验模板上。

2）将实验模板的输出 V_{o1} 接主机箱直流电压表的 V_{in} 端。

3）将主机箱上的电压表量程显示选择开关打到 2 V 档。

4）用导线将实验模板上的 ±15 V、⊥插口与主机箱电源 ±15 V、⊥分别相连。

（3）调零

1）将实验模板上的 R_w 调节到中间位置（方法：逆时针转到底，再顺时针转到底，计算全部圈数，再逆时针转回总圈数的一半）。

2）完成后由老师检查。

3）无误后，合上主机箱电源开关。

4）旋转测微头，改变电容传感器的动极板位置，使电压表显示 0 V。

5）再向某个方向转动测微头 5 圈，记录此时的测微头读数和电压表显示值。以此为实验的起点值，即测量的零点值。

（4）测量位移

1）向反方向转动测微头，每转动一圈，即电容式传感器测杆位移 $\Delta Y = 0.5$ mm，读取电压表值一次。

2）这样一共旋转 10 圈，共读取 11 个相应的电压表读数。

3）将实训获得的数据填入表 4-2。

表 4-2　电容式传感器位移测量实训数据记录表

位移 Y/mm											
电压 V/mV											

4）数据读取完毕。关掉电源，结束实训。

2. 实训结果要求

1）根据上述实训数据记录表 4-2 的记录数据，绘制实训曲线（$Y-V$ 曲线）。

2）根据实训曲线，绘制拟合直线。

3）计算拟合直线的直线方程。

4）计算系统灵敏度。

5）计算非线性误差。

4.4.5　实训报告的撰写

1. 实训报告内容要求

报告条目分为：实训目的、实训原理、实训仪器与设备、实训步骤、实训数据记录表、实训曲线、实训数据分析、实训小结、回答问题等 9 部分。

需要叙述实训目的是否实现，实训原理是否理解，对实训仪器和设备有何认识，实训步骤按实际操作过程的描述，实训时测得的数据记录表，按照要求绘制的实训曲线，按照要求完成的实训数据分析，根据实训过程获得的知识与技能，体会、经验与教训等小结，并回答针对本实训出现的问题。

最终交付全部过程文件（各项表格）和结果文件（实训数据处理的图纸与计算）。

2. 实训报告数据要求

根据实训数据记录表，根据不同位移大小和测得电压的数据，绘制出位移－电压（$Y-V$）特性曲线。

根据实训曲线，绘制拟合直线。计算拟合直线的直线方程。

计算在有效测量范围内，本电容式传感器测量位移时的灵敏度和线性度，要求必须有计算步骤与计算过程。

3. 回答实训的问题

1）为什么同一个方向转动测微头 5 圈，再反方向每转动测微头 1 圈读一次电压表？不先转行不行？为什么？

2）总结一下本实训中学到的知识与技能，以及必须遵守的注意事项。

项目5 实训结果的数据分析能力训练

【提要】本项目介绍了误差的处理方法，讲解了测量数据的几个典型处理方法：列表法、平均值法、逐差法，详细讲解了作图法和最小二乘法，包括其步骤、思路和公式以及举例计算。

依托三个选做的实训项目，完成对上述实训结果的数据分析能力训练。以期学生能够经过本项目的训练，熟练运用误差理论和有效数字用法，熟练掌握列表法、作图法和最小二乘法等测量数据典型处理方法，并且能够在后续的课程中，在其实际工作中，灵活运用这些方法和工具，获得优异的学习成绩和职业素养。

本项目成果：数据处理合格的实训报告书。

5.1 实训结果数据分析的一般要求

5.1.1 测量结果中的有效数字

测量结果都是包含误差的近似数据，在其记录、计算时应以测量可能达到的精度为依据来确定数据的位数。如果参加计算的数据的位数取少了，就会损害测量结果的精度并影响计算结果的应有精度；如果位数取多了，易使人误认为测量精度很高，且增加了不必要的计算工作量。

1. 有效数字定义

一般而言，对一个数据取其可靠位数的全部数字加上第一位可疑数字，就称为这个数据的有效数字。也就是说，考虑了误差以后有意义的数字称为有效数字。或者说，由数字组成的一个数，除最末一位数字是不确切或可疑值外，其他数字均为确切值，则该数的所有数字称为有效数字。

测量结果保留有效位数的原则：最末一位数字是不可靠的，而倒数第二位数字是可靠的。

在测量上，0.25 m 与 25.00 cm 是不同的。有效数字位数越多，测量精度越高。图5-1a 有效数字位数为 3 位，图5-1b 有效数字位数为 2 位。

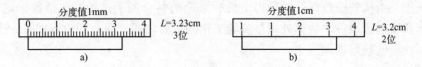

图 5-1 测量精度与有效位数

2. 一般规则

一般来讲，有效数字的运算过程中，有很多规则。为了应用方便，本着实用的原则，加以选择后，将其归纳整理为如下两类。

1）可靠数字之间运算的结果为可靠数字。

2）可靠数字与存疑数字，存疑数字与存疑数字之间运算的结果为存疑数字。

3）测量数据一般只保留一位存疑数字。

4）运算结果的有效数字位数不由数学或物理常数来确定，数学与物理常数的有效数字位数可任意选取，一般选取的位数应比测量数据中位数最少者多取一位。例如：π 可取 3.14 或 3.142 或 3.1416…；在公式中计算结果要根据测量值来决定。

5）运算结果将多余的存疑数字舍去时应按照"四舍六入五凑偶"的法则进行处理．即小于等于四则舍；大于六则入；等于五时，根据其前一位按奇入偶舍处理（等几率原则）。例如，3.625 化为 3.62，4.235 则化为 4.24。

3. 运算规则

（1）加减预算

有效数字相加（减）的结果的末位数字所在的位置，应按各量中存疑数字所在数位最前的一个为准来决定。例如：对于 $30.4 + 4.325 = 34.725$ 和 $26.65 - 3.905 = 22.745$；应该取 $30.4 + 4.325 = 34.7$ 和 $26.65 - 3.905 = 22.74$。

（2）乘除运算

乘除运算后的有效数字的位数与参与运算的数字中有效数字位数最少的相同。由此规则可推知：乘方、开方后的有效数字位数与被乘方和被开方之数的有效数字的位数相同。

（3）其他运算

指数、对数、三角函数运算结果的有效数字位数由其改变量对应的数位决定。

（4）有效数字位数与不确定度位数综合考虑

一般情况下，表示最后结果的不确定度的数值只保留 1 位，而最后结果的有效数字的最后一位与不确定度所在的位置对齐。如果实验测量中读取的数字没有存疑数字，不确定度通常需要保留两位。

但要注意：具体规则有一定适用范围，在通常情况下，由于近似的原因，如不严格要求可认为是正确的。

数据记录、运算的准确性要和测量的准确性相适应。误差一般只取一位有效数字（特殊情况下最多取两位有效数字），测量结果的末位数应与误差的末位数对齐。

例如对于 $\bar{x} = 1.674 \, \text{cm}$，$\Delta_x = 0.04 \, \text{cm}$

$x = 1.674 \pm 0.04 \, \text{cm}$ 是错误的。正确的结果是：$x = 1.67 \pm 0.04 \, \text{cm}$

5.1.2 数据处理的基本方法

数据处理是指从获得数据开始到得出最后结论的整个加工过程，包括数据记录、整理、计算、分析和绘制图表等。数据处理是实验工作的重要内容，涉及的内容很多，这里仅介绍一些常用到的一些数据处理方法。

1. 列表法

对一个被测量进行多次测量或研究几个被测量之间的关系时，往往借助于列表法把实验数据列成表格。将实验数据列成适当的表格，可以使大量数据表达清晰醒目，条理化，易于检查数据和发现问题，避免差错，同时有助于反映出物理量之间的对应关系。

一个适当的数据表格可以提高数据处理的效率，减少或避免错误，所以一定要养成列表记录和处理数据的习惯，列表法没有统一的格式，但在设计表格时要求能充分反映上述优点，初学者在记录数据时需要注意以下几点。

1）各栏目均应注明所记录的物理量的名称（符号）和单位；

2）栏目的顺序应充分注意数据间的联系和计算顺序，力求简明、齐全、有条理；

3）表中的原始测量数据应正确反映有效数字，数据不应随便涂改，确实要修改数据时，应将原来数据画条杠以备随时查验；

4）对于函数关系的数据表格，应按自变量由小到大或由大到小的顺序排列，以便于判断和处理。

如表 5-1 的电阻随温度变化的关系，就是一个典型的列表法表示测量电阻随温度变化的关系的处理方法。

表 5-1　电阻随温度变化的关系

$t/℃$	19.0	25.0	30.1	36.0	40.0	45.1	50.0
R/Ω	76.30	77.80	79.75	80.80	82.35	83.90	85.10

2. 平均值法

在同样的测量条件下，对于某一物理量进行多次测量的结果由于误差不会完全一样，用多次测量的算术平均值作为测量结果，是真实值的最好近似。虽然平均值法可以减小偶然误差，在使用该方法时需要注意以下几点。

1）注意在什么情况下能用平均值法。例如在测定玻璃折射率的实验中，应分别求出各组数据算出折射率后再求平均值，而不是各组数据取平均值后再求折射率；

2）运用平均值法时，计算的平均值应按照原来测量仪器的精确度决定保留的位数。

3. 逐差法

当两个变量之间存在线性关系，且自变量为等差级数变化的情况下，用逐差法处理数据，既能充分利用实验数据，又具有减小误差的效果。具体做法是将测量得到的偶数组数据分成前后两组，将对应项分别相减，然后再求平均值。

运用逐差法时全部测量数据都用上，保持了多次测量的优点，减少了随机误差，计算结果比前面的要准确些。逐差法计算简便，特别是在检查具有线性关系的数据时，可随时"逐差验证"，及时发现数据规律或错误数据。

当 X 等间隔变化，且 X 的误差可以不计的条件下，对于

$$\begin{cases} X: X_1, X_2, \cdots X_n, \cdots X_{2n} \\ Y: Y_1, Y_2, \cdots Y_n, \cdots Y_{2n} \end{cases} \tag{5-1}$$

将其分成两组

$$\begin{cases} \Delta Y_1 = Y_{n+1} - Y_1 \\ \Delta Y_2 = Y_{n+2} - Y_2 \\ \vdots \\ \Delta Y_n = Y_{2n} - Y_n \end{cases} \tag{5-2}$$

进行逐差可求得

$$\Delta \overline{Y} = \frac{1}{n} \sum \Delta Y_i \qquad\qquad (5\text{--}3)$$

【例题 5–1】 按逐差法计算表 5–2 的误差。

表 5–2　砝码与弹簧伸长位置的关系

砝码质量/kg	1.000	2.000	3.000	4.000	5.000	6.000	7.000	8.000
弹簧伸长位置/cm	x_1	x_2	x_3	x_4	x_5	x_6	x_7	x_8

解题过程：

误差 Δx 的下列计算是错误的

$$\Delta x = \frac{1}{7}\big[\,(x_2 - x_1) + (x_3 - x_2) + \cdots + (x_8 - x_7)\,\big]$$

$$= \frac{1}{7}(x_8 - x_1)$$

正确计算应该按照式 5–3 求得，即

$$\Delta x = \frac{1}{4}\big[\,(x_5 - x_1) + (x_6 - x_2) + (x_7 - x_3) + (x_8 - x_4)\,\big]$$

5.1.3　数据处理的作图法

利用实验数据，将实验中的被测量之间的函数关系利用几何图线表示出来，这种方法称之为作图法。在运用作图法时，常有以下步骤。

1. 选择图纸

作图纸有直角坐标纸（即毫米方格纸）、对数坐标纸和极坐标纸等，根据作图需要选择。在传感器与转换技术实训中比较常用的是毫米方格纸。

2. 曲线改直

由于直线最易描绘，且直线方程的两个参数（斜率和截距）也较易算得。所以，当两个变量之间的函数关系是非线性时，在用图解法时应尽可能通过变量代换，将非线性的函数曲线转变为线性函数的直线。下面为几种常用的变换方法。

（1）倒数法

对于像 $xy = c$（c 为常数）的。令 $z = 1/x$，则 $y = cz$，即 y 与 z 为线性关系。坐标轴选 y 与 z，则可以选用直角坐标。

（2）平方法

对于像 $x = c\sqrt{y}$（c 为常数）的。令 $z = x^2$，则 $y = \frac{1}{c^2}z$，即 y 与 z 为线性关系。坐标轴选 y 与 z，则可以选用直角坐标。

（3）对数法

对于像 $y = ax^b$（a 和 b 为常数）的。等式两边取对数得，$\lg y = \lg a + b\lg x$。于是，$\lg y$ 与 $\lg x$ 为线性关系，b 为斜率，$\lg a$ 为截距。坐标轴选 $\lg y$ 与 $\lg x$，则可以选用对数坐标。

（4）自然对数法

对于像 $y = ae^{bx}$（a 和 b 为常数）的。等式两边取自然对数得，$\ln y = \ln a + bx$。于是，$\ln y$ 与 x 为线性关系，b 为斜率，$\ln a$ 为截距。坐标轴选 $\ln y$ 与 x，则可以选用自然对数坐标。

3. 确定坐标比例与标度

合理选择坐标比例是作图法的关键所在。作图时通常以自变量作横坐标（x 轴），因变量作纵坐标（y 轴）。坐标轴确定后，用粗实线在坐标纸上描出坐标轴，用箭头标轴方向，并注明坐标轴所代表被测量的符号和单位。

坐标比例是指坐标轴上单位长度（通常为 1 cm）所代表的被测量大小。坐标比例的选取应注意以下几点。

1）原则上做到数据中的可靠数字在图上应是可靠的，即坐标轴上的最小分度（1 mm）对应于实验数据的最后一位准确数字。坐标比例选得不适当时，若过小会损害数据的准确度；若过大会夸大数据的准确度，并且使实验点过于分散，对确定图线的位置造成困难。

2）坐标比例的选取应以便于读数为原则，常用的比例为"1：1""1：2""1：5"（包括"1：0.1""1：10" …），即每厘米代表"1、2、5"倍率单位的物理量。切勿采用复杂的比例关系，如"1：3""1：7""1：9"等。这样不但不易绘图，而且读数困难。

3）坐标比例确定后，应对坐标轴进行标度，即在坐标轴上均匀地标出所代表被测量的数值，标记所用的有效数字位数应与实验数据的有效数字位数相同。标度不一定从零开始，一般用小于实验数据最小值的某一数作为坐标轴的起始点，用大于实验数据最大值的某一数作为终点，这样图纸可以被充分利用。

4. 数据点的标出

实验数据点在图纸上用"＋"符号标出，符号的交叉点正是数据点的位置。若在同一张图上作几条实验曲线，各条曲线的实验数据点应该用不同符号（如×、⊙等）标出，以示区别。

5. 曲线的描绘

由实验数据点描绘出平滑的实验曲线，连线要用透明直尺或三角板、曲线板等拟合。根据随机误差理论，实验数据应均匀分布在曲线两侧，与曲线的距离尽可能小。个别偏离曲线较远的点，应检查标点是否错误，若无误表明该点可能是错误数据，在连线时不予考虑。对于仪器仪表的校准曲线和定标曲线，连接时应将相邻的两点连成直线，整个曲线呈折线形状。

6. 注解与说明

在图纸上要写明图线的名称、坐标比例及必要的说明（主要指实验条件：温度、压力等），并在恰当地方注明作者姓名、日期等。

7. 直线图解法求待定常数

利用作图法，可以采用非线性次方不高，或者输入量变化范围较小时的非线性曲线，用一条直线（切线或割线）近似地代表实际曲线的一段，使传感器输出—输入特性线性化。所采用的直线称为拟合直线。直线图解法是最好的拟合直线方程求解的方法。

直线图解法首先是求出斜率和截距，进而得出完整的线性方程。其步骤如下。

（1）选点

在直线上紧靠实验数据两个端点内侧取两点 $A(x_1, y_1)$、$B(x_2, y_2)$，并用不同于实验数据的符号标明，在符号旁边注明其坐标值（注意有效数字）。若选取的两点距离较近，计算斜率时会减少有效数字的位数。这两点必须是直线上的点，不能在实验数据范围以外取点，因为它已无实验根据。如果直线不过原始测量数据点，也不能将其直接使用来计算斜率。

（2）求斜率

设直线方程为 $y = a + bx$，则斜率为

$$b = \frac{y_2 - y_1}{x_2 - x_1} \tag{5-4}$$

（3）求截距。截距的计算公式为

$$a = y_1 - bx_1 \tag{5-5}$$

8. 计算非线性误差

利用作图法，可以采用非线性方次不高，或者输入量变化范围较小时的非线性曲线，用一条直线（切线或割线）近似地代表实际曲线的一段，使传感器输出—输入特性线性化。所采用的直线称为拟合直线。直线图解法是最好的拟合直线方程求解的方法。

9. 作图法举例

【例题 5-2】 根据表 5-1 所示数据，按作图法绘图并求出电阻随温度变化的拟合直线的直线方程。

解：

（1）选择图纸

选直角坐标纸，使用毫米方格纸。

（2）确定坐标比例与标度

自变量温度 t 作横坐标（x 轴），因变量电阻 R 作纵坐标（y 轴）。用粗实线在坐标纸上描出坐标轴，用箭头标轴方向，并注明坐标轴所代表被测量量的符号和单位。

坐标比例横坐标 $t = 5\,℃/cm$，纵坐标 $R = 1\,\Omega/cm$。

（3）标出数据点

将上述表格中的数据点在图纸上用"×"符号标出，符号的交叉点正是数据点的位置。

（4）描绘曲线

由数据点描绘出平滑的实验曲线，相邻的两点连成直线，整个曲线呈折线形状。如图 5-2 中深色线。

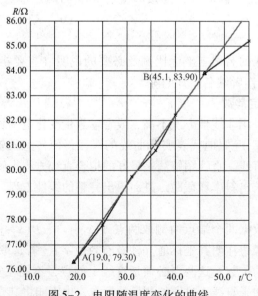

图 5-2　电阻随温度变化的曲线

（5）描绘直线

在图纸上用直尺寻找与各个数据点都接近的一条直线。如图 5-2 中浅色线。

（6）选点

在直线上紧靠实验数据两个端点内侧取两点 A（19.0，76.30）、B（45.1，86.00），并用 "Δ" 符号标明，在符号旁边注明其坐标值。

（7）求直线方程

设直线方程为 $R = a + bt$，依公式（5-18）则斜率为

$$b = \frac{R_{\mathrm{B}} - R_{\mathrm{A}}}{t_{\mathrm{B}} - t_{\mathrm{A1}}} = \frac{86.00 - 76.30}{45.1 - 19.0} \, \Omega/\text{℃} = 0.372 \, \Omega/\text{℃}$$

依式 5-19，截距为

$$a = R_{\mathrm{A}} - bt_{\mathrm{A}} = 76.30 - 0.372 \times 19.0 \, \Omega = 69.23 \, \Omega$$

则直线方程为

$$R = 69.23 + 0.372t$$

（8）计算非线性误差

利用作图法，可以采用非线性方次不高，或者输入量变化范围较小时的非线性曲线，用一条直线（切线或割线）近似地代表实际曲线的一段，使传感器输出—输入特性线性化。

10. 作图法特点

作图法不仅能简明、直观、形象地显示物理量之间的关系，而且有助于研究物理量之间的变化规律，找出物理量之间的函数关系或求出相关的物理量。同时，所作的图线对测量数据起到平均值的作用，从而减小随机误差的影响，此外，还可以作出仪器的校正曲线，帮助发现实验中的某些错误等。

当然，作图法也有一些缺点。比如：有一定任意性，人为因素很重，故不能求不确定度。而且同一个传感器测得的数据，因选点不同，其拟合直线也不同，线性度也是不同的。

选取拟合直线的方法很多，除了上述的端基法之外，用最小二乘法求取的拟合直线的拟合精度最高。

5.1.4 数据处理的最小二乘法

作图法虽然在数据处理中是一个很便利的方法，但在图线的绘制上往往带有较大的任意性，所得的结果也常常因人而异，而且很难对它作进一步的误差分析，为了克服这些缺点，在数理统计中研究了直线拟合问题（或称一元线性回归问题），常用一种以最小二乘法为基础的实验数据处理方法。由于某些曲线型的函数可以通过适当的数学变换而改写成直线方程，这一方法也适用于某些曲线型的规律。用最小二乘法进行直线拟合优于作图法。

1. 最小二乘法的理论基础

在处理数据时，常要把实验获得的一系列数据点描成曲线反映物理量间的关系。为了使曲线能代替数据点的分布规律，则要求所描曲线是平滑的，即要尽可能使各数据点对称且均匀分布在曲线两侧。

对于上述的几种方法，比如作图法，由于目测有误差，所以，同一组数据点不同的实验者可能描成几条不同的曲线（或直线），而且似乎都满足上述平滑的条件。那么，究竟哪一条是最佳曲线呢？这一问题就是"曲线拟合"问题。一般来说，"曲线拟合"的任务有两

个：一是在物理量 y 与 x 间的函数关系已经确定时，只有其中的常数未定（及具体形式未定）时，根据数据点拟合出各常数的最佳值。二是在物理量 y 与 x 间函数关系未知时，从函数点拟合出 y 与 x 函数关系的经验公式以及求出各个常数的最佳值。

2. 最佳经验公式中参数的求解

在很多实验中，x 和 y 这两个物理量中总有一个物理量的测量精度要比另一个高很多，其测量误差可以忽略。通常把它作为自变量 x，其测量值 x_i 可以看作是准确值。对应于某个 x_i 值，另一个物理量 y 的测量值 y_i 是随机变量。设 x 和 y 的函数关系由理论公式 5-6 给出

$$y = f(x, c_1, c_2, \cdots, c_m) \tag{5-6}$$

其中 c_1，c_2，$\cdots$，c_m 是需要通过拟合确定的参数。

通过实验，等精度测得一组实验数据 $(x_i, y_i, i = 1, 2 \cdots n)$，设此两物理量 x、y 满足线性关系，且假定实验误差主要出现在 y_i 上，设拟合直线公式为

$$y = f(x) = a + bx \tag{5-7}$$

即

$$a + b\frac{\sum x_i}{n} = \frac{\sum y_i}{n} \tag{5-8}$$

$$a\frac{\sum x_i}{n} + b\frac{\sum x_i^2}{n} = \frac{\sum y_i x_i}{n} \tag{5-9}$$

3. 最小二乘法应用举例

【例题 5-3】 根据表 5-1 所示数据，试用最小二乘法确定电阻随温度变化的拟合直线的直线方程关系式。

解：

设直线方程为 $R = a + bt$，依公式 5-8、5-9 计算。

（1）列表计算下列各值。

$$\sum t_i, \ \sum R_i, \ \sum t_i^2, \ \sum R_i t_i$$

将上述值分别求得，如表 5-3 所示。

表 5-3　最小二乘法计算过程参数表

n	$t/℃$	R/Ω	$t^2/℃^2$	$Rt/\Omega℃$
1	19.1	76.30	365	1457
2	25.0	77.80	625	1945
3	30.1	79.50	906	2400
4	36.0	80.80	1296	2909
5	40.0	82.35	1600	3294
6	45.1	83.90	2034	3784
7	50.0	85.10	2500	4255
$n = 7$	$\sum t_i = 245.3$	$\sum R_i = 566.00$	$\sum t_i^2 = 9326$	$\sum R_i t_i = 20044$

（2）写出 a、b 的最佳值满足方程 $R = a + bt$，由公式 5-8、5-9 得

$$a + b\frac{\sum t_i}{n} = \frac{\sum R_i}{n}; \ a\frac{\sum t_i}{n} + b\frac{\sum t_i^2}{n} = \frac{\sum R_i t_i}{n}$$

可得方程组

$$\begin{cases} a + b\dfrac{245.3}{7} = \dfrac{566.00}{7} \\ a\dfrac{245.3}{7} + b\dfrac{9326}{7} = \dfrac{20044}{7} \end{cases}$$

解出

$$\begin{cases} a = 70.79\ \Omega \\ b = 0.2873\ \Omega/℃ \end{cases}$$

（3）将上述 a、b 数值带入方程 $R = a + bt$，写出待求关系式

$$R = 70.79 + 0.2873t \tag{5-10}$$

5.2 差动变压器式传感器的位移测量实训

5.2.1 实训目的与意义

1. 知识目的

了解误差的表现形式、来源和处理方法，了解有效数字的基本知识与规则，掌握实验数据处理的列表法、作图法和最小二乘法。

理解差动变压器式传感器的工作原理；了解差动变压器式传感器的结构。加深理解差动变压器式传感器的特性。掌握用差动变压器式传感器测量位移时的性能。

2. 能力目的

能够按照实验数据处理的列表法、作图法和最小二乘法，对实训测得的数据进行处理。能够在进行数据处理时，依据有效数字的方法计算。能够按照误差理论进行实训的误差处理。

能够运用差动变压器式传感器的工作原理和结构，完成物体位移的测量。

3. 素质目的

能够严格遵守实训纪律，不大声喧哗、不影响别人、不抄袭作业。充分体现团队精神，有分工、有合作。严格按照实训规范进行实训，不带电作业，上电前经过批准。

能够按照规则要求进行实训项目的规划、准备、执行、开车，并遵守行为规范、专业规范和安全规范。

能够按照教学要求完成实训项目的实训步骤规划、接线图与设备表准备、材料准备与接线、安装调试与数据测量、数据处理与图纸绘制，并最终完成实训报告的撰写。

5.2.2 实训原理与设备

1. 实训原理

把被测的非电量变化转换为线圈互感量变化的传感器称为互感式传感器。这种传感器是根据变压器的基本原理制成的，并且次级绕组都用差动形式连接，故称差动变压器式传感器。

差动变压器由 1 只一次线圈和 2 只二次线圈及 1 个铁心组成，根据内外层排列不同，有

二段式和三段式，本实验采用三段式结构。

当差动变压器随着被测体移动时，差动变压器的铁心也随着轴向位移，从而使一次线圈和二次线圈之间的互感发生变化，促使二次线圈感应电势产生变化，1 只二次线圈感应电势增加，另一只感应电势则减少，将两只二次线圈反向串接（同名端连接），就引出差动电势输出。其输出电势反映出被测体的移动量。

差动变压器式传感器等效电路如图 5-3 所示。

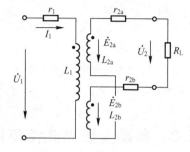

当一次绕组 W_1 加以激励电压 U_1 时，根据变压器的工作原理，在两个二次绕组 W_{2a} 和 W_{2b} 中便会产生感应电势 E_{2a} 和 E_{2b}。差动变压器输出电压 U_2 为

$$\dot{U}_2 = \dot{E}_{2a} - \dot{E}_{2b} \qquad (5\text{-}15)$$

当 E_{2a}、E_{2b} 随着衔铁位移 x 变化时，U_2 也必将随 x 变化。因此，通过差动变压器输出电动势的大小和相位可以知道衔铁位移量的大小和方向。

图 5-3　差动变压器等效电路

2. 实训设备与材料

实验台主机箱：其上的 ±15 V 直流电源、音频振荡器、频率转速表。

传感器：差动变压器式传感器。

变送模板：差动变压器式传感器实验模板。

其他：连接线缆。测微头、自备的数显万用表、示波器（有条件时）。

3. 实训图纸

差动变压器式传感器测量位移所用差动变压器式传感器实验模板及其安装接线图见图 5-4 所示。使用专用航空插头的引线连接模板上的元器件和差动变压器式传感器。模板上的 L_1、L_2 和 L_3 分别为差动变压器的一次线圈（接激励电压）和两个二次线圈。

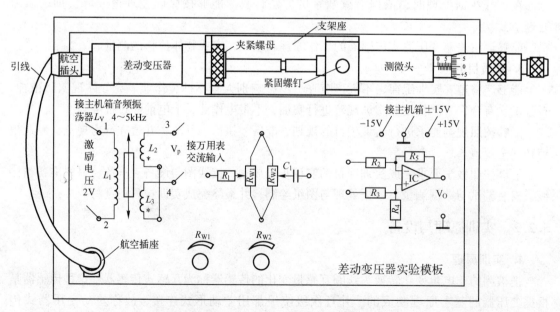

图 5-4　差动变压器式传感器位移实验安装接线图

5.2.3 实训过程与规则指导

按照本项目的知识内容要求，必须以正确的步骤完成实训。第一步是完成文件、图纸、设计的规划阶段；第二步是材料、设备、采购的准备阶段；第三步是完成安装、接线、检查的执行阶段；第四部是完成调试、运行、测试的实施阶段。贯穿全过程的是符合标准、规定、制度的规范要求，以及符合 EHS 的安全要求。

1. 分组分工指导

分组后，组长将本实训涉及的实训设备一一检查，填入表 3-1 实训设备记录表。实训过程中如果发现某一设备有任何问题，经老师确认后将故障现象填入表格。然后进行分工，限于人数，可交叉分工。为了保证每一项工作都有人检查和复核，需设检查员一人。为保证整个实训过程处于安全状态下，需设安全员一人。

组长将分工填入表 3-2 实训成绩记录表。实训过程中，任何人所犯任何错误，按错误类别填入此表。

2. 规划过程指导

全组人员阅读"5.2.4 实训内容与要求"。全组人员查阅接线图。全组人员查清连接线的数量、线与线之间的关系。全组人员指导规划人员列出材料清单，即将实训所需材料和设备，填入表 3-3 实训设备材料表。

3. 准备过程指导

准备人员，按照规划人员给出的材料清单，做材料准备。

1）去材料库，按材料清单，一人下指令，另一人取出材料并标记。

2）回工作台，检测所领材料品种、数量、质量是否符合要求。

3）对照设备，按材料清单的用途（位置）分出哪些线放在哪些地方。

如果品种、数量有误，需更改清单，再去材料库更换。

4. 执行过程指导

按照"5.2.4 实训内容与要求"的实训内容，执行者一人发指令，另一人动手接线。

1）路径匹配：相邻地点输入接到相邻地点输出的线。

2）颜色匹配：正电压用红线或棕色、负电压用蓝线或黑线、接地用黑线或黄绿线。

3）长度匹配：接线要尽量使用合理的线长。

检查者要时时检查执行者是否做错。安全员要时时检查全体人员行为是否安全。

5. 实施过程指导

1）检查：完成接线后，检查者检查接线的正确性。上电前，提请老师确认可以上电。

2）实施：实施者一人发出指令，另一人完成指令。一人报出读数，另一人记录读数。

检查者要时时检查执行者是否做错。安全员要时时检查全体人员行为是否安全。

6. 实训结束指导

当全部数据读取完毕，意味着实训做完。在数据完成后，检查者复核数据，交由老师检查。之后进行断电、拆线。拆线要注意方法，不允许从一端强拽线缆。

此外，还回材料到材料库时，需要分类归还，并注意 5S 制度。

整理数据，完成实训报告。

5.2.4 实训内容与要求

1. 实训操作内容

（1）调节激励源以符合要求

没有示波器时，用万用表交流档的操作。

阅读下列描述，画出接线草图，送交指导教师检查。检查无误后按图接线。

1）用主机箱的频率表输入端 F_{in} 来监测音频振荡器的输出频率。

2）用万用表交流输入端来监测音频振荡器的输出幅度峰峰值 V_{p-p}。

3）检查接线。无误后合上总电源开关。

4）调节音频振荡器的频率为 4~5 kHz；调节输出幅度峰峰值为 $V_{p-p}=2$ V，注意耦合性。

5）完成后，关掉电源。

有示波器时，用示波器的操作。

阅读下列描述，画出接线草图，送交指导教师检查。检查无误后按图接线。

1）用示波器的输入端来监测音频振荡器的输出频率和输出幅度峰峰值 V_{p-p}。

2）检查接线。无误后合上总电源开关。

3）调节音频振荡器的频率为 4~5 kHz；调节输出幅度峰峰值为 $V_{p-p}=2$ V，注意耦合性。

4）完成后，关掉电源。

（2）接线

1）按照测微头的使用方法，安装好测微头。

2）将差动变压器式传感器用引线接线于差动变压器传感器实验模板上。

3）差动变压器的原边 L_1 的激励电压须从主机箱中音频振荡器的 L_v 端子引入。

4）将实验模板的输出 V_p 接万用表交流输入端或示波器的输入端。

5）检查无误后，请老师检查。

（3）调零

1）无误后合上总电源开关。

2）松开测微头的安装紧固螺钉，移动测微头的安装套差动变压器传感器的铁心，使其大约处在中间位置。即：使交流电压表的输出 V_{p-p} 为较小值，或使示波器上观测到的波形峰峰值 V_{p-p} 为较小值。

3）拧紧紧固螺钉，仔细调节测微头的微分筒，使交流电压表的输出 V_{p-p} 为最小值，或使示波器上观测到的波形峰峰值 V_{p-p} 为最小值。

4）定此点为位移的相对零点，记下此时测微头的读数（此电压为零点残余电压）。

（4）测量位移

1）这时可以左右移动，假设其中一个方向为正位移，另一个方向位移为负，从 V_{p-p} 最小值开始旋动测微头的微分筒

2）每隔 0.5 mm（可取 10~25 点，以读数变化不大时为止）从交流电压表读出输出电压或示波器观测到的波形峰峰值的 V_{p-p} 值，填入表 5-4。

表 5-4 差动变压器式传感器位移测量实训数据记录表

位移 X/mm					......				
电压 V/mV					......				

3）回到位移的相对零点，向反方向转动测微头，重复上述 2）步骤，即每转动一圈，读取 V_{p-p} 值一次。

4）数据读取完毕。关掉电源，结束实训。

2. 实验过程中请注意事项

1）从 V_{p-p} 最小处决定位移方向后，测微头只能按所选定方向调节位移，中途不允许回调，否则，由于测微头存在机械回差而引起位移误差；所以，实验时每点位移量须仔细调节，绝对不能调节过量，如过量则只好剔除这一点继续做下一点实验或者回到零点重新做实验。

2）当一个方向行程实验结束，做另一方向时，测微头回到 V_{p-p} 最小处时它的位移读数有变化（没有回到原来起始位置）是正常的。做实验时位移取相对变化量 Δx 为定值 0.5 mm，只要中途测微头不回调就不会引起位移误差。

3）实验过程中注意差动变压器输出的最小值即为差动变压器的零点残余电压大小。

3. 实训结果要求

1）根据上述实训数据记录表 5-3 的记录数据，绘制实训曲线（$x - V$ 曲线）。

2）根据上述实训数据记录表 5-3 的记录数据，利用最小二乘法，分别计算拟合直线。

3）计算拟合直线的系统灵敏度。

4）计算拟合直线的非线性误差。

5.2.5 实训报告的撰写

1. 实训报告内容要求

报告条目分为：实训目的、实训原理、实训仪器与设备、实训步骤、实训数据记录表、实训曲线、实训数据分析、实训小结、回答问题等 9 部分。

需要叙述实训目的是否实现，实训原理是否理解，对实训仪器和设备有何认识，实训步骤按实际操作过程的描述，实训时测得的数据记录表，按照要求绘制的实训曲线，按照要求完成的实训数据分析，根据实训过程获得的知识与技能、体会、经验与教训等小结，并回答针对本实训出现的问题。

最终交付全部过程文件（各项表格）和结果文件（实训数据处理的图纸与计算）。

2. 实训报告数据要求

根据实训数据记录表，根据不同位移大小和测得电压的数据，绘制出位移－电压（$x - V$）特性曲线。

根据实训曲线，绘制拟合直线。计算拟合直线的直线方程。

计算在有效测量范围内，本差动变压器传感器测量位移时的灵敏度和线性度，要求必须有计算步骤与计算过程。

3. 回答实训的问题

1）求出位移为 1~3 mm 和 -3~-1 mm 时的灵敏度和非线性误差。

2）此差动变压器的零点残余电压是多少？

3）用差动变压器测量振动频率的上限受什么影响？

4）试分析差动变压器与一般电源变压器的异同。

5）为什么当一个方向行程实验结束，做另一方向时，测微头回到 V_{p-p} 最小处时它的位移读数有变化（没有回到原来起始位置）？

6）为什么实验时每点位移量调节过量的话，只好剔除这一点继续做下一点实验或者回到零点重新做实验。

7）总结一下本实训中学到的知识与技能，以及必须遵守的注意事项。

5.3 差动变压器式传感器零点残余电压补偿实训

5.3.1 实训目的与意义

1. 知识目的

了解误差的表现形式、来源和处理方法，了解有效数字的基本知识与规则，掌握实验数据处理的列表法、作图法和最小二乘法。

理解差动变压器式传感器的工作原理；加深理解差动变压器式传感器的零点残余电压。掌握差动变压器式传感器的零点残余电压的补偿方法。

2. 能力目的

能够按照实验数据处理的列表法、作图法和最小二乘法，对实训测得的数据进行处理。能够在进行数据处理时，依据有效数字的方法计算。能够按照误差理论进行实训的误差处理。

能够运用差动变压器式传感器的零点残余电压的补偿方法，减小差动变压器式传感器的零点残余电压。

3. 素质目的

能够严格遵守实训纪律，不大声喧哗、不影响别人、不抄袭别人。充分体现团队精神，有分工、有合作。严格按照实训规范进行实训，不带电作业，上电前经过批准。

能够按照规则要求进行实训项目的规划、准备、执行、开车，并遵守行为规范、专业规范和安全规范。

能够按照教学要求完成实训项目的实训步骤规划、接线图与设备表准备、材料准备与接线、安装调试与数据测量、数据处理与图纸绘制，并最终完成实训报告的撰写。

5.3.2 实训原理与设备

1. 实训原理

图 5-5 为变压器输出电压 u_2 与活动衔铁位移 x 的关系曲线。实际上，当衔铁位于中心位置时，差动压器输出电压并不等于零，我们把差动变压器在零位移时的输出电压称为零点残余电压，记作 u_x，它的存在使传感器的输出特性不过零点，造成实际特性与理论特性不完全一致。

零点残余电压主要是由传感器的两个二次绕组的电气参数与几何尺寸不对称，以及磁性材料的非线性等问题引起的。

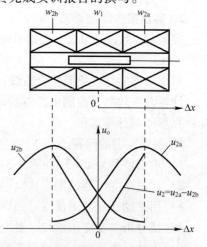

图 5-5 差动变压器输出电压特性曲线

为了减小零点残余电动势可以采取以下的方法。

1）尽可能地保证传感器几何尺寸、线圈电气参数和磁路的对称。磁性材料要经过处理，消除内部的残余应力，使其性能均匀稳定。

2）选用合适的测量电路，如采用相敏整流电路，既可判别衔铁移动方向又可以改善输出特性，减小零点残余电动势。

3）采用补偿电路，减小零点残余电动势。如：在差动变压器二次侧，串并联适当数值的电阻电容元件，当调整这些元件时，可使零点残余电动势减小。

本实训就是采用上述第三种方法，完成差动变压器式传感器的零点残余电压的补偿。

2. 实训设备与材料

实验台主机箱：其上的 ±15 V 直流电源、2～24 V 转速电源、音频振荡器、直流电压表、频率转速表。

传感器：差动变压器式传感器。

变送模板：差动变压器式传感器实验模板。

其他：连接线缆。测微头、自备的数显万用表、示波器（有条件时）。

3. 实训图纸

零点残余电压补偿实验所用差动变压器式传感器实验模板，接线图及其安装接线图见图 5-6 所示。使用专用航空插头的引线连接模板上的元器件和差动变压器式传感器。模板上的 L_1、L_2 和 L_3 分别为差动变压器的一个一次线圈（接激励电压）和两个二次线圈。

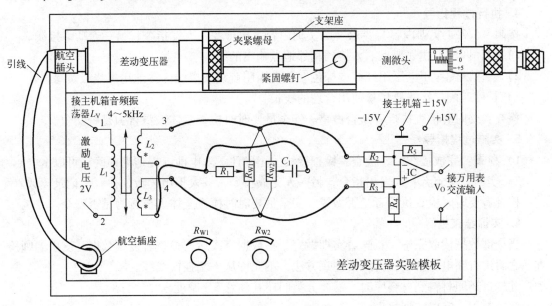

图 5-6　零点残余电压补偿实验安装、接线图

5.3.3　实训过程与规则指导

按照本项目的知识内容要求，必须以正确的步骤完成实训。第一步是完成文件、图纸、设计的规划阶段；第二步是材料、设备、采购的准备阶段；第三步是完成安装、接线、检查的执行阶段；第四步是完成调试、运行、测试的实施阶段。贯穿全过程的是符合标准、规

定、制度的规范要求，以及符合 EHS 的安全要求。

1. 分组分工指导

分组后，组长将本实训涉及的实训设备一一检查，填入表 3-1 实训设备记录表。实训过程中如果发现某一设备有任何问题，经老师确认后将故障现象填入表格。然后进行分工，限于人数，可交叉分工。为了保证每一项工作都有人检查和复核，需设检查员一人。为保证整个实训过程处于安全状态下，需设安全员一人。

组长将分工填入表 3-2 实训成绩记录表。实训过程中，任何人所犯任何错误，按错误类别填入此表。

2. 规划过程指导

全组人员阅读"5.3.4 实训内容与要求"，查阅接线图，查清连接线的数量、线与线之间的关系，指导规划人员列出材料清单，即将实训所需材料和设备，填入表 3-3 实训设备材料表。

3. 准备过程指导

准备人员，按照规划人员给出的材料清单，做材料准备。

1）去材料库，按材料清单，一人下指令，另一人取出材料并标记。

2）回工作台，检测所领材料品种、数量、质量是否符合要求。

3）对照设备，按材料清单的用途（位置）分出哪些线放在哪些地方。

如果品种、数量有误，需更改清单，再去材料库更换。

4. 执行过程指导

按照"5.3.4 实训内容与要求"的实训内容，执行者一人发指令，另一人动手接线。

1）路径匹配：相邻地点输入接到相邻地点输出的线。

2）颜色匹配：正电压用红线或棕色、负电压用蓝线或黑线、接地用黑线或黄绿线。

3）长度匹配：接线要尽量使用合理的线长。

检查者要时时检查执行者是否做错。安全员要时时检查全体人员行为是否安全。

5. 实施过程指导

1）检查：完成接线后，检查者检查接线的正确性。上电前，提请老师确认可以上电。

2）实施：实施者一人发出指令，另一人完成指令。一人报出读数，另一人记录读数。

检查者要时时检查执行者是否做错。安全员要时时检查全体人员行为是否安全。

6. 实训结束指导

当全部数据读取完毕，意味着实训做完。在数据完成后，检查者复核数据，交由老师检查。之后进行断电、拆线。拆线要注意方法，不允许从一端强拽线缆。

此外，还回材料到材料库时，需要分类归还并注意 5S 制度。

整理数据，完成实训报告。

5.3.4 实训内容与要求

1. 实训操作内容

（1）调节激励源以符合要求

1）没有示波器时，用万用表交流档的操作。请见上述 5.2.4 节的相关内容。

2）有示波器时，用示波器的操作。请见上述 5.2.4 节的相关内容。

（2）计算运算放大电路的放大倍数

1）用导线将实验模板上的 ±15 V、⊥ 插口与主机箱电源 ±15 V、⊥ 分别相连。

2）将运算放大电路的输入端接实验台主机箱上的 2 ~ 24 V 转速电源，并将其接入实验台主机箱上的直流电压表。

3）将运算放大电路的输出端接万用表的直流输入端，选 200 V 档。

4）检查无误后，请老师检查。

5）老师检查后，上电。

6）旋转实验台主机箱上的 2 ~ 24 V 转速电源旋钮，调至 2 V 左右。记录下万用表的值。

7）断电。

8）计算运算放大电路的放大倍数 K。

（3）安装与接线

1）拆去上述运算放大电路的接线。

2）安装好测微头、差动变压器式传感器。按图 5-7 接线。

3）将差动变压器式传感器用引线接线于差动变压器传感器实验模板上。

4）将阻容网络接入差动变压器传感器实验模板上。

5）将实验模板的输出 V_o 接万用表交流输入端或示波器的输入端。

6）检查无误后，请老师检查。

（4）测量零点残余电压

1）老师检查通过后给电。

2）松开测微头的安装紧固螺钉，移动测微头的安装套差动变压器传感器的铁心，使其大约处在中间位置。（使交流电压表的输出 V_{p-p} 为较小值，或使示波器上观测到的波形峰峰值 V_{p-p} 为较小值。）

3）拧紧紧固螺钉，仔细调节测微头的微分筒使交流电压表的输出 V_{p-p} 为最小值，或使示波器上观测到的波形峰峰值 V_{p-p} 为最小值。

4）依次调整 R_{W1} 和 R_{W2}，使输出电压降至最小。

5）将万用表或示波器的档位缩小一档，观察零点残余电压的大小，注意与激励电压相比较。

6）用万用表或示波器观察，差动变压器的零点残余电压值 V_o（峰峰值）。记录此时的激励电压 V_i，未经阻容网络处理的零点残余输出电压 V_p，经阻容网络处理的零点残余输出电压 V_o 零点。

这时的零点残余电压是经放大后的零点残余电压，所以经补偿后的零点残余电压

$$V_{O零点} = \frac{V_O}{K}$$

其中，K 是放大倍数，可经实验的数据计算后获得。

表 5-5　差动变压器式传感器位移测量实训数据记录表

运算放大电路输入/V		未处理的零点残余电压 V_p（V）	
V_o 输出/V		经处理的零点残余电压 V_o（V）	
计算放大倍数 K		矫正后的残余电压 $V_{o零点}$（V）	

（5）测量位移

1）接着可以进行左右移动做位移测量，假设其中一个方向为正位移，另一个方向位移为负，从 $V_{\text{p-p}}$ 最小值开始旋动测微头的微分筒。

2）每隔 0.5 mm（可取 10~25 点，以读数变化不大为止）从交流电压表读出输出电压或示波器观测到的波形峰峰值的 $V_{\text{p-p}}$ 值，填入下表 5-6。

3）回到位移的相对零点，向反方向转动测微头，重复上述 2）步骤，即每转动一圈，读取 $V_{\text{p-p}}$ 值一次。

4）数据读取完毕。关掉电源，结束实训。

表 5-6 差动变压器式传感器位移测量实训数据记录表

位移 X/mm					……				
电压 V/mv					……				

2. 实训结果要求

1）根据上述实训数据记录表 5-4 的记录数据，比较未经阻容网络处理的零点残余输出电压 V_p，与经阻容网络处理的并做过矫正的零点残余输出电压 V_o。你能得出什么结论？

2）根据上述实训数据记录表 5-5 的记录数据，绘制实训曲线（$X-V$ 曲线）。

3）根据上述实训数据记录表 5-5 的记录数据，利用最小二乘法，分别计算拟合直线。

4）计算拟合直线的系统灵敏度。

5）计算拟合直线的非线性误差。

5.3.5 实训报告的撰写

1. 实训报告内容要求

报告条目分为：实训目的、实训原理、实训仪器与设备、实训步骤、实训数据记录表、实训曲线、实训数据分析、实训小结、回答问题等 9 部分。

需要叙述实训目的是否实现，实训原理是否理解，对实训仪器和设备有何认识，实训步骤按实际操作过程的描述，实训时测得的数据记录表，按照要求绘制的实训曲线，按照要求完成的实训数据分析，根据实训过程获得的知识与技能，体会、经验与教训等小结，并回答针对本实训出现的问题。

最终交付全部过程文件（各项表格）和结果文件（实训数据处理的图纸与计算）。

2. 实训报告数据要求

根据实训数据记录表，根据不同位移大小和测得电压的数据，绘制出位移-电压（$x-V$）特性曲线。

根据实训曲线，绘制拟合直线。计算拟合直线的直线方程。

计算在有效测量范围内，本差动变压器传感器测量位移时的灵敏度和线性度，要求必须有计算步骤与计算过程。

3. 回答实训的问题

1）求出位移为 1~3 mm 和 -3~-1 mm 时的灵敏度和非线性误差。

2）对照上一个实训结果，差动变压器在做了阻容网络补偿后，二者的实训曲线有何不同？

3）经过了最小二乘法后得出的拟合直线方程看，差动变压器在做了阻容网络补偿后，二者有何不同？

4）试分析为什么联入阻容网络后零点残余电压变化了。

5）总结一下本实训中学到的知识与技能，以及必须遵守的注意事项。

5.4 激励频率对差动变压器特性的影响实训

5.4.1 实训目的与意义

1. 知识目的

了解误差的表现形式、来源和处理方法，了解有效数字的基本知识与规则，掌握实验数据处理的列表法、作图法和最小二乘法。

理解差动变压器式传感器的工作原理；加深理解一次线圈激励频率对差动变压器输出性能的影响。掌握测量差动变压器式传感器的激励频率与输出电压关系的方法。

2. 能力目的

能够按照实验数据处理的列表法、作图法和最小二乘法，对实训测得的数据进行处理。能够在进行数据处理时，依据有效数字的方法计算。能够按照误差理论进行实训的误差处理。

能够运用差动变压器式传感器，测量出差动变压器式传感器的激励频率与输出电压关系。

3. 素质目的

能够严格遵守实训纪律，不大声喧哗、不影响作业、不抄袭作业。充分体现团队精神，有分工、有合作。严格按照实训规范进行实训，不带电作业、上电前经过批准。

能够按照规则要求进行实训项目的规划、准备、执行、开车，并遵守行为规范、专业规范和安全规范。

能够按照教学要求完成实训项目的实训步骤规划、接线图与设备表准备、材料准备与接线、安装调试与数据测量、数据处理与图纸绘制，并最终完成实训报告的撰写。

5.4.2 实训原理与设备

1. 实训原理

差动变压器的输出电压的有效值可以近似用下面关系式表示

$$U_O = \frac{\omega (M_1 - M_2) U_i}{\sqrt{R_p^2 + \omega^2 L_p^2}} \tag{5-11}$$

式中，L_p、R_p 为初级线圈电感和损耗电阻，U_i、ω 为激励电压和频率，M_1、M_2 为一次线圈与二次线圈间互感系数，由式 5-11 可以看出，当一次线圈激励频率太低时，若 $R_p^2 > \omega^2 L_p^2$，则输出电压 U_o 受频率变动影响较大，且灵敏度较低，只有当 $\omega^2 L_p^2 \gg R_p^2$ 时输出 U_o 与 ω 无关，当然 ω 过高会使线圈寄生电容增大，对性能稳定不利。

2. 实训设备与材料

实验台主机箱：其上的 ±15 V 直流电源、2~24 V 转速电源、音频振荡器、直流电压表、频率转速表。

传感器：差动变压器式传感器。

变送模板：差动变压器式传感器实验模板。

其他：连接线缆。测微头、自备的数显万用表、双踪示波器。

3. 实训图纸

实训所用差动变压器式传感器实验模板、接线图及其安装接线图见图5-7所示。使用专用航空插头的引线连接模板上的元器件和差动变压器式传感器。模板上的 L_1、L_2 和 L_3 分别为差动变压器的一个一次线圈（接激励电压）和两个二次线圈。

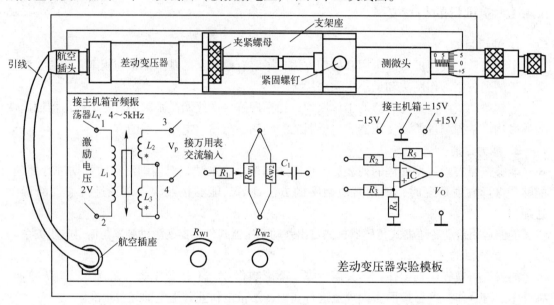

图5-7 激励频率对差动变压器特性的影响实验安装、接线图

5.4.3 实训过程与规则指导

按照本项目的知识内容要求，必须以正确的步骤完成实训。第一步是完成文件、图纸、设计的规划阶段；第二步是材料、设备、采购的准备阶段；第三步是完成安装、接线、检查的执行阶段；第四步是完成调试、运行、测试的实施阶段。贯穿全过程的是符合标准、规定、制度的规范要求，以及符合 EHS 的安全要求。

1. 分组分工指导

分组后，组长将本实训涉及的实训设备一一检查，填入表 3-1 实训设备记录表。实训过程中如果发现某一设备有任何问题，经老师确认后将故障现象填入表格。然后进行分工，限于人数，可交叉分工。为了保证每一项工作都有人检查和复核，需设检查员一人。为保证整个实训过程处于安全状态下，需设安全员一人。

组长将分工填入表 3-2 实训成绩记录表。实训过程中，任何人所犯任何错误，按错误类别填入此表。

2. 规划过程指导

全组人员阅读"5.3.4 实训内容与要求"。全组人员查阅接线图。全组人员查清连接线的数量、线与线之间的关系。全组人员指导规划人员列出材料清单，即将实训所需材料和设备，填入表3-3实训设备材料表。

3. 准备过程指导

准备人员，按照规划人员给出的材料清单，做材料准备。

1）去材料库，按材料清单，一人下指令，另一人取出材料并标记。

2）回工作台，检测所领材料品种、数量、质量是否符合要求。

3）对照设备，按材料清单的用途（位置）分出哪些线放在哪些地方。

如果品种、数量有误，需更改清单，再去材料库更换。

4. 执行过程指导

按照"5.3.4 实训内容与要求"的实训内容，执行者一人发指令，另一人动手接线。

1）路径匹配：相邻地点输入接到相邻地点输出的线。

2）颜色匹配：正电压用红线或棕色、负电压用蓝线或黑线、接地用黑线或黄绿线。

3）长度匹配：接线要尽量使用合理的线长。

检查者要时时检查执行者是否做错。安全员要时时检查全体人员行为是否安全。

5. 实施过程指导

1）检查：完成接线后，检查者检查接线的正确性。上电前，提请老师确认可以上电。

2）实施：实施者一人发出指令，另一人完成指令。一人报出读数，另一人记录读数。

检查者要时时检查执行者是否做错。安全员要时时检查全体人员行为是否安全。

6. 实训结束指导

当全部数据读取完毕，意味着实训做完。在数据完成后，检查者复核数据，交由老师检查。之后进行断电、拆线。拆线要注意方法，不允许从一端强拽线缆。

此外，还回材料到材料库时，需要分类归还并注意5S制度。

整理数据，完成实训报告。

5.4.4 实训内容与要求

1. 实训操作内容

（1）安装接线

阅读下列描述，做出接线草图，送交指导教师检查。检查无误后按图接线。

1）差动变压器及测微头的安装、接线见图5-8。同时，有对于音频振荡器的输出频率和输出幅度峰峰值的监测接线，如下述。

2）将差动变压器式传感器用引线接线于差动变压器传感器实验模板上。

3）差动变压器的一次线圈 L_1 的激励电压须从主机箱中音频振荡器的 Lv 端子引入。

4）有示波器时，用示波器的第一输入端来监测音频振荡器的输出频率和输出幅度峰峰值 V_{p-p}。将实验模板的输出 V_p 接示波器的第二输入端，来监测差动变压器式传感器的输出频率和输出幅度峰峰值 V_p。

5）无示波器时，用主机箱的频率表输入端 F_{in} 来监测音频振荡器的输出频率。用第一台万用表交流输入端来监测音频振荡器的输出幅度峰峰值 V_{p-p}。将实验模板的输出 V_p 接第二台万用表交流输入端，来监测差动变压器式传感器的输出幅度峰峰值 V_p。

6）检查无误后，请老师检查。

（2）调零

1）经检查接线无误后，合上主机箱电源开关。

2）调节主机箱音频振荡器 L_v 输出频率为 1 kHz，$V_{p-p} = 2 V$。

3）调节测微头微分筒使差动变压器的铁心处于线圈中心位置，即输出信号最小时的位置。

（3）测量

1）调节测微头位移量 Δx 为 2.50 mm，使差动变压器有一个较大的 V_p 输出。

2）在保持位移量不变的情况下改变激励电压（音频振荡器）的频率。保持激励电压幅值 $V_{p-p} = 2 V$ 不变，激励电压的频率从 1 kHz 每隔 1 kHz，一直变化到 9 kHz 时。测量差动变压器的相应输出的 V_p 值填入表 5-7。

3）数据读取完毕。关掉电源，结束实训。

表 5-7　激励频率对差动变压器特性的影响实训数据记录表

频率 F/kHz									
电压 V_p/V									

2. 实训结果要求

1）根据上述实训数据记录表 5-6 的记录数据，绘制实训曲线（$f-V$ 曲线）。

2）根据上述实训数据记录表 5-6 的记录数据，利用最小二乘法，计算拟合直线。

3）计算拟合直线的系统灵敏度。

4）计算拟合直线的非线性误差。

5.4.5　实训报告的撰写

1. 实训报告内容要求

报告条目分为：实训目的、实训原理、实训仪器与设备、实训步骤、实训数据记录表、实训曲线、实训数据分析、实训小结、回答问题等 9 部分。

需要叙述实训目的是否实现，实训原理是否理解，对实训仪器和设备有何认识，实训步骤按实际操作过程的描述，实训时测得的数据记录表，按照要求绘制的实训曲线，按照要求完成的实训数据分析，根据实训过程获得的知识与技能，体会、经验与教训等小结，并回答针对本实训出现的问题。

最终交付全部过程文件（各项表格）和结果文件（实训数据处理的图纸与计算）。

2. 实训报告数据要求

根据实训数据记录表，根据不同位移大小和测得电压的数据，绘制出频率-电压（$f-V$）特性曲线。

根据实训曲线，绘制拟合直线。计算拟合直线的直线方程。

计算在有效测量范围内，本差动变压器传感器测量位移时的灵敏度和线性度，要求必须有计算步骤与计算过程。

3. 回答实训的问题

1）在实训中，如果调节音频振荡器的频率，其幅值有何种变化？为什么？

2）总结一下本实训中学到的知识与技能以及必须遵守的注意事项。

项目 6 实训步骤的设计与编写能力训练

6.1 技术文档及其写作

【提要】本项目介绍了技术文档的定义和分类，讲解了技术文档的写作要求和技能要求，详细讲解了实训步骤设计及其编写，并举例说明。

依托三个选做的实训项目，完成对上述实训步骤的设计与编写能力训练。以期学生能够经过本项目的训练，熟练运用技术文档的写作技能，熟练掌握实训步骤设计及其编写方法，并且能够应用在后续的课程中，能够在其实际工作中，灵活运用这些方法和工具，获得优异的学习成绩和职业素养。

本项目成果：编写合格的实训步骤文档。

6.1.1 技术文档的定义

技术文档是使用有技术含量的现代工业、民用、家用产品必不可少的工具之一，不可想象一个现代化产品没有任何附带的技术文档的话，如何正确和安全的使用。对于充斥着微处理器、数字处理电路等部件、产品、微系统和子系统的自动化设备，其技术文档更是在选型、设计、施工、调试、使用中发挥不可或缺的重要作用。因此，无论作为自动化设备的生产者，还是自动化设备的使用者，或者是自动化设备的工程商，都会对自动化设备的技术文档都有极大的依赖性。

自动化设备技术文档可以作为设计部门选型的依据，采购部门订货的向导，安装部门的安装工具，使用部门的操作参考，维护维修部门的参考资料。又是生产厂商对用户所用产品的质量的承诺保证书，有时也是用户向生产厂商索赔的证据。

因为它要满足上述诸多方面的要求，所以一种自动化设备的技术文档要包含的内容相当多，从而使得目前许多生产厂商印刷的自动化设备技术文档也就包罗万象、内容各异。

需求不同，各方面人员对自动化设备技术文档的内容要求不同。通常，销售人员要求产品技术文档能够作为销售工具讲清其产品特点和优势；设计人员要了解的是产品的规格与性能指标；采购人员要求知道的是产品的型号和价格；施工人员需要的是产品的接线与调试方法；维护维修人员关心的是电子电路图和维修指南。而一本自动化设备技术文档又不可能把上述几方面内容全部包含进去，因而一个好的自动化设备技术文档要针对使用者的不同编制一整套成系列的产品技术文档，有简有繁，并且按照读者对象的不同进行分类。

6.1.2 技术文档的分类

根据目前国内外的实际状况，一般地，自动化设备技术文档应分为以下几种。

1. 产品概述

这是一种广告性质的技术文档，一般仅为 1~2 页，能给读者一个简单的概念。其内容应包括：产品的外形、用途、主要性能；在原理上、结构上的独特之处；有时会标注产品供货期和参考价格范围。

其主要特点是篇幅少，印刷量大，携带方便，使产品高度概括。往往印刷精美以吸引用户的注意。其主要用途是：在展览会、展销会和订货会上散发。感兴趣的用户可以进一步索取详细资料，不感兴趣的读者弃之，对生产厂商浪费也不大。

这类产品技术文档通常可称为产品概述，国外通常称为 Bulletin。

2. 产品规格书

这是一种供设计选型用的技术文档，是产品概述的详细资料，是对某一具体产品各方面的进一步描述。其内容应包括：产品性能指标、详细功能、型号、规格、环境等级、包装、外壳以及产品接口标准、安装要求、端子及接线方法、外形尺寸、参考价格等。

其主要特点是篇幅较大，印刷量适中，易于翻阅，技术含量不高。往往印刷质量较高以经受用户的长期使用。其主要用途是：送交设计选型部门或直接用户中，在自动化设备的设计选型、招标投标、详细设计等方面作为参考或依据。也可以送给对"产品概述"自动化设备技术文档感兴趣的潜在用户。

这类产品技术文档通常可称为产品规格书，国外通常称为 General Specifications 或者Data Sheet。

3. 产品使用说明书

这是一种为直接用户使用其产品提供的技术文档。它能够给读者一个正确的自动化设备安装、使用、维护、维修概念。其内容应包括：产品的结构、原理、安装要求、接线和操作方式、电子电路图和维护维修注意事项等。

其主要特点是篇幅大，印刷量少，随产品附送，技术含量较高。往往印刷质量一般，大多使用简装版以节省开支。其主要用途是：随产品发货至直接用户方，方便用户在安装使用过程中，了解掌握正确的安装使用方法，并在维护维修过程中得到必需的技术文档辅助。

这类产品技术文档通常可称为产品使用说明书，国外通常称为 Technical Information 或者称为 User's Guideline。

4. 产品技术手册

这是针对带有微处理器的自动化设备而编写的一种说明书，它能够给读者一个正确的有关本产品软件部分的概念。其内容应包括：本产品的软件构成、组态方式，编程方法、二次开发方式、自诊断和故障处理办法等。其内容深度应基本达到培训教材的程度。

其主要作用：一方面送给设计部门和直接用户在设计选型时做参考；另一方面，随产品送给直接使用者，在使用操作和维护维修方面作为工具书使用。

这类产品技术文档通常可称为产品技术手册，国外通常称为 User's Manual。

5. 产品参考资料

这是对自动化设备在选型和使用过程中要用到的其他技术文档的汇编。

例如：各种检测元器件选型使用时发生的计算公式，以及计算公式中涉及的常见的某些介质相关的物理化学性质，不同介质条件下传感器的选择方法等；电器开关选型使用时涉及的某些介质的相关参数、计算方法、执行机构选择；常用材料的材质、常用的电缆的参数；产品使用的某些通信协议的文本与规范节选；生产厂商的产品所属领域的国家、国际或行业的技术条件、产品标准的主要条款；自动化设备应用领域的国家、国际或行业的安装、使用、检验等标准的主要条款等。

这种技术文档的目的是使设计和使用人员在设计选型和计算时，在实施过程中不必查阅诸多参考书，可以让用户随时查询到有关参数，方便工作。同时，通过这种方式，让用户感到产品质量过关，厂商服务到家，让用户对产品更加信任。

这类产品技术文档通常可称为产品参考资料或产品技术文档，国外通常称为 User's Reference。

6.1.3 技术文档的基本要求

项目的实训指导书，是类似于上述的产品使用说明书的技术文档。多数产品都必须以一种普通用户能够理解的方式来教会大家如何使用，简单来说，产品在交到用户手上时，至少要有使用说明，不然厂家就得疲于应付客户的频繁咨询请求，这就是产品使用说明书。

1. 技术文档的质量要求

技术文档写作的质量要求可以归纳为三点：准确、规范、简要。

准确，是最重要的一点。可以想象一下，如果拿着一本错漏百出的说明书去驾驶航天飞机，会造成什么后果。

规范，指的是语言措辞上的表达要清晰。不要写成专家才看得懂的论文，也不要满篇都是口语化的风格。

简要，目的是提高用户的阅读、体验与信息查找效率。太多废话、过多修饰的说明书不是好的说明书。

2. 技术文档的格式要求

（1）文档有索引

这个非常重要，因为它能迅速帮助用户定位到他所感兴趣的内容。通常，在正方向上使用目录。反方向上使用术语索引。

附图与附表要有图表的小标，表示图表的内容、序号等。公式也要有标号，以便于引用。必要时，附图与附表也要做索引。

（2）排版要美观

一般来讲，就是章标题要居中，节标题要有序号。首行要缩进。标点符号要运用得当。段与段之间的间隔要适中，不能都挤在一块，否则会影响阅读。

合适的分段，对于理解文章内容，让阅读者获得愉悦的体验感尤为重要。既要反对一句一行一段的分段方式，也要反对一页一段的书写方式。而是以一个内容完整的叙述作为一个段落的划分依据。

（3）字体要清晰

简单点说，就是一眼看上去，就能了解到这个章节的结构。哪部分是标题，哪部分是摘要，哪部分是内容，哪部分是示例，哪些是关键字。这些都可能通过字体的大小、粗体，斜体、下划线等来体现。

另外，还要注意正文内容的字体不能过小，否则长时间的阅读容易让眼睛疲劳，一般都是选用小四号或五号字体为宜。

（4）字体要统一

字号字体的统一是指：标题、小标题、内容等的字号和字体，在每一个章节里，它的大小和形式都是一致的。不能有些章节的标题是三号字体，有些章节的标题是四号字体。或者有些章节的标题是宋体字，有些章节的标题是黑体字。

（5）标号要顺序

章节标题前一般要有标号。

按照一般惯例，汉字数字标号的级别大于阿拉伯数字标号的级别，一般的顺序为"一"、"（一）"、"1"、"（1）"、"1）"。

顶级汉字数字标号的后面可以跟随汉字独有的标点符号"、"，顶级阿拉伯数字标号的后面只能跟随英文独有的标点符号"."。非顶级标号后不可跟随标点符号。如：可以"一、"或"1."，不可以"一."或"1、"，也不可以"（一）、"或"1）."。

无论是否有标号，章节标题后不允许有标点符号。

6.1.4　技术文档的写作要求

1. 技术文档写作者的基本要求

一般人会认为，可以直接让研发产品的工程师完成使用说明的撰写，他们最了解产品。理论上是可以这么做，事实上也有人这么做，前提是产品并不复杂，也不庞大。但是，所谓术业有专攻，让研发人员为一个大型系统撰写操作手册，是不合适的，因为研发人员的关注点和思维方式决定了其更侧重于技术实现原理和细节，而不是将复杂的技术以通俗的方式解释给最终用户。

技术文档编写人员未必对产品的技术细节非常了解，但他们善于从用户的角度来思考，能够写出让用户看得懂、用户体验良好的使用说明。

从广义上说，技术文档写作并不仅限于文本的创作，它还包括了产品截图和演示视频等更丰富的形式。所谓一图胜千言，很多时候，一张精美的截图可以省去很多解释的笔墨，说明的效果更好。

产品使用说明也不是唯一的写作内容范畴，技术文档编写人员往往还要负责撰写产品白皮书、发布说明、产品规格说明书，演示文档等材料。

2. 技术文档写作者的技能要求

技术文档写作对写作者技能上的要求可以分为三大方面：基础的书面表达能力、专业领域的知识水平、人际沟通能力。

顾名思义，既然叫写作，肯定要对书面表达有一定的要求。如果无法准确、规范、简要地用文字来介绍一件事物，就不太适合当一名技术文档编写人员。

不同行业都有自己的专业知识门槛，不可能让一个非医科背景出身的人，去负责撰写各种药品或医疗器械的使用说明，这个风险是很大的。

人际沟通能力方面，鉴于技术文档编写人员在内部需要频繁与研发人员和其他部门人员沟通产品问题；对外有时候还要倾听用户的反馈。因此，良好的沟通能力也是一个重要的要求。

6.1.5 实训步骤设计及其编写

1. 实训指导书

实训指导书是类似于产品说明书类的技术文档。它能够给实训者一个正确的实训设备安装、接线、测量的指导。其内容基本包括实训目的、实训原理、实训设备、实训内容、实训报告要求等。其主要部分在实训内容里，比如安装要求、接线要求、电子电路图和操作方式与步骤、以及实训注意事项等。

实训指导书主要用途是指导实训者能够用正确的方法、使用正确的步骤、采取正确的行为，安全完成实训，以达成实训目的。

许多学校使用的实训指导书，通常是将实验仪器生产厂商编写的，随其实训设备产品发货至学校的这种所谓实训指导书，实训目的描述不全面，实训原理讲述不透彻，实训设备列举不齐全，而且其实训内容部分，特别是对于实训步骤的描述，根本无法供教师在为学生进行实验和实训时使用。这是因为厂商编写的是为方便用户在安装使用中的使用说明书，而不是直接用于指导学生完成实训的指导书。

为了说明厂商提供的实训指导书和实用的实训指导书的区别，以及提供正确的实训指导书的编写模式，下面以前一章中的"差动变压器性能与位移测量实训"为例，对比原厂商提供的实训指导书中实训内容部分，以及按照本章前述理论指导后改正的实训指导书实训内容部分，加以比较说明实训步骤设计及其编写。

2. 厂商提供实训指导书

（1）实训内容部分

1、将差动变压器和测微头安装在实验模板的支架座上，差动变压器的原理图已印刷在实验模板上，L_1 为一次线圈；L_2、L_3 为二次线圈；＊号为同名端，如下图。

2、按图接线，差动变压器的原边 L_1 的激励电压必须从主机箱中音频振荡器的 L_v 端子引入，检查接线。无误后合上总电源开关，调节音频振荡器的频率为 $4 \sim 5$ kHz（可用主机箱的频率表输入 F_{in} 来监测）；调节输出幅度峰峰值为 $V_{p-p} = 2$ V（用万用表交流输入端测得）。

3、松开测微头的安装紧固螺钉，移动测微头的安装套使交流电压表的输出 V_p 为较小值（变压器铁心大约处在中间位置），拧紧紧固螺钉，仔细调节测微头的微分筒使交流电压表的输出 V_p 为最小值（零点残余电压）并定为位移的相对零点。这时可以左右位移，假设其中一个方向为正位移，另一个方向位移为负，从 V_p 最小开始旋动测微头的微分筒，每隔 0.5 mm（可取 $10 \sim 25$ 点）从交流电压表的读出输出电压 V_p 值，填入下表。再将测位头退回到 V_p 最小处开始反方向做相同的位移实验。在实验过程中请注意：1）从 V_{p-p} 最小处决定位移方向后，测微头只能按所定方向调节位移，中途不允许回调，否则，由于测微头存在机械回差而引起位移误差；所以，实验时每点位移量须仔细调节，绝对不能调节过量，如过量则只好剔除这一点继续做下一点实验或者回到零点重新做实验。2）当一个方向行程实验结束，做另一方向时，测微头回到 V_p 最小处时它的位移读数有变化（没有回到原来起始位置）是正常的，做实验时位移取相对变化量 Δx 为定值，

只要中途测微头不回调就不会引起位移误差。

4、实验过程中注意差动变压器输出的最小值即为差动变压器的零点残余电压大小。实验完毕，关闭电源。

（2）实训内容部分的错误

1）标点符号不正确。其数字标号的后面跟随的标点符号不正确。通常来讲"1"后面不应该使用顿号"、"。

2）分段不合适。特别是第三段，叙述不同内容的文字堆砌在一整段里。让人无法理出头绪。应该以一个内容完整的叙述作为一个段落。

3）实训步骤描述无序。那些描写实训步骤的文字，在前后顺序不是以工作顺序描述的。比如，第一段与第二段的顺序就是颠倒的；在调出激励电源的电压和频率前，根本不需要安装差动变压器和测微头。再比如，第二段的内容本身也是颠倒的；在调节激励电源的电压和频率时，其接线根本不是图中实训时的接线，而是调节激励电源的电压和频率的接线。

4）步骤不清晰。一个好的实训指导书，应该是每一步都非常清晰，做好步骤分解。一个实训需要通过几个大的步骤完成，一个大的步骤完成一个特定内容。这个特定内容，需要多个小的步骤完成。这些具体的小的步骤，应该为一个小段落，并能够及时检查是否已经完成。以便于进入下一个步骤。

5）工作内容太概括。没有指出具体操作步骤，仅仅给出原则叙述。比如，第二段中，"调节音频振荡器的频率为 $4 \sim 5\,\mathrm{kHz}$（可用主机箱的频率表输入 F_{in} 来监测）；调节输出幅度峰峰值为 $V_{\mathrm{p-p}} = 2\,\mathrm{V}$（用万用表交流输入端测得）"。应该描写为"将音频振荡器的输出用导线，连接到主机箱的频率表输入 F_{in}；同时，也将此输出接至万用表交流输入端（万用表档位设在交流 $20\,\mathrm{V}$）。调节音频振荡器频率旋钮和幅度旋钮，使频率为 $4 \sim 5\,\mathrm{kHz}$，幅度峰峰值 $V_{\mathrm{p-p}}$ 为 $2\,\mathrm{V}$"。

3. 改写后的实训指导书

（1）实训内容部分

（1）调节激励源

阅读下列描述，做出接线草图，送交指导教师检查。检查无误后按图接线。

1）将音频振荡器的输出用导线，从主机箱中音频振荡器的 L_{v} 端子，连接到主机箱的频率表输入端子，用来监测音频振荡器的输出频率。

2）将音频振荡器的输出用导线，从主机箱中音频振荡器的 L_{v} 端子，连接到万用表交流输入端（万用表档位设在交流 $20\,\mathrm{V}$），用来监测音频振荡器的输出幅度峰峰值 $V_{\mathrm{p-p}}$。

3）自查无误后，请老师检查。

4）老师检查无误后，合上总电源开关。

5）调节音频振荡器频率旋钮和幅度旋钮，使频率为 $4 \sim 5\,\mathrm{kHz}$，幅度峰峰值 $V_{\mathrm{p-p}}$ 为 $2\,\mathrm{V}$。要注意频率和幅度之间的耦合性。

6）完成后，关掉电源。

（2）安装与接线

1）按照测微头的使用方法，安装好测微头。

2）将差动变压器传感器安装在实验模板上。

3）用导线将主机箱中音频振荡器的 L_v 端子，连接到差动变压器实验模板上差动变压器一次侧 L_1 激励电压端子。

4）将差动变压器式传感器用引线，接线于差动变压器传感器实验模板上。

5）将实验模板的输出 V_p 接万用表交流输入端。

6）检查无误后，请老师检查。

（3）调零

1）检查无误后合上总电源开关。

2）松开测微头的安装紧固螺钉，移动测微头的安装套，使差动变压器传感器的铁心大约处在中间位置。即：使交流电压表的输出 V_{p-p} 为较小值。

3）拧紧紧固螺钉，仔细调节测微头的微分筒，使交流电压表的输出 V_{p-p} 为最小值。

4）定此点为位移的相对零点，记下此时测微头的读数（此电压为零点残余电压）。

（4）测量位移

1）这时可以左右移位，假设其中一个方向为正位移，另一个方向位移为负，从 V_{p-p} 最小值开始旋动测微头的微分筒。

2）每隔 0.5mm（可取 10~25 点，以读数变化不大时为止）从交流电压表读出输出电压填入下表。

3）回到位移的相对零点，向反方向转动测微头，重复上述 2）步骤，即每转动一圈，读取 V_{p-p} 值一次。

4）数据读取完毕。关掉电源，结束实训。

（5）实验过程中的注意事项

1）从 V_{p-p} 最小处决定位移方向后，测微头只能按所定方向调节位移，中途不允许回调。否则，由于测微头存在机械回差而引起位移误差。所以，实验时每点位移量须仔细调节，绝对不能调节过量。如不小心位移调节过量，则只好剔除这一点，继续做下一点实验，或者回到零点重新做实验。

2）当一个方向行程实验结束，做另一方向时，测微头回到 V_{p-p} 最小处时，它的位移读数有变化（没有回到原来起始位置）是正常的。做实验时位移取相对变化量 Δx 为定值 0.5mm，只要中途测微头不回调就不会引起位移误差。

3）实验过程中注意差动变压器输出的最小值即为差动变压器的零点残余电压大小。

（2）实训内容部分的修改说明

1）增加节标题，用以划分出大的步骤节点。本实训一共有四步：调节激励源、安装接线、调零、测量。

2）以一个完整的操作为一个步骤。这种划分易于检查，不易混淆，且步骤连贯。

3）增加具体的描述，将原则性的高度概括性描述细化、具体化。易于实训者能够一步步按照描述操作，不会因理解问题引起误动作。

6.2 电涡流式传感器位移测量实训

6.2.1 实训目的与意义

1. 知识目的

了解技术文档的定义与分类，掌握技术文档的质量要求与格式要求，熟悉技术文档的写作要求，理解一般实训指导书中实训内容的描写与正规实训指导书中实训步骤的描写的不同。

理解电涡流式传感器的工作原理；了解电涡流式传感器的结构。加深理解电涡流式传感器的特性。掌握用电涡流式传感器测量位移时的性能。

2. 能力目的

能够按照技术文档的质量要求与格式要求，根据技术文档的写作要求，将一般实训指导书中实训内容改写成符合要求的实训指导书中实训步骤。

能够运用电涡流式传感器的工作原理和结构，完成物体位移的测量。并运用最小二乘法计算出拟合直线方程和灵敏度、非线性度。

3. 素质目的

能够严格遵守实训纪律，不大声喧哗、不影响别人、不抄袭作业。充分体现团队精神，有分工、有合作。严格按照实训规范进行实训，不带电作业、上电前经过批准。

能够按照规则要求进行实训项目的规划、准备、执行、开车，并遵守行为规范、专业规范和安全规范。

能够按照教学要求完成实训项目的实训步骤规划、接线图与设备表准备、材料准备与接线、安装调试与数据测量、数据处理与图纸绘制，并最终完成实训报告的撰写。

6.2.2 实训原理与设备

1. 实训原理

通过交变电流的线圈产生交变磁场，当金属体处在交变磁场时，根据电磁感应原理，金属体内产生电流，该电流在金属体内自行闭合，并呈旋涡状，故称为涡流。涡流的大小与金属导体的电阻率 ρ、磁导率 μ、尺寸 r、线圈激磁电流频率 f、线圈与金属体表面的距离 x 等参数有关。如图6-1所示。

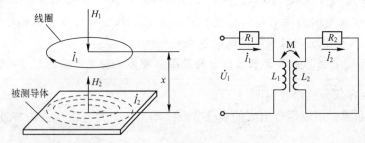

图6-1 电涡流式传感器的原理

电涡流的产生必然要消耗一部分磁场能量，从而改变激磁线线圈阻抗，涡流传感器就是基于这种涡流效应制成的。传感器线圈受电涡流影响时的等效阻抗 Z 的函数关系式为

$$Z = f(\rho, \mu, r, f, x) \tag{6-1}$$

电涡流工作在非接触状态（线圈与金属体表面不接触），当线圈与金属体表面的距离 x 以外的所有参数一定时，便可以通过测量等效阻抗的变化，获得位移的变化，从而实现位移测量。

2. 实训设备与材料

实验台主机箱：其上的 ±15 V 直流电源、直流电压表。

传感器：电涡流式传感器。

变送模板：电涡流式传感器实验模板。

其他：连接线缆。铁制被测体，测微头、自备的数显万用表。

3. 实训图纸

电涡流式传感器测量位移所用电涡流式传感器实验模板及其安装接线图如图 6-2 所示。使用插线头连接模板上的元器件和电涡流式传感器。模板上的 L 即为联入的电涡流式传感器。

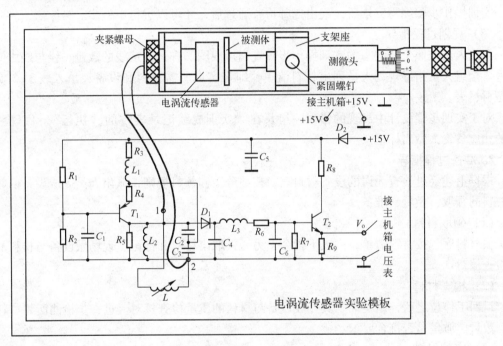

图 6-2 差动变压器式传感器位移实验安装、接线图

6.2.3 实训过程与规则指导

按照本项目的知识内容要求，必须以正确的步骤完成实训。第一步是完成文件、图纸、设计的规划阶段；第二步是材料、设备、采购的准备阶段；第三步是完成安装、接线、检查的执行阶段；第四步是完成调试、运行、测试的实施阶段。贯穿全过程的是符合标准、规定、制度的规范要求，以及符合 EHS 的安全要求。

1. 规划过程指导

（1）分组分工指导

分组后，组长将本实训涉及的实训设备一一检查，填入表 3-1 实训设备记录表。实训过程中如果发现某一设备有任何问题，经老师确认后将故障现象填入表格。然后进行分工，限于人数，可交叉分工。为了保证每一项工作都有人检查和复核，需设检查员一人。为保证整个实训过程处于安全状态下，需设安全员一人。

组长将分工填入表3-2实训成绩记录表。实训过程中，任何人所犯任何错误，按错误类别填入此表。

（2）实训步骤设计

全组人员阅读"6.2.4实训内容与要求"。编写符合实际的实训具体操作步骤，其操作步骤与项目3、4、5中实训的步骤与格式相似。要求每一个操作都做描述，每一步骤或一个操作为一条目。一定要注明让老师检查和批准的环节，并注明在上电之前和之后要完成的检查和复核环节。

实训步骤设计包括设计记录测得数据的表格，表格的栏目数量、输入参数和单位、输出参数和单位要正确。

实训操作步骤编写完毕后，经由老师检查通过后，才可以进行下一步。

（3）规划过程指导

全组人员按照上述编写的实训操作步骤查阅接线图。查清连接线的数量、线与线之间的关系。全组人员指导规划人员列出材料清单，即将实训所需材料和设备，填入表3-3实训设备材料表。

对于实训步骤设计中出现的错误，组长在"实训成绩记录表"的"执行"和"检查"中的相应负责人做出标记。

2. 准备过程指导

根据上述经过检查无误的设备材料表，按照分工和领料规则，派出人员完成设备的领取和材料的领取，做材料准备。

（1）领取材料

去材料库，按材料清单，一人下指令，另一人取出材料并标记。现场做设备与材料的数量检查核对。

（2）检查材料

返回工作位之后，用实训工具完成设备与材料的质量检查核对。进一步检测所领材料品种、数量、质量是否符合要求。

（3）安放材料

对照设备，按材料清单的用途（位置）分出哪些线放在哪些地方。

如果品种、数量有误，需更改清单，再去材料库更换。对于实训准备中出现的错误，组长在"实训成绩记录表"的"准备"和"检查"栏中的相应负责人做出标记。

3. 执行过程指导

按照"6.2.4实训内容与要求"编写的实训步骤，执行者一人发指令，另一人动手接线，要注意：路径匹配、颜色匹配、长度匹配。

完成接线后，检查者检查接线的正确性。上电前，提请老师确认可以上电。

检查者要时时检查执行者是否做错。安全员要时时检查全体人员行为是否安全。

对于实训执行过程中出现的错误，组长在"实训成绩记录表"的"执行"和"检查"中的相应负责人做出标记。

4. 实施过程指导

按照设计的实训步骤，根据分组分工，由负责实施的人员完成实训操作。实施者一人发出指令，实施者另一人复述指令、完成动作，并汇报给前者。测量时，一人报出读数，另一人记录读数。同组其他人员进行检查。

检查者要时时检查执行者是否做错。安全员要时时检查全体人员行为是否安全。

对于实训实施中出现的错误，组长在"实训成绩记录表"的"执行""实施"和"检查"中的相应负责人做出标记。

5. 实训结束指导

当全部数据读取完毕，意味着实训做完。在数据完成后，检查者复核数据，交由老师检查。之后进行断电、拆线。拆线要注意方法，不允许从一端强拽线缆。

将材料返还到材料库时，需要分类归还并注意 5S 制度。

整理数据，完成实训报告。

对于整个实训过程中出现的安全错误，比如极性不正确、未做必要的检查而通电、带电作业等，组长在"实训成绩记录表"的"安全"和"检查"中的相应负责人做出标记。

6.2.4　实训内容与要求

1. 实训操作内容编写要求

（1）根据下列内容提纲，完成实操操作内容的编写。

观察传感器结构。安装测微头、被测体。根据图 6-2 安装电涡流传感器并接线。调测微头使被测体与传感器端部接触，电压表用 20 V 档。检查接线无误后开启主机箱电源开关，记下电压表读数，然后每隔 0.5 mm 读一个数，直到输出几乎不变为止。将数据列入记录表。实验完毕，关闭电源。

（2）编写的内容的要求

1）划分为观察、安装调零、接线、位移测量四个部分。

2）要增加注意事项部分，强调在调零点（测量起始点）时，不允许转动测微头。

3）注意设计数据记录表，要给出足够的记数空间。

4）注意上电前后的责任过渡。

5）注意结束时的描述。

（3）根据编写的实训操作步骤完成实训。

2. 实训结果要求

1）根据上述设计的实训数据记录表记录的数据，绘制实训曲线（x – V 曲线）。

2）根据上述实训数据记录表的记录数据，利用最小二乘法，分别计算拟合直线。

3）计算拟合直线的系统灵敏度。

4）计算拟合直线的非线性误差。

6.2.5　实训报告的撰写

1. 实训报告内容要求

报告条目分为：实训目的、实训原理、实训仪器与设备、实训步骤、实训数据记录表、实训曲线、实训数据分析、实训小结、回答问题等 9 部分。

需要叙述实训目的是否实现，实训原理是否理解，对实训仪器和设备有何认识，实训步骤按实际操作过程的描述，实训时测得的数据记录表，按照要求绘制的实训曲线，按照要求完成的实训数据分析，根据实训过程获得的知识与技能，体会、经验与教训等小结，并回答针对本实训出现的问题。

最终交付全部过程文件（各项表格）和结果文件（实训数据处理的图纸与计算）。

2. 实训报告数据要求

根据实训数据记录表，根据不同位移大小和测得电压的数据，绘制出位移－电压（x－V）特性曲线。

根据实训曲线，绘制拟合直线。计算拟合直线的直线方程。

计算在有效测量范围内，本电涡流式传感器测量位移时的灵敏度和线性度，要求必须有计算步骤与计算过程。

3. 回答实训的问题

1）根据曲线找出线性区域及进行正、负位移测量时的最佳工作点（即曲线线性段的中点）。

2）根据拟合直线求出位移为 1~3 mm 时的灵敏度和非线性误差（建议用最小二乘法）。

3）计算非线性误差小于2%的测量范围有多大？

4）电涡流传感器的量程与哪些因素有关，如果需要测量 ±5 mm 的量程应如何设计传感器？

5）为什么要强调不允许转动测微头调零点（测量起始点）。

6）总结一下本实训中学到的知识与技能，以及必须遵守的注意事项。

6.3 被测体材质尺寸对电涡流传感器的特性影响实训

6.3.1 实训目的与意义

1. 知识目的

了解技术文档的定义与分类，掌握技术文档的质量要求与格式要求，熟悉技术文档的写作要求，理解一般实训指导书中实训内容的描写，比较其与正规实训指导书中实训步骤或产品使用说明书中的操作步骤的描写的不同。

理解电涡流式传感器的工作原理。加深理解电涡流式传感器位移测量与被测体的电阻率、磁导率有关的特性。掌握用电涡流式传感器测量位移时被测体不同时的性能。

2. 能力目的

能够按照技术文档的质量要求与格式要求，根据技术文档的写作要求，完成将一般实训指导书中实训内容，改写成符合要求的实训指导书中实训步骤，或产品使用说明书中的操作步骤。

能够运用电涡流式传感器的工作原理，完成不同被测体位移的测量。并且能够从测量获得的数据中得出被测体的材质和尺寸对电涡流传感器的特性影响。

3. 素质目的

能够严格遵守实训纪律，不大声喧哗、不影响别人、不抄袭作业。充分体现团队精神，有分工、有合作。严格按照实训规范进行实训，不带电作业、上电前经过批准。

能够按照规则要求进行实训项目的规划、准备、执行、开车，并遵守行为规范、专业规范和安全规范。

能够按照教学要求完成实训项目的实训步骤规划、接线图与设备表准备、材料准备与接线、安装调试与数据测量、数据处理与图纸绘制，并最终完成实训报告的撰写。

6.3.2 实训原理与设备

1. 实训原理

传感器线圈受电涡流影响时的等效阻抗 Z 的函数关系式为

$$Z = f(\rho, \mu, r, f, x) \tag{6-2}$$

电涡流传感器在实际应用中，由于被测体的电阻率 ρ、磁导率 μ 不同会导致被测体上涡流效应的改变，会减弱甚至不产生涡流效应，因此影响电涡流传感器的静态特性。所以在实际测量中，往往必须针对具体的被测体进行静态特性标定。

2. 实训设备与材料

实验台主机箱：其上的 $\pm 15\text{ V}$ 直流电源、直流电压表。

传感器：电涡流式传感器。

变送模板：电涡流式传感器实验模板。

其他：连接线缆。两个不同材质（铝和铜）的被测体，一个不同尺寸的铝被测体，测微头、自备的数显万用表。

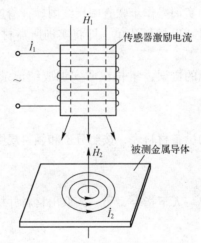

图6-3　被测体不同时的电涡流式传感器

3. 实训图纸

电涡流式传感器测量位移所用电涡流式传感器实验模板及其安装接线图见图6-2所示。使用插线头连接模板上的元器件和电涡流式传感器。模板上的L即为连入的电涡流式传感器。

6.3.3 实训过程与规则指导

按照本项目的知识内容要求，必须以正确的步骤完成实训。第一步是完成文件、图纸、设计的规划阶段；第二步是材料、设备、采购的准备阶段；第三步是完成安装、接线、检查的执行阶段；第四步是完成调试、运行、测试的实施阶段。贯穿全过程的是符合标准、规定、制度的规范要求以及符合 EHS 的安全要求。

1. 规划过程指导

（1）分组分工指导

分组后，组长将本实训涉及的实训设备一一检查，填入表 3-1 实训设备记录表。实训过程中如果发现某一设备有任何问题，经老师确认后将故障现象填入表格。然后进行分工，限于人数，可交叉分工。为了保证每一项工作都有人检查和复核，需设检查员一人。为保证整个实训过程处于安全状态下，需设安全员一人。

组长将分工填入表 3-2 实训成绩记录表。实训过程中，任何人所犯任何错误，按错误类别填入此表。

（2）实训步骤设计

全组人员阅读"6.3.4 实训内容与要求"。编写符合实际的实训具体操作步骤，其操作步骤与项目 3、4、5 中实训的步骤与格式相似。要求每一个操作都做描述，每一步骤或一个操作为一条目。一定要注明让老师检查和批准的环节，并注明在上电之前和之后要完成的检查和复核环节。

实训步骤设计包括设计记录测得数据的表格，表格的栏目数量、输入参数和单位、输出参数和单位要正确。

实训操作步骤编写完毕后，经由老师检查通过后，才可以进行下一步。

（3）规划过程指导

全组人员按照上述编写的实训操作步骤查阅接线图。查清连接线的数量、线与线之间的关系。全组人员指导规划人员列出材料清单，即将实训所需材料和设备，填入表 3-3 实训设备材料表。

对于实训步骤设计中出现的错误，组长在"实训成绩记录表"的"执行"和"检查"中的相应负责人做出标记。

2. 准备过程指导

根据上述经过检查无误的设备材料表，按照分工和领料规则，派出人员完成设备的领取和材料的领取，做材料准备。

（1）领取材料

去材料库，按材料清单，一人下指令，另一人取出材料并标记。现场做设备与材料的数量检查核对。

（2）检查材料

返回工作位之后，用实训工具完成设备与材料的质量检查核对。进一步检测所领材料品种、数量、质量是否符合要求。

（3）安放材料

对照设备，按材料清单的用途（位置）分出哪些线放在哪些地方。

如果品种、数量有误，需更改清单，再去材料库更换。对于实训准备中出现的错误，组长在"实训成绩记录表"的"准备"和"检查"栏中的相应负责人做出标记。

4. 执行过程指导

按照"6.3.4 实训内容与要求"编写的实训步骤，执行者一人发指令，另一人动手接线，要注意：路径匹配、颜色匹配、长度匹配。

完成接线后，检查者检查接线的正确性。上电前，提请老师确认可以上电。

检查者要时时检查执行者是否做错。安全员要时时检查全体人员行为是否安全。

对于实训执行过程中出现的错误，组长在"实训成绩记录表"的"执行"和"检查"中的相应负责人做出标记。

5. 实施过程指导

按照设计的实训步骤，根据分组分工，由负责实施的人员完成实训操作。实施者一人发出指令，实施者另一人复述指令、完成动作，并汇报给前者。测量时，一人报出读数，另一人记录读数。同组其他人员进行检查。

检查者要时时检查执行者是否做错。安全员要时时检查全体人员行为是否安全。

对于实训实施中出现的错误，组长在"实训成绩记录表"的"执行""实施"和"检查"中的相应负责人做出标记。

6. 实训结束指导

当全部数据读取完毕，意味着实训做完。在数据完成后，检查者复核数据，交由老师检查。之后进行断电、拆线。拆线要注意方法，不允许从一端强拽线缆。

将材料返还到材料库时，需要分类归还并注意 5S 制度。

整理数据，完成实训报告。

对于整个实训过程中出现的安全错误，比如极性不正确、未做必要的检查而通电、带电作业等，组长在"实训成绩记录表"的"安全"和"检查"中的相应负责人做出标记。

6.3.4　实训内容与要求

1. 实训操作内容编写要求

（1）根据下列内容提纲，完成实操操作内容的编写

安装测微头、安装一种被测体。根据图 6-2 安装电涡流传感器并接线。调测微头使被测体与传感器端部接触，电压表用 20 V 档。检查接线无误后开启主机箱电源开关，记下电压表读数，然后每隔 0.5 mm 读一个数，直到输出几乎不变为止。将数据列入记录表。选择另一个被测体，重复前述操作，直到三个被测体全部用完。实验完毕，关闭电源。

（2）编写的内容的要求

1）划分为安装调零、接线、位移测量三部分。

2）要增加注意事项部分，强调在调零点（测量起始点）时，不允许转动测微头。

3）注意设计数据记录表，包含三个不同的被测体，要给出足够的记数空间。

4）注意上电前后的责任过渡。

5）注意结束时的描述。

（3）根据编写的实训操作步骤完成实训。

2. 实训结果要求

1）根据上述设计的实训数据记录表 6-3 记录的数据，绘制三条（铜、铝、小铝）实训曲线（x-V 曲线）于一个坐标纸上。

2）根据上述实训数据记录表 6-3 的记录数据，利用最小二乘法分别计算三条（铜、铝、小铝）拟合直线。

3）分别计算三条拟合直线的系统灵敏度。

4）分别计算三条拟合直线的非线性误差。

6.3.5　实训报告的撰写

1. 实训报告内容要求

报告条目分为：实训目的、实训原理、实训仪器与设备、实训步骤、实训数据记录表、实训曲线、实训数据分析、实训小结、回答问题等 9 部分。

需要叙述实训目的是否实现，实训原理是否理解，对实训仪器和设备有何认识，实训步骤按实际操作过程的描述，实训时测得的数据记录表，按照要求绘制的实训曲线，按照要求完成的实训数据分析，根据实训过程获得的知识与技能，体会、经验与教训等小结，并回答针对本实训出现的问题。

最终交付全部过程文件（各项表格）和结果文件（实训数据处理的图纸与计算）。

2. 实训报告数据要求

根据实训数据记录表，根据不同位移大小和测得电压的数据，绘制出位移 – 电压（x – V）特性曲线。

根据实训曲线，绘制拟合直线。计算拟合直线的直线方程。

计算在有效测量范围内，本电涡流式传感器测量位移时的灵敏度和线性度，要求必须有计算步骤与计算过程。

3. 回答实训的问题

1）根据绘制的三条（铜、铝、小铝）实训曲线，找出三种材质或尺寸的曲线的线性区域及进行正、负位移测量时的最佳工作点（即曲线线性段的中点）。

2）根据拟合直线，两种不同材质的被测体，灵敏度和非线性误差有什么区别？为什么？

3）根据拟合直线，两种相同材质不同尺寸的被测体、灵敏度和非线性误差有什么区别？为什么？

4）如果不安装被测体，也没有测微头，其测量输出是多少？与上述测量结果比较，你发现了什么现象？为什么？

5）用电涡流传感器进行非接触位移测量时，如何根据量程使用选用传感器？

6）总结一下本实训中学到的知识与技能，以及必须遵守的注意事项。

6.4　电涡流传感器的振动测量实训

6.4.1　实训目的与意义

1. 知识目的

了解技术文档的定义与分类，掌握技术文档的质量要求与格式要求，熟悉技术文档的写作要求，理解一般实训指导书中实训内容的描写，并比较其与正规实训指导书中实训步骤或产品使用说明书中的操作步骤的描写的不同。

理解电涡流式传感器的工作原理。加深理解电涡流式传感器在振动测量时的特性。掌握用电涡流式传感器测量振动时的性能。

2. 能力目的

能够按照技术文档的质量要求与格式要求，根据技术文档的写作要求，完成将一般实训指导书中实训内容，改写成符合要求的实训指导书中实训步骤或产品使用说明书中的操作步骤。

能够运用电涡流式传感器的工作原理，完成对振动的测量。

3. 素质目的

能够严格遵守实训纪律，不大声喧哗、不影响别人、不抄袭作业。充分体现团队精神，有分工、有合作。严格按照实训规范进行实训，不带电作业、上电前经过批准。

能够按照规则要求进行实训项目的规划、准备、执行、开车，并遵守行为规范、专业规范和安全规范。

能够按照教学要求完成实训项目的实训步骤规划、接线图与设备表准备、材料准备与接线、安装调试与数据测量、数据处理与图纸绘制，并最终完成实训报告的撰写。

6.4.2 实训原理与设备

1. 实训原理

传感器线圈受电涡流影响时的等效阻抗 Z 的函数关系式为

$$Z = f(\rho, \mu, r, f, x) \tag{6-3}$$

电涡流工作在非接触状态，当线圈与金属体表面的距离 x 以外的所有参数一定时，便可以通过测量等效阻抗的变化，测得位移的变化。

如果被测体随着振动平台振动而产生相同振幅和频率的振动，根据电涡流传感器动态特性和位移特性，选择合适的工作点即可测量这个振动的振幅及其频率。如图 6-4 所示

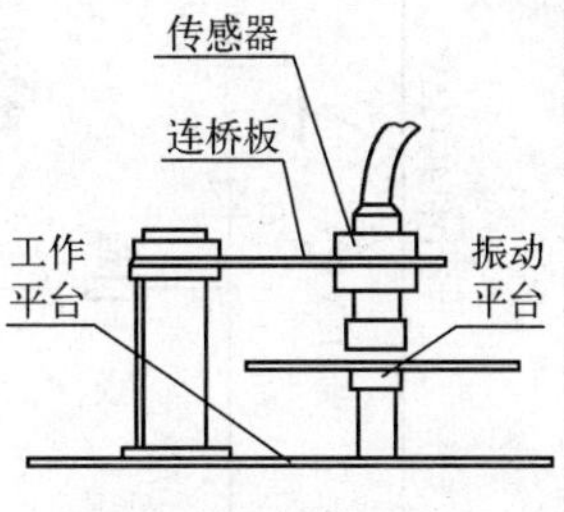

图 6-4　电涡流传感器的振动测量原理

2. 实训设备与材料

实验台主机箱：其上的 ±15 V 直流电源、直流电压表、振动源、低频振荡器。

传感器：电涡流式传感器。

变送模板：电涡流式传感器实验模板、低通滤波器模板。

其他：连接线缆。通信接口或示波器、铁质圆片、自备的数显万用表。

3. 实训图纸

电涡流式传感器测量振动所用电涡流式传感器实验模板、低通滤波器、振动源的安装及其接线如图 6-5 所示。

6.4.3 实训过程与规则指导

按照本项目的知识内容要求，必须以正确的步骤完成实训。第一步是完成文件、图纸、设计的规划阶段；第二步是材料、设备、采购的准备阶段；第三步是完成安装、接线、检查的执行阶段；第四步是完成调试、运行、测试的实施阶段。贯穿全过程的是符合标准、规定、制度的规范要求，以及符合 EHS 的安全要求。

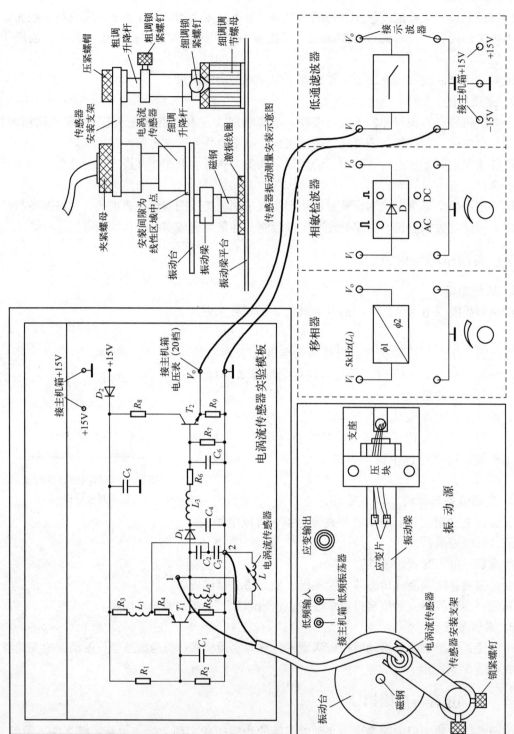

图6-5 电涡流式传感器振动测量实验安装、接线图

1. 规划过程指导

（1）分组分工指导

分组后，组长将本实训涉及的实训设备一一检查，填入表3-1实训设备记录表。实训过程中如果发现某一设备有任何问题，经老师确认后将故障现象填入表格。然后进行分工，限于人数，可交叉分工。为了保证每一项工作都有人检查和复核，需设检查员一人。为保证整个实训过程处于安全状态下，需设安全员一人。

组长将分工填入表3-2实训成绩记录表。实训过程中，任何人所犯任何错误，按错误类别填入此表。

（2）实训步骤设计

全组人员阅读"6.4.4实训内容与要求"。编写符合实际的实训具体操作步骤，其操作步骤与项目3、4、5中实训的步骤与格式相似。要求每一个操作都做描述，每一步骤或一个操作为一条目。一定要注明让老师检查和批准的环节，并注明在上电之前和之后要完成的检查和复核环节。

实训步骤设计包括设计记录测得数据的表格，表格的栏目数量、输入参数和单位、输出参数和单位要正确。

实训操作步骤编写完毕后，经由老师检查通过后，才可以进行下一步。

（3）规划过程指导

全组人员按照上述编写的实训操作步骤查阅接线图。查清连接线的数量、线与线之间的关系。全组人员指导规划人员列出材料清单，即将实训所需材料和设备，填入表3-3实训设备材料表。

对于实训步骤设计中出现的错误，组长在"实训成绩记录表"的"执行"和"检查"中的相应负责人做出标记。

2. 准备过程指导

根据上述经过检查无误的设备材料表，按照分工和领料规则，派出人员完成设备的领取和材料的领取，做材料准备。

（1）领取材料

去材料库，按材料清单，一人下指令，另一人取出材料并标记。现场做设备与材料的数量检查核对。

（2）检查材料

返回工作位之后，用实训工具完成设备与材料的质量检查核对。进一步检测所领材料品种、数量、质量是否符合要求。

（3）安放材料

对照设备，按材料清单的用途（位置）分出哪些线放在哪些地方。

如果品种、数量有误，需更改清单，再去材料库更换。对于实训准备中出现的错误，组长在"实训成绩记录表"的"准备"和"检查"栏中的相应负责人做出标记。

3. 执行过程指导

按照"6.4.4实训内容与要求"编写的实训步骤，执行者一人发指令，另一人动手接线，要注意：路径匹配、颜色匹配、长度匹配。

完成接线后，检查者检查接线的正确性。上电前，提请老师确认可以上电。

检查者要时时检查执行者是否做错。安全员要时时检查全体人员行为是否安全。

对于实训执行过程中出现的错误，组长在"实训成绩记录表"的"执行"和"检查"中的相应负责人做出标记。

4. 实施过程指导

按照设计的实训步骤，根据分组分工，由负责实施的人员完成实训操作。实施者一人发出指令，实施者另一人复述指令、完成动作，并汇报给前者。测量时，一人报出读数，另一人记录读数。同组其他人员进行检查。

检查者要时时检查执行者是否做错。安全员要时时检查全体人员行为是否安全。

对于实训实施中出现的错误，组长在"实训成绩记录表"的"执行""实施"和"检查"中的相应负责人做出标记。

5. 实训结束指导

当全部数据读取完毕，意味着实训做完。在数据完成后，检查者复核数据，交由老师检查。之后进行断电、拆线。拆线要注意方法，不允许从一端强拽线缆。

将材料返还到材料库时，需要分类归还并注意5S制度。

整理数据，完成实训报告。

对于整个实训过程中出现的安全错误，比如极性不正确、未做必要的检查而通电、带电作业等，组长在"实训成绩记录表"的"安全"和"检查"中的相应负责人做出标记。

6.4.4 实训内容与要求

1. 实训操作内容

根据下列内容提纲，完成实操操作内容的编写

（1）对于带有上位机的通信接口的实训系统

将铁质被测体平放到振动台面的中心位置，根据图6-5安装电涡流传感器，注意传感器端面与被测体振动台面（铁材料）之间的安装距离即为线形区域。

将电涡流传感器的连接线接到模块上标有"〜〜〜〜"的两端，模块电源用连接导线从主控台接入 +15 V 电源。实验模板输出端与通信接口的 CH1 相连。将振荡器的"低频输出"接到三源板的"低频输入"端，"低频调频"调到最小位置、"低频调幅"调到最大位置，合上主控台电源开关。

调节"低频调频"旋钮，使振动台有微小振动（不要达到共振状态）。从上位机观察电涡流实验模块的输出波形。

（2）对于没有上位机的通信接口的实训系统须使用示波器

根据图6-5安装电涡流传感器（逆时针转出压紧螺母，装上传感器安装支架再顺时针转动压紧螺母）并接线。

将主机箱中的低频振荡器幅度旋钮逆时针转到底（低频输出幅度为零）；检查接线无误后，合上主控箱电源开关，调节转动源中的传感器升降杆（松开锁紧螺钉，粗调升降杆再细调调节螺母），使主机箱中的电压表显示为5.4节中铝材料的特性曲线的线性中点位置时的电压值（这时传感器端面与被测体振动台面之间的安装距离为线形区域的大致中点位置），拧紧锁紧螺钉。

顺时针慢慢调节低频振荡器幅度旋钮，使低频振荡器输出的电压峰峰值为 2 V（用示波

器监测）；再调节低频振荡器振荡频率 f（用频率表监测）为 $3 \sim 25\,\mathrm{Hz}$ 之间变化，频率每增加 $2\,\mathrm{Hz}$ 记录低通滤波器输出端 V_o 的值（用示波器监测）并画出 $f - V_o$ 特性曲线。由曲线估算振动台的谐振频率（V_o 最大时对应频率）。实验完毕，关闭电源。

2. 编写要求

1）划分为安装、接线、调零、测量四部分。

2）要强调不允许产生共振。

3）注意设计数据记录表。

4）注意上电前后的责任过渡。

5）注意结束时的描述。

3. 实训结果要求

1）根据上述设计的实训数据记录表记录的数据，绘制实训曲线（$f - V_o$ 曲线）。

2）根据上述实训数据记录表记录的数据，利用最小二乘法计算拟合直线。

3）分别计算拟合直线的系统灵敏度。

4）分别计算拟合直线的非线性误差。

6.4.5 实训报告的撰写

1. 实训报告内容要求

报告条目分为：实训目的、实训原理、实训仪器与设备、实训步骤、实训数据记录表、实训曲线、实训数据分析、实训小结、回答问题等 9 部分。

需要叙述实训目的是否实现，实训原理是否理解，对实训仪器和设备有何认识，实训步骤按实际操作过程的描述，实训时测得的数据记录表，按照要求绘制的实训曲线，按照要求完成的实训数据分析，根据实训过程获得的知识与技能，体会、经验与教训等小结，并回答针对本实训出现的问题。

最终交付全部过程文件（各项表格）和结果文件（实训数据处理的图纸与计算）。

2. 实训报告数据要求

根据实训数据记录表，根据不同频率和测得电压的数据，绘制出频率 - 电压（$f - V_o$）特性曲线。

根据实训曲线，绘制拟合直线。计算拟合直线的直线方程。

计算在有效测量范围内，本电涡流式传感器测量振动频率时的灵敏度和线性度，要求必须有计算步骤与计算过程。

3. 回答实训的问题

1）能否用本系统实验台主机箱上的数显表头显示振动？还需要增加什么单元？如何实行？

2）当振动台振动频率一定时（如 $12\,\mathrm{Hz}$），调节低频振荡器幅值可以改变振动台振动幅度，如何利用电涡流传感器测量振动台的振动幅度？

3）有一个振动频率为 $10\,\mathrm{kHz}$ 的被测体需要测其振动参数，选用压电式传感器还是电涡流传感器？是否两者均可？

4）总结一下本实训中学到的知识与技能，以及必须遵守的注意事项。

项目 7　实训过程的讲解与答辩能力训练

【提要】本项目讲解了复述及其训练、口头汇报及其训练，详细讲解了答辩及其训练。

依托三个选做的实训项目，完成对上述实训过程的讲解与答辩能力训练。以期学生能够经过本项目的训练，完成实训过程的复述和实训结果的口头汇报，熟练完成实训报告的答辩，能够应用在后续的课程中，并且运用在其实际工作中，从而获得优异的学习成绩和良好的职业素养。

本项目成果：成功的实训过程讲解，成功的实训结果汇报，成功的实训报告答辩。

7.1　实训过程讲解与答辩的一般要求

7.1.1　复述及其基本训练

1. 复述的定义

复述就是重复述说。它是一种最基本、用途最广泛的口语表达方式。它不是背诵，也不是放录音，它是按照一定的要求用自己的话表达原始材料的内容。

复述是对现成语言材料的重述，这是培养和提高系统、连贯的口述能力的有效方式。复述要求用自己的话把听过或读过的语言材料重述出来，重在内容的提取和言语的转换，不能像背诵那样一字一句都与原材料一样，这是它比背诵困难的地方，也正是它的独立价值所在。在复述的过程中，可以加深对原材料的理解，熟悉其中的语汇、句式和章法。同时，复述又可以用来检查听、读的效果，作为检测、评定的手段；它还可以加强记忆，防止遗忘。

2. 重复性复述

重复性复述又分为详细复述和摘要复述两种类型。详细复述要尽量完整地保留原作的观点、情节或内容，不改变原作中材料的顺序。摘要复述要根据要求截取主要观点、主要情节或内容。复述性复述可以直接引用原作的语言，但不可避免要对原作语言做必要的调整。

3. 改造性复述

改造性复述就是转述，也叫扩展复述。扩展复述是要求在不改变原材料主题和重点的基础上根据表达的需要对原材料进行合理加工、大胆想象，使内容更生动、更完整的一种表达形式。

所谓"合理"，指的是加工、想象的内容与原材料的内容吻合，不发生矛盾；所谓"加工"，指的是对原材料中没有展开的内容有选择地进行发挥，其目的是为了更好地表现主题和重点。

转述也是对现成语言材料的重述，在这一点上，它与复述是共通的，但它们又有区别。复述要求全面地忠于原材料；而转述则要求在不歪曲原意的前提下对原材料的内容与形式加以改造。改变顺序、改变角度、变换结构、改变人称、改变体裁、增删内容等都是创造性复述的具体方法。

转述是要求改变原作结构、顺序、角度或表现方法的复述。它可以分为不同的类型：一种是概括性转述，它要求删去次要的、解释性的和修饰性的内容，并要求对内容进行必要的抽象，再用自己的语言加以组织和概括；另一种是改编性转述，大体有以下几种情况：时空与人称的转换，体式与风格的转换，内容侧重点的转换。

4. 复述的基本要求

采用复述的方法，一方面可以进行记忆能力的训练，强化知识；另一方面，可以训练有序、有节、有理的表达能力。针对一些叙事性较强的文章，可以采取不同的复述方法，或简要复述，或详细复述，或创造性复述。不论哪种形式的复述，都要注意把握以下几点。

1）把书面语转换为口头语。

2）突出重点，准确地体现原材料的中心和重点。

3）条理清楚，反映各部分内容的内在联系，如果叙述一件事情，复述时一定要交代清楚时间、地点、人物，事情的起因、经过、结果等。

4）语言力求准确。

5）必要时可以加入个人想象。

5. 复述的训练要领

复述富有创造性，能把记忆、思考、表达三者有机地结合起来，使之融为一体。

（1）记忆

记忆是复述的基础。要想复述好，在阅读时必须要快速记住语言材料里的一些重要词语，结构层次以及它的具体内容，边读边记，养成口脑并用的良好习惯。反复阅读的过程就是记忆的过程，记忆就是复述的准备，复述反过来又能进一步加深记忆。

（2）思考

复述不是照搬原材料，必须按照一定的要求，对原材料的内容进行综合、概括、适当取舍并要认真选词、组织安排材料。这就是记忆的基础上进行思考的过程。经常复述，不仅可以训练思维能力，也可以培养思考问题的习惯。

（3）表达

复述的特点就是要连贯地叙述原材料，无论口语表达还是书面表达，都要围绕一定的中心内容去思考，然后准确而明晰地说出或写出来，这有利于培养和提高表达能力。

因此，成功的复述首先要对原材料进行认真阅读和理解，同时注意记忆的技巧，既要有框架记忆，又要有细节记忆；留意能提示记忆的重点语句，为了疏通语流，可以先自言自语地试述一遍。如果要概要复述的话，要防止取舍不当，偏离中心。

7.1.2 口头汇报及其基本训练

出色的口头汇报不但可以让他人在短时间内掌握自己工作的进度、主要成绩、存在问题及其意见建议，而且还可以通过汇报展现自己的基本素质和口才，给他人留下难忘印象，为自己创造发展机遇。

1. 口头汇报的方法

要做好口头汇报，可从以下几个方面着手。

（1）要找准汇报的着眼点

向听众汇报只有找准了着眼点，才可能有正确的心态和出色的表现。要把汇报的重心放在让听众了解工作内容、为其提供大量信息上，以坦然态度面对听众。这样在汇报时才不会过分紧张，才可能正常或超常发挥，给听众留下深刻印象。如果总想着如何表现自我、谋求给听众留下好印象的话，那心态就偏了。心态一偏，汇报人的注意力就会集中在听众身上，就会影响汇报质量。

（2）要思路清楚、条理分明

在汇报之前要做充分的准备，掌握大量的第一手材料，吃透下情，对自己的工作情况了然于胸。只有这样，才可能在汇报时做到如数家珍、侃侃而谈。同时，还要根据要求和宗旨，对原始材料进行必要的梳理加工、归纳整理，使汇报有条理性、有观点、有事例、有数据、有分析，在听众头脑中勾画出一幅完整清晰的图画。

（3）要考虑听众的关注方向

向听众汇报工作要充分考虑听众的意向，有详有略、突出重点。汇报的侧重点通常与听众要求相关。

（4）要把握好汇报时间

汇报者要根据会议总时间及给予汇报者的时间量，决定自己汇报内容的多少。要在规定的时限内完成口头汇报内容，最好提前完成，不要超时。对汇报时间不足的，就要少讲一般化内容，果断地将汇报内容中可有可无的内容进行压缩删除，让内容更精练。汇报时，应给听众留出提问时间。如果汇报者没有时间观念，对汇报内容不加整理就拉拉杂杂、漫无边际地去讲，那是最令听众反感的。

（5）要如实回答听众提问

在汇报过程中，听众会插话或提问。通常这些插话或提问是听众不清楚或希望了解的内容，汇报者要高度重视回应。从另一个角度看，回答听众提问有一定的随机性，最能表现汇报者对情况掌握的熟悉程度和反应的机敏能力。所以，在这个环节上要多用一点口舌，提供更多有用信息，要注意答是所问、应答如流。

2. 口头汇报的训练法则

清晰、合乎逻辑的表达观点和科学结果是事业成功的重要组成部分。口头汇报将促进劳动成果的广泛传播，而这些恰恰是书面形式无法达到的效果。

（1）与观众的交流

当口头汇报时与更多的观众进行目光交流非常重要，因为这样使得气氛更加融洽和舒适。当准备口头发言时，应该考虑面对的观众。确定观众的背景，他们对口头报告的了解水平，以及他们希望从发言中学到什么。脱离主题的演讲常常是乏味的，也无法赢得观众的钟爱。请表达观众想听的内容。

（2）越少则越好

缺少经验的演讲者常犯的错误就是试图说得很多。他们认为有必要向观众证明自己懂得很多。结果导致主要信息经常缺失，并且使得有价值的提问时间通常被削减。对主题的认识程度是通过清晰且简短的口头发言来完美的表达，这种形式的表达通常具有煽情性，从而提高观众参与积极性，增强提问回答互动性。只有那样，对主题的认知才能清晰的表达。

如果没有把握其中的任何问题，很可能没有遵守其他原则。更糟糕的是，口头演讲既让人费解，又显得陈腐。过多的材料，还会导致说得太快，同时更多的信息会被遗失。

（3）讲有价值的信息

即使时间合适，也不要过分激情的发表当时的所想。研究并不像想象的那样发展。请时刻牢记听众的时间是很宝贵的，而不能被一些无趣的初级内容所占用。

（4）使听众牢记获取的信息

经验认为，如果能使听众一周后仍能记得口头汇报，他们可能只会记住其中三点。如果这些正好是准备阐明的要点，那做的就尽善尽美了。如果这些只是非重点，那汇报是失败的。如果他们不能回忆起三点来，这意味着口头汇报失败了。

（5）注意汇报的逻辑性

将口头报告看作一个故事。有一个逻辑的流程：清晰的开头、过程和结尾。按照设定开头，讲故事来龙去脉，最后是完美的结局。观众获取的信息也将是深刻理解的。

（6）把讲坛看作舞台

口头报告应该体现趣味性，但切忌不要过火，要深知自己的软肋。如果汇报者的性格不属于幽默性，就不要假装幽默；如果不擅长讲名人轶事，就不要讲这些。要能够吸引听众，并提高他们遵守第 4 条法则的可能性。

（7）练习和安排好汇报时间

这对于汇报者新手尤为重要。更重要的是，当汇报时要始终坚持平时练习的。汇报时离题，甚至所展示的内容还没有观众知道的多。这些情况都是很常见的。练习的越多，偏离正题的可能性就越小。因为很明显，做的演讲报告越多，水平就会越高。

在科学的氛围中，抓住各种机会参加学术会议，并努力在其中成为一名演讲高手。一次重要的演讲不会是第一次面向同行听众的。实验室小组会议可能是锻炼演讲的很好的论坛。

（8）少而精地使用视觉材料

汇报者都有不同的汇报风格。一些汇报者可以不用或者很少用视觉效果却能吸引听众；而另一些汇报者则需要视觉效果的暗示，依赖于演讲的内容，如果没有适当的视觉效果如图表等，其演讲可能不会精彩。

（9）复习汇报者的音频或视频

没有其他方法比听或者边听边看准备好的演讲稿更有效了。违反其他法则变得显而易见。发现错误很容易，但要在下次改正却困难。可能需要改掉坏习惯，因为它导致了其他法则的破坏。努力改掉坏习惯非常重要。

（10）提供适当的致谢

人们希望自己的贡献而得到感谢。如果罗列太多毫无理由的致谢，则会贬低实际做出贡献的人。如果违反第 7 条法则，那么没有正确的致谢相关的人和组织，因为已经用完了所有的时间。在演讲的开始或者遇到他们做出贡献的演讲内容时，进行致谢通常比较恰当。

7.1.3　答辩及其基本训练

有效地完成答辩是一个大学生所必须具有的基本能力，通常分为课程论文答辩、课程设计答辩、实训报告答辩、实习报告答辩和毕业论文答辩。用以检查学生是否是认真独立完成了有关报告和论文，考查学生综合分析能力、理论联系实际能力和专业方面的潜在能力。

即便是在学生毕业之后，在很多场合也要运用到答辩。比如，学术会议上的论文报告，职称晋升时的职称论文答辩，项目投标时的项目经理答辩，项目开工时的开工报告，实验实施前的论证报告。

1. 答辩的目的

答辩的主要目的是审查报告和论文的真伪，审查写作者知识掌握的深度，审查报告和论文是否符合体裁格式，以求进一步提高。学生通过答辩，让教师、专家进一步了解报告和论文立论的依据，处理课题的实际能力。这是学生可以获得锻炼和提高的难得机会，应把它看作治学的"起点"。

报告和论文答辩小组一般由三至五名教师、有关专家组成，对报告和论文中不清楚、不详细、不完备、不恰当之处，在答辩会上提出来。一般地，教师、专家所提出的问题，仅涉及该报告和论文的学术范围或文章所阐述问题之内，而不是对整个学科的全面知识的考试和考查。

2. 答辩的程序

报告和论文答辩会一般由下列四个环节组成：学生作口头汇报，答辩小组提问，学生答辩，成绩评定（由答辩会后答辩小组商定）。对于学生来讲，其主要部分是口头汇报和答辩。

口头汇报要求学生简要叙述学生的报告和论文的内容。叙述中要表述清楚你写这篇报告和论文的构思、提纲、论点、论据，论述方式和方法。答辩老师通过学生的叙述，了解学生对所写报告和论文的思考过程，考察学生的分析和综合归纳能力。

现场答辩是答辩老师向学生提出问题后，让学生做即兴答辩。其中一个问题，一般针对学生的论文中涉及的基本概念、基本原理，考查学生对引用的基本概念、基本原理的理解是否准确。其他的问题，一般针对学生的报告和论文中所涉及的某一方面的论点，要求结合工作实际或专业实务进行论述。考查学生学习的专业基础知识对实际工作的联系及帮助，即理论联系实际的能力。

3. 报告与论文的口头汇报

口头汇报，不是宣读论文，也不是宣读写作提纲和朗读内容提要。

（1）必须汇报的内容

学生一定在口头汇报中阐述下列三个内容。

1）为什么选择这个课题或题目，研究或写作它有什么学术价值或现实意义。

2）说明这个课题的历史和现状，即前人做过哪些研究、取得哪些成果、有哪些问题没有解决、自己有什么新的看法，提出并解决了哪些问题。

3）你的文章的基本观点和立论的基本依据。采用了什么样的研究方法。

（2）选择汇报的内容

学生可以从下列内容中，根据自己实际，选取两三个内容，作好汇报准备，内容最好烂熟于心中，不看稿子的情况下，达到语言简明流畅。

1）学术界和社会上对某些问题的具体争论，自己的倾向性观点。

2）重要引文的具体出处。查阅了哪些参考书、数据库和网站？

3）本应涉及或解决但因力不从心而未接触的问题；因为与本文中心关系不大而未写入

的新见解。

4）本文提出的见解的可行性。

5）定稿交出后，自己重读审查新发现的缺陷。

6）写作毕业论文（作业）的体会。

7）本文的优缺点。

4. 报告与论文的即兴答辩

听取答辩小组成员的提问，精神要高度集中，同时，将提问的问题记录。

对提出的问题，要在短时间内迅速做出反应，以自信而流畅的语言，肯定的语气，不慌不忙地回答每个问题。

对提出的疑问，要审慎地回答，对有把握的疑问要回答或辩解、申明理由；对拿不准的问题，可不进行辩解，而实事求是地回答，态度要谦虚。

回答问题要注意以下几点。

1）正确、准确。正面回答问题，不转换论题，更不要答非所问。

2）重点突出。抓住主题、要领，抓住关键词语，言简意赅。

3）清晰明白。开门见山，直接入题，不绕圈子。

4）有答有辩。有坚持真理、修正错误的勇气。既敢于阐发自己独到的新观点、真知灼见，维护自己正确观点，反驳错误观点，又敢于承认自己的不足，修正失误。

5）辩才技巧。讲普通话，用词准确，讲究逻辑，吐词清楚，声音洪亮，抑扬顿挫，助以手势说明问题；力求深刻生动；对答如流，说服力、感染力强，给教师和听众留下良好的印象。

7.2　压电式传感器测量振动实训

7.2.1　实训目的与意义

1. 知识目的

熟悉复述、口头汇报的要求和训练要领，理解答辩的目的、程序、准备、答辩过程和经验教训。

理解压电式传感器的工作原理。理解压电式传感器在振动测量时的特性。掌握压电式传感器测量振动时的性能。

2. 能力目的

能够运用复述、口头汇报的要求和训练要领，完成本实训过程的复述与实训报告的答辩。

能够运用压电式传感器完成对振动的测量。

3. 素质目的

能够严格遵守实训纪律，不大声喧哗、不影响别人、不抄袭作业。充分体现团队精神，有分工、有合作。严格按照实训规范进行实训，不带电作业、上电前经过批准。

能够按照规则要求进行实训项目的规划、准备、执行、开车，并遵守行为规范、专业规范和安全规范。

能够按照教学要求完成实训项目的实训步骤规划、接线图与设备表准备、材料准备与接线、安装调试与数据测量、数据处理与图纸绘制及实训报告的撰写。

7.2.2 实训原理与设备

1. 实训原理

某些电介质，当沿着一定方向对其施力而使它变形时，其内部就产生极化现象，同时在它的两个表面上便产生符号相反的电荷，当外力去掉后，其又重新恢复到不带电状态，当作用力方向改变时，电荷的极性也随之改变，这种现象称压电效应。

压电效应产生的电荷量 q 的大小与外力 F 成正比关系

$$q = d \cdot F \tag{7-1}$$

用压电式传感器测量时，将传感器基座与被测对象牢牢地紧固在一起。输出信号由电极引出。当传感器感受振动时，因为质量块相对被测体质量较小，因此质量块感受与传感器基座相同的振动，当加速度传感器和被测物一起受到冲击振动时，压电元件受质量块与加速度方向相反的惯性力的作用，根据牛顿第二定律，此惯性力是加速度的函数，即

$$F = ma \tag{7-2}$$

压电式传感器由惯性质量块和受压的压电片等组成。工作时传感器感受与试件相同频率的振动，质量块便有正比于加速度的交变力作用在晶片上，由于压电效应，压电晶片上产生正比于运动加速度的表面电荷。利用放大电路将此电荷转化为电压，则可以从电压的变化中测得振动。

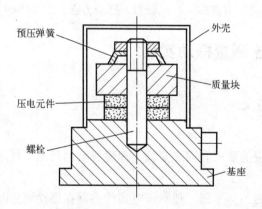

图 7-1 压电式传感器测量振动原理图

2. 实训设备与材料

实验台主机箱：其上的 ±15 V 直流电源、直流电压表、低频振荡器。

传感器：压电式传感器。

动力源：振动源。

变送模板：压电传感器实验模板、低通滤波器模板。

其他：连接线缆，自备示波器。

3. 实训图纸

压电传感器测量振动所用压电传感器实验模板、压电传感器、振动源、低通滤波器的安装及其接线如图 7-2 所示。

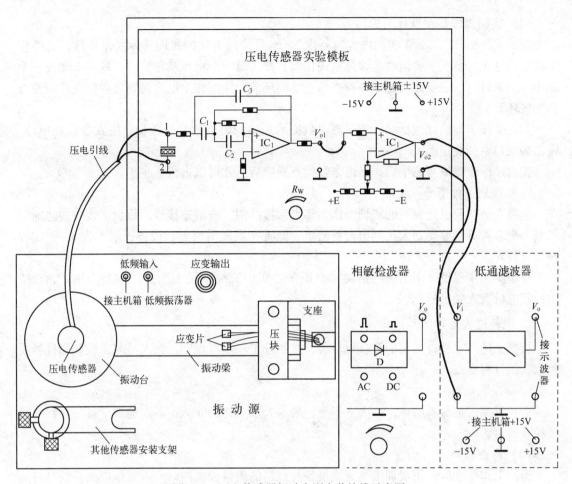

图 7-2　压电传感器振动实训安装接线示意图

7.2.3　实训过程与规则指导

按照本项目的知识内容要求，必须以正确的步骤完成实训。第一步是完成文件、图纸、设计的规划阶段；第二步是材料、设备、采购的准备阶段；第三步是完成安装、接线、检查的执行阶段；第四步是完成调试、运行、测试的实施阶段。贯穿全过程的是符合标准、规定、制度的规范要求以及符合 EHS 要求。

1. 规划过程指导

（1）分组分工指导

分组后，组长将本实训涉及的实训设备一一检查，填入表 3-1 实训设备记录表。实训过程中如果发现某一设备有任何问题，经老师确认后将故障现象填入表格。

然后，进行分工。限于人数，可交叉分工。为了保证每一项工作都有人检查和复核，需设检查员一人。为保证整个实训过程处于安全状态下，需设安全员一人。

组长将分工填入表 3-2 实训成绩记录表。实训过程中，任何人所犯任何错误，按错误类别填入此表。

（2）实训操作步骤设计与编写

全组人员阅读"7.2.4 实训内容与要求"。编写符合实际的实训具体操作步骤，其操作步骤与项目 3、4、5 中实训的步骤与格式相似。要求每一个操作都做描述，每一步骤或一个操作为一条目。一定要注明让老师检查和批准的环节，注明在上电之前和之后要完成的检查和复核环节。

实训操作步骤设计包括设计记录测得数据的表格，表格的栏目数量、输入参数和单位、输出参数和单位要正确。

实训操作步骤编写完毕后，经由老师检查通过后，才可以进行下一步。

（3）规划过程指导

全组人员按照上述编写的实训操作步骤查阅接线图。查清连接线的数量、线与线之间的关系。全组人员指导规划人员列出材料清单，即将实训所需材料和设备，填入表 3－3 实训设备材料表。

对于实训步骤设计中出现的错误，组长在"实训成绩记录表"的"执行"和"检查"中的相应负责人做出标记。

2．准备过程指导

根据上述经过检查无误的设备材料表，按照分工和领料规则，派人员完成设备和材料的领取，做材料准备。

（1）领取材料

去材料库，按材料清单，一人下指令，另一人取出材料并标记。现场做设备与材料的数量检查核对。

（2）检查材料

返回工作位之后，用实训工具完成设备与材料的质量检查核对。进一步检测所领材料品种、数量、质量是否符合要求。

（3）安放材料

对照设备，按材料清单的用途（位置）分出哪些线放在哪些地方。

如果品种、数量有误，需更改清单，再去材料库更换。对于实训准备中出现的错误，组长在"实训成绩记录表"的"准备"和"检查"栏中的相应负责人做出标记。

3．执行过程指导

（1）操作内容复述

根据上一步设计编写完成的实训步骤，每组派一名代表完成实训操作步骤的复述。复述不完整的，组内其他成员可以补充。复述不正确的，组内其他人员可以更正。此项内容按组计分，计入实训成绩记录表上。

对其他组的复述有不同意见的，本组人员可以提出意见，意见正确的，计入个人分数。意见错误的不扣分。

在复述时注意本课程中关于演讲、口才、复述、口头汇报、答辩等相关内容。

只有通过了复述的组，才允许进入实操阶段。

（2）执行过程指导

按照上一步设计编写完成的实训步骤，执行者一人发指令，另一人动手接线，要注意：

路径匹配、颜色匹配、长度匹配。

完成接线后，检查者检查接线的正确性。上电前，提请老师确认可以上电。

检查者要时时检查执行者是否做错。安全员要时时检查全体人员行为是否安全。

对于实训执行过程中出现的错误，组长在"实训成绩记录表"的"执行"和"检查"中的相应负责人做出标记。

4. 实施过程指导

按照设计的实训步骤，根据分组分工，由负责实施的人员完成实训操作。实施者一人发出指令，另一人复述指令、完成动作并汇报给前者。测量时，一人报出读数，另一人记录读数。同组其他人员进行检查。

检查者要时时检查执行者是否做错。安全员要时时检查全体人员行为是否安全。

对于实训实施中出现的错误，组长在"实训成绩记录表"的"执行""实施"和"检查"中的相应负责人做出标记。

5. 实训结束指导

当全部数据读取完毕，意味着实训做完。在数据完成后，检查者复核数据，交由老师检查。之后进行断电、拆线。拆线要注意方法，不允许从一端强拽线缆。

将材料返还到材料库时，需要分类归还并注意 5S 制度。

整理数据，完成实训报告。

对于整个实训过程中出现的安全错误，比如极性不正确、未做必要的检查而通电、带电作业等，组长在"实训成绩记录表"的"安全"和"检查"中的相应负责人做出标记。

7.2.4 实训内容与要求

1. 实训操作步骤编写素材

按图 7-2 所示将压电传感器安装在振动台面上（与振动台面中心的磁钢吸合），振动源的低频输入接主机箱中的低频振荡器，其他连线按示意图接线。

合上主机箱电源开关，调节低频振荡器的频率和幅度旋钮使振动台振动，观察低通滤波器输出的波形。

用示波器的两个通道同时观察低通滤波器输入端和输出端波形；在振动台正常振动时用手指敲击振动台同时观察输出波形变化。

改变振动源的振荡频率（调节主机箱低频振荡器的频率），观察输出波形变化。将读数填入设计的记录表。

顺时针慢慢调节低频振荡器幅度旋钮，使低频振荡器输出的电压峰峰值为 2 V（用示波器监测）；再调节低频振荡器振荡频率 f（用频率表监测）为 3 ~ 25 Hz 之间变化，频率每增加 2 Hz 记录低通滤波器输出端 V_o 的值（用示波器监测）。

由曲线估算振动台的谐振频率（V_o 最大时对应频率）。实验完毕，关闭电源。

2. 实训操作步骤编写要求

1）划分为安装、接线、调零和测量四部分。

2）要强调不允许产生共振。

3）注意设计数据记录表。

4）注意上电前后的责任过渡。

5）注意结束时的描述。

3. 实训结果要求

1）根据上述设计的实训数据记录表记录的数据，绘制实训曲线（$f-V_o$曲线）。

2）根据上述实训数据记录表记录的数据，利用最小二乘法，计算拟合直线。

3）分别计算拟合直线的系统灵敏度。

4）分别计算拟合直线的非线性误差。

7.2.5 实训报告的撰写

1. 实训报告内容要求

报告条目分为：实训目的、实训原理、实训仪器与设备、实训步骤、实训数据记录表、实训曲线、实训数据分析、实训小结、回答问题等9部分。

需要叙述实训目的是否实现，实训原理是否理解，对实训仪器和设备有何认识，实训步骤按实际操作过程的描述，实训时测得的数据记录表，按照要求绘制的实训曲线，按照要求完成的实训数据分析，根据实训过程获得的知识与技能，体会、经验与教训等小结，回答针对本实训出现的问题。

最终交付全部过程文件（各项表格）和结果文件（实训数据处理的图纸与计算）。

2. 实训报告数据要求

根据实训数据记录表，根据不同频率和测得电压的数据，绘制出频率－电压（$f-V_o$）特性曲线。

根据实训曲线，绘制拟合直线。计算拟合直线的直线方程。

计算在有效测量范围内，压电式传感器测量振动频率时的灵敏度和线性度，要求必须有计算步骤与计算过程。

3. 回答实训的问题

1）能否用本系统实验台主机箱上的数显表头显示振动？还需要增加什么单元，如何实行？

2）当振动台振动频率一定时（如12 Hz），调节低频振荡器幅值可以改变振动台振动幅度，如何利用压电式传感器测量振动台的振动幅度？

3）有一个振动频率为10 kHz的被测体需要测其振动参数，你认为应该选用压电式传感器还是电涡流传感器？是否两者均可？为什么？

4）总结一下本实训中学到的知识与技能以及必须遵守的注意事项。

4. 实训报告的答辩

根据完成的实训报告，每组派一名代表完成实训报告的答辩。此项成绩按组计分，计入实训成绩记录表上。

答辩小组由指导教师和各组组长组成，首先由答辩人自述，然后由答辩小组提问。

7.3 直流激励时霍尔式传感器位移测量实训

7.3.1 实训目的与意义

1. 知识目的

熟悉复述、口头汇报的要求和训练要领，理解答辩的目的、程序、准备、答辩过程和经验教训。

理解霍尔式传感器的工作原理。理解霍尔式传感器在位移测量时的特性。掌握用霍尔式传感器测量位移时的性能。

2. 能力目的

能够运用复述、口头汇报的要求和训练要领，完成本实训过程的复述与实训报告的答辩。

能够运用霍尔式传感器完成对位移的测量。

3. 素质目的

能够严格遵守实训纪律，不大声喧哗、不影响别人、不抄袭别人。充分体现团队精神，有分工、有合作。严格按照实训规范进行实训，不带电作业、上电前经过批准。

能够按照规则要求进行实训项目的规划、准备、执行、开车并遵守行为规范、专业规范和安全规范。

能够按照教学要求完成实训项目的实训步骤规划、接线图与设备表准备、材料准备与接线、安装调试与数据测量、数据处理与图纸绘制，完成实训报告的撰写。

7.3.2 实训原理与设备

1. 实训原理

霍尔式传感器是由工作在两个环形磁钢组成的梯度磁场和位于磁场中的霍尔元件组成。当霍尔元件通以恒定电流时，霍尔元件就有电势输出。根据霍尔效应，霍尔电势

$$U_H = K_H IB \tag{7-3}$$

其中 K_H 为灵敏度系数，由霍尔材料的物理性质决定，当通过霍尔组件的电流 I 一定，霍尔元件在梯度磁场中上、下移动时，输出的霍尔电势 U_H 取决于其在磁场中的位移量 x，所以测得霍尔电势的大小便可获知霍尔元件的静位移。如图 7-3 所示。

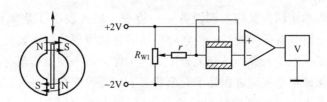

图 7-3 霍尔传感器（直流激励）实验原理图

2. 实训设备与材料

实验台主机箱：其上的 ±15 V 直流电源、直流电压表。

传感器：霍尔式传感器。

变送模板：霍尔式传感器实验模板。

其他：连接线缆，测微头。

3. 实训图纸

霍尔式传感器测量位移所用霍尔式传感器实验模板、霍尔式传感器、测微头的安装及其接线如图 7-4 所示。

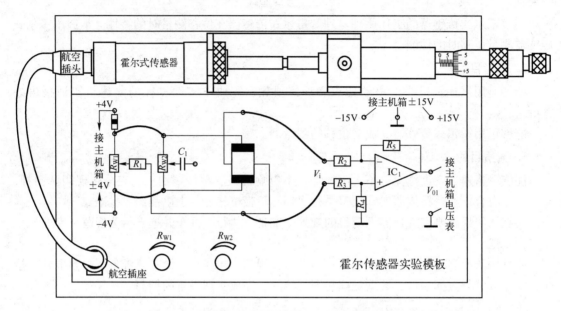

图 7-4　直流激励霍尔传感器位移实训安装接线示意图

7.3.3　实训过程与规则指导

按照本项目的知识内容要求，必须以正确的步骤完成实训。第一步是完成文件、图纸、设计的规划阶段；第二步是材料、设备、采购的准备阶段；第三步是完成安装、接线、检查的执行阶段；第四步是完成调试、运行、测试的实施阶段。贯穿全过程的是符合标准、规定、制度的规范要求以及符合 EHS 要求。

1. 规划过程指导

（1）分组分工指导

分组后，组长将本实训涉及的实训设备——检查，填入表 3-1 实训设备记录表。实训过程中如果发现某一设备有任何问题，经老师确认后将故障现象填入表格。

然后，进行分工。限于人数，可交叉分工。为了保证每一项工作都有人检查和复核，需设检查员一人。为保证整个实训过程处于安全状态下，需设安全员一人。

组长将分工填入表 3-2 实训成绩记录表。实训过程中，任何人所犯任何错误，按错误类别填入此表。

（2）实训步骤设计与编写

全组人员阅读"7.3.4 实训内容与要求"。编写符合实际的实训具体操作步骤，其操作步骤与项目 3、4、5 中实训的步骤与格式相似。要求每一个操作都做描述，每一步骤或一个操作为一条目。一定要注明让老师检查和批准的环节，并注明在上电之前和之后要完成的检查和复核环节。

实训步骤设计包括设计记录测得数据的表格，表格的栏目数量、输入参数和单位、输出参数和单位要正确。

实训操作步骤编写完毕后，经由老师检查通过后，才可以进行下一步。

（3）规划过程指导

全组人员按照上述编写的实训操作步骤查阅接线图。查清连接线的数量、线与线之间的关系。全组人员指导规划人员列出材料清单，即将实训所需材料和设备，填入表 3 – 3 实训设备材料表。

对于实训步骤设计中出现的错误，组长在"实训成绩记录表"的"执行"和"检查"中的相应负责人做出标记。

2. 准备过程指导

根据上述经过检查无误的设备材料表，按照分工和领料规则，派人员完成设备和材料的领取，做材料准备。

（1）领取材料

去材料库，按材料清单，一人下指令，另一人取出材料并标记。现场做设备与材料的数量检查核对。

（2）检查材料

返回工作位之后，用实训工具完成设备与材料的质量检查核对。进一步检测所领材料品种、数量、质量是否符合要求。

（3）安放材料

对照设备，按材料清单的用途（位置）分出哪些线放在哪些地方。

如果品种、数量有误，需更改清单，再去材料库更换。对于实训准备中出现的错误，组长在"实训成绩记录表"的"准备"和"检查"栏中的相应负责人做出标记。

3. 执行过程指导

（1）操作内容复述

根据上一步设计编写完成的实训步骤，每组派一名代表完成实训操作步骤的复述。复述不完全的，组内其他成员可以补充。复述不正确的，组内其他人员可以更正。此项内容按组计分，计入实训成绩记录表上。

对其他组的复述有不同意见的，本组人员可以提出意见，意见正确的，计入个人分数。意见错误的不扣分。

在复述时注意本课程中关于演讲、口才、复述、口头汇报、答辩等相关内容。

只有通过了复述的组，才允许进入实操阶段。

（2）执行过程指导

按照上一步设计编写完成的实训步骤，执行者一人发指令，另一人动手接线，要注意：路径匹配、颜色匹配、长度匹配。

完成接线后，检查者检查接线的正确性。上电前，提请老师确认可以上电。

检查者要时时检查执行者是否做错。安全员要时时检查全体人员行为是否安全。

对于实训执行过程中出现的错误，组长在"实训成绩记录表"的"执行"和"检查"中的相应负责人做出标记。

4. 实施过程指导

按照设计的实训步骤，根据分组分工，由负责实施的人员完成实训操作。实施者一人发出指令，另一人复述指令、完成动作并汇报给前者。测量时，一人报出读数，另一人记录读数。同组其他人员进行检查。

检查者要时时检查执行者是否做错。安全员要时时检查全体人员行为是否安全。

对于实训实施中出现的错误，组长在"实训成绩记录表"的"执行""实施"和"检查"中的相应负责人做出标记。

5. 实训结束指导

当全部数据读取完毕，意味着实训做完。在数据完成后，检查者复核数据，交由老师检查。之后进行断电、拆线。拆线要注意方法，不允许从一端强拽线缆。

将材料返还到材料库时，需要分类归还并注意5S制度。

整理数据，完成实训报告。

对于整个实训过程中出现的安全错误，比如极性不正确、未做必要的检查而通电、带电作业等，组长在"实训成绩记录表"的"安全"和"检查"中的相应负责人做出标记。

7.3.4 实训内容与要求

1. 实训操作步骤编写素材

根据下列内容提纲，完成实训操作步骤内容的设计与编写。

将霍尔传感器安装到霍尔传感器模块上，传感器引线接到霍尔传感器模块9芯航空插座。按图7-2接线。

开启电源，直流数显电压表选择"2 V"档，将测微头的起始位置调到"10 mm"处，手动调节测微头的位置，先使霍尔片大概在磁钢的中间位置（数显表大致为0），固定测微头，再调节R_{W1}使数显表显示为零。

分别向左、右不同方向旋动测微头，每隔0.2mm记下一个读数，直到读数近似不变，将读数填入设计的记录表。

2. 实训操作步骤编写要求

1）划分为安装、接线、调零和测量四部分。

2）注意设计实训数据记录表。

3）注意上电前后的责任过渡。

4）注意结束时的描述。

3. 实训结果要求

1）根据上述设计的实训数据记录表记录的数据，绘制实训曲线（$x - V$曲线）。

2）根据上述实训数据记录表记录的数据，利用最小二乘法，计算$-2 \sim +2$ mm之间的拟合直线。

3）分别计算拟合直线$-2 \sim +2$ mm之间的系统灵敏度。

4）分别计算拟合直线 $-2 \sim +2\,\mathrm{mm}$ 之间的非线性误差。

7.3.5　实训报告的撰写

1. 实训报告内容要求

报告条目分为：实训目的、实训原理、实训仪器与设备、实训步骤、实训数据记录表、实训曲线、实训数据分析、实训小结、回答问题等 9 部分。

需要叙述实训目的是否实现，实训原理是否理解，对实训仪器和设备有何认识，实训步骤按实际操作过程的描述，实训时测得的数据记录表，按照要求绘制的实训曲线，按照要求完成的实训数据分析，根据实训过程获得的知识与技能、体会、经验与教训等做小结，并回答针对本实训出现的问题。

最终交付全部过程文件（各项表格）和结果文件（实训数据处理的图纸与计算）。

2. 实训报告数据要求

根据实训数据记录表，根据不同频率和测得电压的数据，绘制出位移－电压（ $x-V$ ）特性曲线。

根据实训结果要求，完成绘制拟合直线。计算拟合直线的直线方程。

根据实训结果要求，计算在有效测量范围内，本传感器测量位移时的灵敏度和线性度，要求必须有计算步骤与计算过程。

3. 回答实训的问题

1）本实验中霍尔元件位移的线性度实际上反映的是什么量的变化？

2）总结一下本实训中学到的知识与技能以及必须遵守的注意事项。

4. 实训报告的答辩

根据完成的实训报告，每组派一名代表完成实训报告的答辩。此项成绩按组计分，计入实训成绩记录表上。

答辩小组由指导教师和各组组长组成，首先由答辩人自述，然后由答辩小组提问。

7.4　交流激励时霍尔式传感器位移测量实训

7.4.1　实训目的与意义

1. 知识目的

熟悉复述、口头汇报的要求和训练要领，理解答辩的目的、程序、准备、过程和经验教训。

理解霍尔式传感器的工作原理。加深理解交流激励时霍尔传感器在位移测量时的特性。掌握用霍尔式传感器测量位移时的性能。

2. 能力目的

能够运用复述、口头汇报的要求和训练要领，完成本实训过程的复述与实训报告的答辩。

能够运用交流激励时霍尔传感器的特性完成对位移的测量。

3. 素质目的

能够严格遵守实训纪律，不大声喧哗、不影响别人、不抄袭别人。充分体现团队精神，有分工、有合作。严格按照实训规范进行实训，不带电作业、上电前经过批准。

能够按照规则要求进行实训项目的规划、准备、执行、开车，并遵守行为规范、专业规范和安全规范。

能够按照教学要求完成实训项目的实训步骤规划、接线图与设备表准备、材料准备与接线、安装调试与数据测量、数据处理与图纸绘制，并最终完成实训报告的撰写。

7.4.2 实训原理与设备

1. 实训原理

交流激励时霍尔式传感器与直流激励的基本工作原理相同，不同之处是测量电路。如图 7-5 所示。

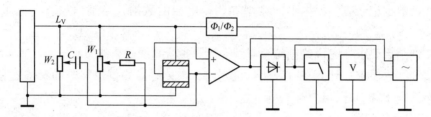

图 7-5　交流激励霍尔传感器实验原理图

2. 实训设备与材料

实验台主机箱：其上的 ±15 V 直流电源、直流电压表。

传感器：霍尔式传感器。

变送模板：霍尔式传感器实验模板，移相器/相敏检波器/低通滤波器模板。

其他：连接线缆，测微头。自备交流电压表，示波器。

3. 实训图纸

交流激励时霍尔式传感器测量位移所用霍尔式传感器实验模板、霍尔式传感器、测微头的安装及其接线如图 7-6 所示。

7.4.3 实训过程与规则指导

按照本项目的知识内容要求，必须以正确的步骤完成实训。第一步是完成文件、图纸、设计的规划阶段；第二步是材料、设备、采购的准备阶段；第三步是完成安装、接线、检查的执行阶段；第四步是完成调试、运行、测试的实施阶段。贯穿全过程的是符合标准、规定、制度的规范要求以及符合 EHS 的安全要求。

1. 规划过程指导

（1）分组分工指导

分组后，组长将本实训涉及的实训设备一一检查，填入表 3-1 实训设备记录表。实训过程中如果发现某一设备有任何问题，经老师确认后将故障现象填入表格。

然后，进行分工。限于人数，可交叉分工。为了保证每一项工作都有人检查和复核，需

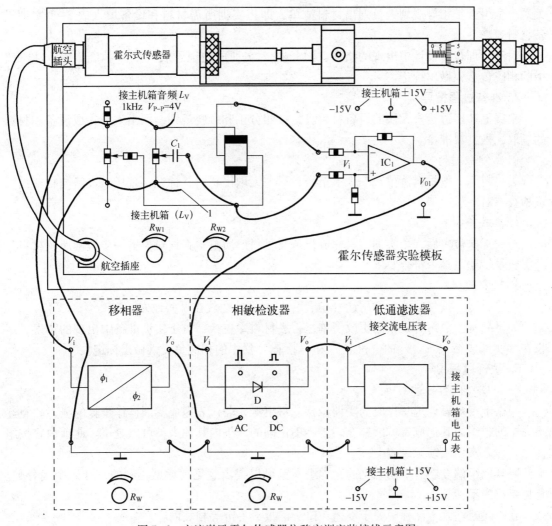

图7-6　交流激励霍尔传感器位移实训安装接线示意图

设检查员一人。为保证整个实训过程处于安全状态下，需设安全员一人。

组长将分工填入表3-2实训成绩记录表。实训过程中，任何人所犯任何错误，按错误类别填入此表。

（2）实训步骤设计与编写

全组人员阅读"7.4.4实训内容与要求"。编写符合实际的实训具体操作步骤，其操作步骤与项目3、4、5中实训的步骤与格式相似。要求每一个操作都做描述，每一步骤或一个操作为一条目。一定要注明让老师检查和批准的环节，并注明在上电之前和之后要完成的检查和复核环节。

实训步骤设计包括设计记录测得数据的表格，表格的栏目数量、输入参数和单位、输出参数和单位要正确。

实训操作步骤编写完毕后，经老师检查通过后才可以进行下一步。

（3）规划过程指导

全组人员按照上述编写的实训操作步骤查阅接线图。查清连接线的数量、线与线之间的关系。全组人员指导规划人员列出材料清单，即将实训所需材料和设备填入表3-3实训设备材料表。

对于实训步骤设计中出现的错误，组长在"实训成绩记录表"的"执行"和"检查"中的相应负责人做出标记。

2. 准备过程指导

根据上述经过检查无误的设备材料表，按照分工和领料规则，派出人员完成设备和材料的领取，做材料准备。

（1）领取材料

去材料库，按材料清单，一人下指令，另一人取出材料并标记。现场做设备与材料的数量检查核对。

（2）检查材料

返回工作位之后，用实训工具完成设备与材料的质量检查核对。进一步检测所领材料品种、数量、质量是否符合要求。

（3）安放材料

对照设备，按材料清单的用途（位置）分出哪些线放在哪些地方。

如果品种、数量有误，需更改清单，再去材料库更换。对于实训准备中出现的错误，组长在"实训成绩记录表"的"准备"和"检查"栏中的相应负责人做出标记。

3. 执行过程指导

（1）操作内容复述

根据上一步设计编写完成的实训步骤，每组派一名代表完成实训操作步骤的复述。复述不完全的，组内其他成员可以补充。复述不正确的，组内其他人员可以更正。此项内容按组计分，计入实训成绩记录表上。

对其他组的复述有不同意见的，本组人员可以提出意见，意见正确的，计入个人分数。意见错误的不扣分。

在复述时注意本课程中关于复述、口头汇报、答辩等相关内容。

只有通过了复述的组，才允许进入实操阶段。

（2）执行过程指导

按照上一步设计编写完成的实训步骤，执行者一人发指令，另一人动手接线，要注意：路径匹配、颜色匹配、长度匹配。

完成接线后，检查者检查接线的正确性。上电前，提请老师确认可以上电。

检查者要时时检查执行者是否做错。安全员要时时检查全体人员行为是否安全。

对于实训执行过程中出现的错误，组长在"实训成绩记录表"的"执行"和"检查"中的相应负责人做出标记。

4. 实施过程指导

按照设计的实训步骤，根据分组分工，由负责实施的人员完成实训操作。实施者一人发出指令，另一人复述指令、完成动作并汇报给前者。测量时，一人报出读数，另一人记录读数。同组其他人员进行检查。

检查者要时时检查执行者是否做错。安全员要时时检查全体人员行为是否安全。

对于实训实施中出现的错误，组长在"实训成绩记录表"的"执行""实施"和"检查"中的相应负责人做出标记。

5. 实训结束指导

当全部数据读取完毕，意味着实训做完。在数据完成后，检查者复核数据，交由老师检查。之后进行断电、拆线。拆线要注意方法，不允许从一端强拽线缆。

将材料返还到材料库时，需要分类归还并注意5S制度。

整理数据，完成实训报告。

对于整个实训过程中出现的安全错误，比如极性不正确、未做必要的检查而通电、带电作业等，组长在"实训成绩记录表"的"安全"和"检查"中的相应负责人做出标记。

7.4.4 实训内容与要求

1. 实训操作步骤编写素材

（1）实操步骤编写

根据下列内容提纲，按照实训室中是否有示波器，完成不同实操操作内容的编写。

1）没有示波器时。

按下述的要求接线。注意：一定不要将主机箱中的音频振荡器 L_v 接入实验模板。

调节主机箱音频振动器的频率和幅度旋钮，用交流电压表、频率表监测 L_v 输出频率为 1 kHz、峰峰值为 2 V 的信号（L_v 电压峰峰值为 2 V，幅值过大会烧坏传感器）。调整完毕后，关闭主机箱电源。

开始接线，实验模板接线见图 7-4。将 L_v 输出信号作为传感器的激励电压接入图中。检查接线无误后，合上主机箱电源，调节测微头使霍尔传感器的霍尔片处于两磁钢中点。

先用交流电压表观察使霍尔元件不等位电势为最小，然后观察直流电压表显示，调节电位器 R_{w1}、R_{w2} 使显示为零。

调节测微头使霍尔传感器产生一个较大位移，利用交流电压表观察相敏检波器输出，旋转移相器单元电位器 R_w 和相敏检波器单元电位器 R_w，并观察直流电压表显示值。直至直流电压表显示为零。

以此点作为测量原点。然后旋动测微头，每转动 0.2 mm（建议做 4 mm 位移），记下读数，填入设计的记录表中。

2）有示波器时。

按下述的要求接线。注意：一定不要将主机箱中的音频振荡器 L_v 接入实验模板。

调节主机箱音频振动器的频率和幅度旋钮，用示波器监测 L_v 输出频率为 1 kHz、峰峰值为 2 V 的信号（L_v 电压峰峰值为 2 V，幅值过大会烧坏传感器）。调整完毕后，关闭主机箱电源。

开始接线，实验模板接线见图 7-4。将 L_v 输出信号作为传感器的激励电压接入图中。检查接线无误后，合上主机箱电源，调节测微头使霍尔传感器的霍尔片处于两磁钢中点。

先用示波器观察使霍尔元件不等位电势为最小，然后观察直流电压表显示，调节电位器 R_{w1}、R_{w2} 使其显示为零。

调节测微头使霍尔传感器产生一个较大位移，利用示波器观察相敏检波器输出，旋转移相器单元电位器 R_w 和相敏检波器单元电位器 R_w，使示波器显示全波整流波形，并观察直流电压表显示值。直至直流电压表显示为零。

以此点作为测量原点。然后旋动测微头，每转动0.2 mm（建议做4 mm位移），记下读数，填入设计的记录表中。

2. 实训操作步骤编写要求

1）划分为激励电源调整、安装接线、调零和测量四部分。

2）注意设计实训数据记录表。

3）注意上电前后的责任过渡。

4）注意结束时的描述。

3. 实训结果要求

1）根据上述设计的实训数据记录表记录的数据，绘制实训曲线（$x-V$曲线）。

2）根据上述实训数据记录表记录的数据，利用最小二乘法，计算$-2\sim2$ mm之间的拟合直线。

3）分别计算拟合直线$-2\sim2$ mm之间的系统灵敏度。

4）分别计算拟合直线$-2\sim2$ mm之间的非线性误差。

7.4.5 实训报告的撰写

1. 实训报告内容要求

报告条目分为：实训目的、实训原理、实训仪器与设备、实训步骤、实训数据记录表、实训曲线、实训数据分析、实训小结、回答问题等9部分。

需要叙述实训目的是否实现，实训原理是否理解，对实训仪器和设备有何认识，实训步骤按实际操作过程的描述，实训时测得的数据记录表，按照要求绘制的实训曲线，按照要求完成的实训数据分析，根据实训过程获得的知识与技能，体会、经验与教训等做小结，并回答针对本实训出现的问题。

最终交付全部过程文件（各项表格）和结果文件（实训数据处理的图纸与计算）。

2. 实训报告数据要求

根据实训数据记录表，根据不同频率和测得电压的数据，绘制出位移-电压（$x-V$）特性曲线。

根据实训结果要求，完成绘制拟合直线。计算拟合直线的直线方程。

根据实训结果要求，计算在有效测量范围内，本传感器测量位移时的灵敏度和线性度，要求必须有计算步骤与计算过程。

3. 回答实训的问题

1）比较直流激励的霍尔式传感器，在测量位移时，交流激励的霍尔式传感器有什么不同。

2）本实验中霍尔元件能否测量振动？如果能，请画出安装接线图并写出实训步骤。

3）总结一下本实训中学到的知识与技能以及必须遵守的注意事项。

4. 实训报告的答辩

根据完成的实训报告，每组派一名代表完成实训报告的答辩。此项成绩按组计分，计入实训成绩记录表上。

答辩小组由指导教师和各组组长组成，首先由答辩人自述，然后由答辩小组提问。

项目 8　实训过程的查错与处理能力训练

8.1　查错与处理能力的一般知识

【提要】本项目介绍了直接目测法、手动试探法、替换排除法、逻辑分析法等故障分析的基本方法，讲解了解决问题四关键法等解决问题的方法，介绍了头脑风暴、图表工具、流程图、因果图、检查表等解决问题的基本工具，详细讲解了解决问题的 5Why 法和七步法。

依托三个选做的实训项目，完成对上述实训过程的查错与处理能力训练。以期学生能够经过本项目的训练，熟练运用解决问题的基本工具，按照解决问题的 5Why 法和七步法，依据故障诊断及排除的处理流程，完成实训过程的查错与处理，并且能够将这些工具、方法和流程应用在后续的课程中，运用在其实际工作中，使用在其日常生活中，从而获得优异的学习成绩、顺畅的职业生涯和良好的职业素养。

本项目成果：成功的实训过程故障诊断及排除的过程文件及其处理结果。

8.1.1　故障分析基本方法

1. 直接目测法

直接目测法是指只通过对机器设备不同状态下的观察并与正常状态下进行比较，得出故障原因的方法。目测法是最直接、最常用的故障分析方法之一。其主要的优点是方便、直观、节省时间，但对故障原因往往无法准确定位，可能造成误判。不过，目测法在一般单体设备和简单系统的故障排除仍占有重要的地位，尤其对于部分虽然简单，但对设备影响很大的故障具有很好的效果。

直接目测法的基本原则为先整体后局部，先简单后复杂。在对实训系统进行系统维修时，目测步骤如下。

首先，观察设备的电源等动力源。打开控制面板上电源开关，观察设备和控制面板是否可以正常供电；在保证各个单元正常的情况下，各种动力源是否可以正确输出。

其次，各个模块之间是否进行有效连接，各个接口和管线的对应关系是否正确。比如设备的安装位置、各种电源线和信号线等。

再次，观察设备各部件是否完整，是否发生移位，部件之间的相对位置是否合理。比如传感器的位置等。

最后，在通电或通气的条件下，观察各个部件的状态是否正确，重点观察被控设备、控制设备和传感器的状态是否满足系统运行初始化条件。例如，相关信号指示灯是否亮起等。

在目测时，如果系统较大，采用多人分模块目测可以大幅度提高工作效率。

2. 手动试探法

在故障分析时，往往仅通过目测是远远不够的，这就需要动手试探。手动试探法也是一种比较直观、简便的方法。在传感器实训系统中，手动试探法主要依靠按照系统的操作流程的走向和结果进行试探。分成被测对象的驱动控制、动力源驱动控制、万用表的实际测量等方式来实现。

被测对象驱动控制的试探法主要应于全系统都不能正常的工作时，欲测试相关的电路执行部件是否正常。例如，当系统不能正常工作时，欲测定传感器、控制模板、动力源、交直流电源是否能正常工作，就可以使用相应的接线将控制面板上的相关控制点短接起来，控制其发生动作，以便分析出故障。

动力源驱动控制的试探法主要用于系统的部分设备故障时，主要是对动力源进行相关动作，对整个动力线路进行检查。如可以发现无动力输出、漏气、动作不正常等现象。

万用表实际测量的试探法主要是针对系统的各个接点电位、信号线本体、信号线的连接等，查看他们是否本身故障、连接正确，可以直接发现故障原因。

3. 替换排除法

在系统故障分析时，往往无法分析出故障具体可能出在什么地方，一种故障现象可能由多种部件不正常导致，故在故障分析时，经常采用替换排除法。

替换排除法是用好的部件去替代可能有问题的部件，若系统正常工作，则被替换的部分有问题；若系统仍异常，则未替代部分有问题。这样，能有效缩小故障分析的范围，排除其他可能。

替换排除法思路简单、分析直接。但其替换过程耗时严重，且不够方便，仅适用于较复杂的故障分析。一般与逻辑分析法结合使用。

4. 逻辑分析法

逻辑分析法是建立在对设备充分了解的基础上，通过对故障现象的综合观察，运用推理、反正、比较等方式对故障原因进行分析的一种重要方法。

在对复杂的系统进行系统性故障分析时，逻辑分析是最重要的方法。通过严谨逻辑分析，在节约时间的同时，还更加准确有效。

列出正常状态下的分类，在列出非正常状态下的分类表，则基本能够用逻辑分析的方法，完成对非正常状态的判断。

逻辑分析法简单方便，但在复杂的系统中，要求维修者对机器有较为深入的认识和理解，并且具有较强的思维能力。

5. 故障分析的思路

通过对对象系统的深入了解，应用上述基本方法，便可总结出一套快速全系统故障分析思路：首先，通过基本目测法，对系统表层故障进行分析；然后，通过手动试探法，对系统的电路和气路部件进行故障分析；再后，通过逻辑分析法，分析系统整体故障和程序故障；最后，通过替换排除法，将故障部件剔除，完成故障的处理。

8.1.2 解决问题的方法

俗话说：授人以鱼，不如授人以渔。教人解决一个问题，不如教人解决问题的方法。

发现问题需要知识作铺垫，解决问题需要能力作基础，发现和解决问题是管理者必须具备的管理才能，能力的大小，实际上就体现在我们能解决问题的大小。解决问题需要科学的思维和逻辑推理，故障诊断与排除的技能是建立在自觉地提升认识问题和解决问题的能力上的。

1. 问题的概念

当某件事、设备或人员等已经发生或可能在预期的期限内不能呈现的效果与"应该"或"预期"的水准有差异时，定义为"问题"（Problem）或"故障"（Fault）。如图 8-1 所示。

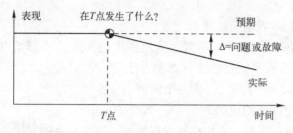

图 8-1　问题的定义

问题或故障分为三类，一类是一般性的问题，比如，某条生产线的输送机不运转了；某个业务代表的销售业绩突然下降了。一类是重复性的问题，比如，计算机时好时坏；每三个星期产品不良率上升，持续一星期又恢复正常。一类是启示的问题，比如，新买的设备，无法达到规格之功能。

问题的特性有大小、严重性、发生频率、可探测性、重复性、区域性和系统性。

解决问题的基础条件是具有知识技能、经验、通过提问获得信息和具有逻辑推理过程。

2. PDCA 循环的概念

PDCA 循环又叫质量管理环，是管理学中的一个通用模型，最早由休哈特于 1930 年构想，后来被美国质量管理专家戴明博士在 1950 年再度挖掘出来，并加以广泛宣传和运用于持续改善产品质量的过程。

PDCA 是英语单词 Plan（计划）、Do（执行）、Check（检查）和 Action（处理）的第一个字母组合，PDCA 循环就是按照这样的顺序进行质量管理，并且循环不止地进行下去的科学程序。如图 8-2 所示。

P 计划，包括方针和目标的确定以及活动规划的制定。

D 执行，根据已知的信息，设计具体的方法、方案和计划布局；再根据设计和布局进行具体运作，实现计划中的内容。

C 检查，总结执行计划的结果，分清哪些对了，哪些错了，明确效果，找出问题。

A 处理，对总结检查的结果进行处理，对成功的经验加以肯定并予以标准化；对于失败的教训也要总结，引起重视。对于没有解决的问题，应提交给下一个 PDCA 循环中去解决。

以上四个过程不是运行一次就结束，而是周而复始地进行，

图 8-2　PDCA 循环

一个循环完了，解决一些问题，未解决的问题进入下一个循环，这样阶梯式上升。

PDCA 循环，不仅仅用于改善产品质量，也可以用于我们工作与生活的各个方面。大到奥运会的举办，小到一个婚礼的筹备。大到一个大型石化项目的建设，小到一个电机的故障维修，都可以用到 PDCA 循环。将这个原则应用于非管理类的其他领域，其变形和扩展派生出了大量其他方法和理论。

3. 解决问题四关键法的概念

通常将上述的 PDCA 过程，应用于解决问题领域中，就产生了对应的解决问题四关键法。

（1）第一步：问题的界定与描述

需要明确发生了什么，何时发生的，何地发生的，造成的影响（安全、环境、收益、成本、发生的频率等）。而不需要描述"谁和为什么"。

需要简洁、客观，思考全局，一次一个问题。

（2）第二步：确定问题的成因

主要从人员、设备、原料、方法和环境五方面，运用鱼骨图方法分析。需要收集各类背景信息加以分析。必须列出所有，加以选择，搜集能收集的全部资料，还要避免主观偏好。

（3）第三步：寻找并选择解决方案

一个好的解决方案能够防止问题再出现，减轻问题的影响；如果不在我们的控制之内，也要积极施加影响，满足我们的目标。

如何找到有效的解决方案呢？需要挑战每一个原因并提出解决方案：问应该做什么，能够改变什么；记录所有的观点，而不要过早地在这个时候做出判断。需要进行比较权衡，找到最佳的解决方案，它们必须满足解决方案的标准。

为找到有效的解决方案，在方向上尽可能简洁，要能够利用已有的途径。"够准"即好而不做完美主义者；注意发挥团队的力量。此时要开拓思路，激发创造力；明确本步骤的目的；做出评估和选择；而且要注意资源的限制。

（4）第四步：制定行动计划

采取 SMART 分析法制定带有原因、解决方案和行动计划、负责人的行动计划表；进行执行与跟进，如果不见效则进入下一个循环。

SMART 分析法是指在制定行动计划的目标时候所应该遵循的五项原则：目标必须是明确的（Specific），目标是可衡量的（Measurable），目标是可实现的（Attainable），目标是结果导向性的（Result – based），目标是有时限性的（Time – based）。

8.1.3 解决问题的基本工具

1. 头脑风暴

在 5Why 分析法中的 5Why 的提出和解决问题七步法的定义问题阶段，头脑风暴是最有用的工具之一。

（1）头脑风暴的概念

头脑风暴（Brainstorming）是一种激发集体智慧产生和提出创新设想的思维方法，指一群人（或小组）围绕一个特定的兴趣或领域进行创新或改善，产生新点子，提出新办法。头脑风暴是一种极为有效的开启创新思维的方法。头脑风暴通过集思广益、发挥集体智慧，迅速地获得大量的新设想与创意。对于创造性活动具有非常大的实用意义。

在头脑风暴中，每一个人都被鼓励就某一具体问题及其解决办法，畅所欲言，提供己见，从而产生尽可能多的观点，即便有些主意可能不会被完全采纳。头脑风暴的效用在于较之个体之和，群体参与能够达到更高的创造性协同水平。

头脑风暴通过集思广益、发挥集体智慧，迅速地获得大量的新设想与创意，这是一种极为有效的开启创新思维的方法。

（2）头脑风暴的要点

如何能做一次成功的头脑风暴呢？其要点如下所述。

1）建立一个自由讨论的主题。

2）头脑风暴的组织人让每个人按顺序说出他的想法。

3）将每个想法记录在写字板或白板上。

4）用尽所有的想法，合并类似的想法、删除不合适的想法。

5）如果一个想法需要缩短，要求提出者说出更简短的版本。

（3）头脑风暴的规则

1）头脑风暴会上没有坏主意。多多鼓励奇怪的、夸张的观点。驯服一个这样的观点比想出一个立即生效的观点要容易得多。观点越"疯狂"越好。那些奇异和不可行的观点可以引出了更多思考与创意。记住，头脑风暴会上没有坏主意，无论它是多么的不可思议。

2）不对任何主意（点子）做积极的或消极的评断。只有到头脑风暴会议结束时，才开始对观点进行评判。进行头脑风暴时，不要暗示某个想法不会有作用或它有什么消极的副作用。因为头脑风暴会上没有坏主意，它们都有可能成为好的有潜力的观点。

将所有的观点都记录下来，延迟对它们进行评判。一是避免干扰和妨碍参与者畅所欲言；二是任何评估都是需要花费脑力和时间的，所以不应该在过程中抽出时间来进行评论。

3）注重数量，而非质量。在头脑风暴时，应该寻求的是观点的数量。要在给定的时间内，提炼出尽可能多的观点。提出的观点数量越多，最后反思时，就更容易产生高水平的创意。

4）在他人提出的观点之上建立新观点。在别人的观点上进行拓展，使用他们的观点来激发自己的。通过相互交换成员的想法，实现创意的碰撞与结合，可以将讨论引往意想不到的方向。

5）每个人和每个观点都有相等的价值。每个人都有对事情和解决方法的独特视角，每个人都应该参与进来。只有每一位成员都自由地、自信地贡献创意和观点，头脑风暴才会取得真正的成功。

2. 图表工具

图表工具中扇形图、柱状图、折线图是解决问题的七步骤中分析问题的工具；趋势图是在第三步确定原因时的工具。

（1）基本概念

图表泛指可直观展示统计信息属性（时间性、数量性等），对知识挖掘和信息直观生动感受起关键作用的图形结构，是一种很好地将对象属性数据直观、形象地"可视化"的手段。图表设计隶属于视觉传达设计范畴。图表设计是通过图示、表格来表示某种事物的现象或某种思维的抽象观念。

扇形图、柱状图、折线图和趋势图是图表中四种最常用的基本类型。图表类型还包括条形图、散点图、面积图、圆环图、雷达图、气泡图、股价图等。此外，可以通过图表间的相互叠加来形成复合图表类型。

不同类型的图表可能具有不同的构成要素，如折线图一般要有坐标轴，而扇形图一般没有。归纳起来，图表的基本构成要素有：标题、刻度、图例和主体等。同样的一份数据可以制成不同表现形式的图表，这三种图形侧重各有不同。

数据系列：在图表中绘制的相关数据点的数据源自数据表的行或列。图表中的每个数据系列具有唯一的颜色或图案并且在图表的图例中表示。可以在图表中绘制一个或多个数据系列。

数据点：在图表中绘制的单个值，这些值由条形、柱形、折线、饼图或圆环图的扇面、圆点和其他被称为数据标记的图形表示。相同颜色的数据标记组成一个数据系列。

（2）扇形图

扇形图可以看成数据的合计后的占比，适合突出表现份额。扇形图（SectorGraph，或PieGraph）又叫饼图，常用于统计学模块。2D 图为圆形，手画时，常用圆规作图。如图 8-3 所示。

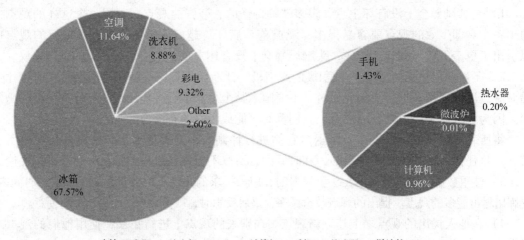

图 8-3　扇形图

仅排列在工作表的一列或一行中的数据可以绘制到扇形图中。扇形图只有一个数据系列。扇形图显示一个数据系列中各项的大小与各项总和的比例。扇形图中的数据点显示为整个饼图的百分比。

如果在工作中遇到需要计算总费用或金额的各个部分构成比例的情况，一般都是通过各个部分与总额相除来计算，而且这种比例表示方法很抽象，可以使用一种扇形图表工具，能够直接以图形的方式直接显示各个组成部分所占比例。更为重要的是，由于采用图形的方式，更加形象直观。

（3）柱状图

柱状图长于数据的对比，通常用于 A 和 B 在相同时间的数据对比。柱状图（Barchart）是一种以长方形的长度为变量的表达图形的统计报告图，由一系列高度不等的纵向条纹表示数据分布的情况，用来比较两个或两个以上的价值（不同时间或者不同条件），只有一个变量，通常应用于较小的数据集分析。

柱状图亦可横向排列，或用多维方式表达。类似的图形表达为直方图，不过后者较柱状图而言更复杂，直方图可以表达两个不同的变量。

主要用于数据的统计与分析，易于比较各组数据之间的差别。早期主要用于数学统计学科中，到现代使用已经比较广泛，比如，现代生产线的产品分析和一些软件的分析测试。此外，相似的还有饼图和折线图。柱状图与折线图如图 8-4 所示。

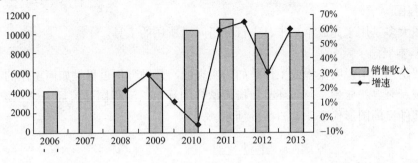

图 8-4　柱状图与折线图

（4）折线图

折线图有利于表现变化的趋势，通过曲线的变化体现增长的速率。所以选取哪种表现形式取决于想表达的中心思想。

排列在工作表的列或行中的数据可以绘制到折线图中。折线图可以显示随时间（根据常用比例设置）而变化的连续数据，因此非常适用于显示在相等时间间隔下数据的趋势。在折线图中，类别数据沿水平轴均匀分布，所有值数据沿垂直轴均匀分布。

折线图用于显示随时间或有序类别而变化的趋势，可能显示数据点以表示单个数据值，也可能不显示这些数据点。在有很多数据点并且它们的显示顺序很重要时，折线图尤其有用。如果有很多类别或者数值是近似的，则应该使用不带数据标记的折线图。

（5）趋势图

趋势图有时也叫走向图，是随着序列变化或随着时间的推移展示不同数值的图表。它用来显示一定时间间隔（例如一天、一周或一个月）内所得到的测量结果。以测得的数量为纵轴，以时间为横轴绘成图形。如图 8-5 所示。

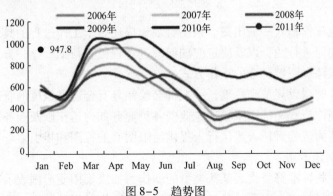

图 8-5　趋势图

趋势图有助于确定测得的变化是随机变化的还是有与之相关联的；可以说明性能在实施"之前"和"之后"的变化；趋势图从班期、运转、周期、离散或自然模式的变化中寻找规律，解释为什么导致这样的结果。

走向图就像不断改变的记分牌。它的主要用处是确定各种类型问题是否存在重要的时间模式。这样就可以调查其中的原因。例如，按小时或按天画出次品出现的分布图，就可能发现只要使用某个供货商提供的材料就一定会出问题。这表示该供货商的材料可能是原因所在。或者发现某台机器开动时一定会出现某种问题，这就说明问题可能出在这台机器上。

3. 流程图

流程图大多是用来完成第二步时进行分析问题所用的工具。

（1）基本概念

流程图是用图来说明流程或工作是如何实现的。帮助分析过程是如何工作的和识别可能改进的领域。来寻找瓶颈、薄弱环节和指代糟糕的环节。流程图是流经一个系统的信息流、观点流或部件流的图形代表。如图 8-6 所示。

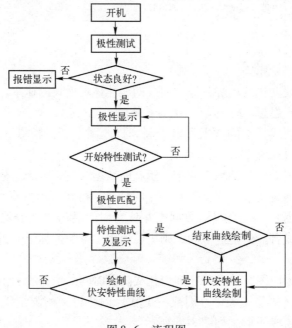

图 8-6　流程图

流程图有时也称作输入—输出图。该图直观地描述一个工作过程的具体步骤。流程图对准确了解事情是如何进行的，以及决定应如何改进过程极有帮助。这一方法可以用于整个企业，以便直观地跟踪和图解企业的运作方式。

为了让流程能够得以规范和落地，一般都会绘制具有合适颗粒度的管理或业务流程图并编写流程说明，制作流程文档用来描述企业的各类业务如何运作以及业务运作模式如何解决用户的需求，以期为流程责任人或执行人提供清晰明确的视图和指引。

（2）流程图制作方法

流程图使用一些标准符号代表某些类型的动作，如决策用菱形框表示，具体活动用方框表示。但比这些符号规定更重要的是必须清楚地描述工作过程的顺序。流程图也可用于设计改进工作过程，具体做法是先画出事情应该怎么做，再将其与实际情况进行比较。

1）定义处理范围：所有者、启动和停止点、输入和输出，客户、供应商、合作伙伴、关键利益相关者。

2）列出步骤：确认细节层次一致。

3）添加符号：开始、结束、输入、处理步骤、决定。

4）连接：用箭头连接每一步。

5）封闭：从判断点引出的另一个选项。

（3）流程图的应用

流程图是揭示和掌握封闭系统运动状况的有效方式。作为诊断工具，它能够辅助决策制定，让管理者清楚地知道，问题可能出在什么地方，从而确定出可供选择的行动方案。

在企业中，流程图主要用来说明某一过程。这种过程既可以是生产线上的工艺流程，也可以是完成一项任务必需的管理过程。例如，一张流程图能够成为解释某个零件的制造工序，甚至是组织决策制定程序的方式之一。这些过程的各个阶段均用图形块表示，不同图形块之间以箭头相连，代表它们在系统内的流动方向。下一步何去何从，要取决于上一步的结果，典型做法是用"是"或"否"的逻辑分支加以判断。

流程图是一种直观的工具，因此几乎所有的办公领域都会运用到它。如人事部门有人事结构图，软件开发有开发流程图，各种工艺制造业的管理需要有工艺工程图等。总之，由于图形表达方式便捷与明了，流程图的绘制就成了企业办公过程中最常见的工作之一，准确、简洁而精美是这项工作的主要目标。

4. 因果图

因果图大多用是来完成第三步确定原因时所用的工具。

（1）基本概念

因果图又叫特性要因图，就是当一个问题的结果受到一些原因的影响时，将这些原因予以整理，成为有相互关系且有系统的图形。简言之就是将造成某项结果的诸多原因，以有系统的方式来表达结果与原因之间的关系。

某项结果的形成，必定有其原因，设法使用图解法找出这些原因来。其主要目的在阐明因果关系，亦称"因果图"，因其形状与鱼骨相似，故又常被称为"鱼骨图"。

在工程实际中，这些要因基本是人员（Men）、机器设备（Machine）、材料（Material）、方法（Method）和环境（EnvironMent）。因此，有时候又叫作 5M 分析法。如图 8-7 所示。

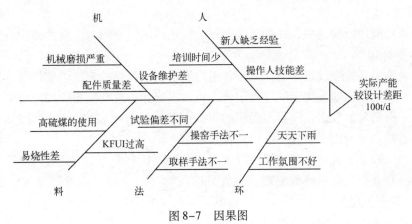

图 8-7　因果图

（2）因果图的分类

原因追求型：以列出可能会影响制程（或流程）的相关因子，以便进一步由其中找出主要原因，以此图形表示结果与原因之间的关系。

对策追求型：此类型是将鱼骨图反转成鱼头向左的图形，目的在于追寻问题点应该如何防止，目标结果应如何达成的对策，故以特性要因图表示期望效果（特性）与对策（要因）间的关系。

（3）绘制因果图

1）确定特性。在未绘制之前，首先须决定问题或品质的特性为何？一般来说，特性可用零件规格、账款回收率、制品不良率、客户抱怨、设备停机率、报废率等与品质有关或是以和成本有关的人事费、行政费等予以展现。

2）绘制骨架。首先纸张或其他用具（如白板）右方划一"□"填口决定的特性，然后自左而右划出一条较粗的干线，并在线的右端与接合处，划一向右的箭头。

3）大略记载各类原因。确定特性之后，就开始找出可能的原因，然后将各原因以简单的字句，分别记在大骨干上的分枝，以余度约60°划向干线，划时应留意较干线稍微细一些。各大要因记载可以4M+1E：人员（Man）、机械（Machine）、材料（Material）、方法（Methed）及环境（Environment）等五大类加以应用。

4）依据大要因，再分出个中要因。细分出中要因的中骨线（同样为600插线）应较大骨线细，中要因选定约3~5个为准，绘制时应将有因果关系之要因归于同一骨线内。

5）要更详细列出小要因。运用中要因的方式，可将更详细的小要因讨论出来。

6）图出最重要的原因。造成一个结果的原因有很多可以透过搜集数据或自由讨论的方式，比较其对特性的影响程度，以"□"或"○"图选取出来，作为进一步检讨或对策之用。

（4）因果图的应用

因果图不仅只发掘原因而已，还可借此整理问题，找出最重要的问题点，并依循原因找出解决问题的方法。特性要因图的用途极广，在故障诊断、管理工程、事务处理上都可使用，其用途可依目的分为改善分析用、制定标准用、管理用、品质管制导入及教育用、故障诊断用等。

配合其他手法活用，更能得到效果，如检查表、柏拉图等。

5. 检查表

在许多场合能用到检查表，比如解决问题七步法中确定原因时，要用到检查表。

（1）基本概念

检查表又称为点检表或查核表，是一种组织所收集的数据的表格。使用简单易于了解的标准化图形，人员只需填入规定的检查记号，再加以统计汇总其数据，即可提供量化分析或比对检查用。以简单的数据，用容易理解的方式，制成图形或表格，必要时记上检查记号，并加以统计整理，作为进一步分析或核对检查之用。

检查表用于协助收集和整理数据，以便更容易理解。它能系统地收集资料、积累信息、确认事实并可对数据进行粗略的整理。也就是确认有与没有或者该做的是否完成（检查是否有遗漏）。检查表包含的是原始数据，而不是信息。分析和解释数据，需要使用另外一些工具，如帕累托图、柱状图、趋势图、散点图等。

（2）检查表的分类

一般而言检查表可依其工作的目的或种类分为下述两种。

1）点检用查检表。在设计时即已定义使用，只做是非或选择的注记，其主要功用在于确认作业执行、设备仪器保养维护的实施状况或为预防事故发生，以确保使用时安全，此类查验表主要是确认检核作业过程中的状况，以防止作业疏忽或遗漏，例如，教育训练查检表、设备保养查检表，行车前车况检表等。点检用检查表示例如表8-1所示。

表8-1 点检用检查表示例

实训室下课时的检查								备注
位置区分		一	二	三	四	五	六	
实训台	断电复位	√	√	√	√	√	√	
	台凳整齐	√	√	√	√	√	√	
	设备整齐	√	√	√	√	√	√	
	材料整齐	√	√	√	√	√	√	
门窗	窗关闭	√	√		√			
	窗帘合上	√	√					
	走廊窗关上	√	√	√				
	门反锁	√	√					
电气	日光灯关闭	√	√	√	√			
	风扇关闭	√	√	√	√			
	投影仪及幕布关闭	√	√					
	电子讲台关闭	√						

2）记录用点检表。此类查检表是用来搜集计划资料，应用于不良原因和不良项目的记录，做法是将数据分为数个项目类别，以符号、划记或数字记录的表格或图形。由于常用于作业缺失，品质良莠等记录，故亦称为改善用查检表。如表8-2所示。

表8-2 记录用检查表示例

5S现场诊断表				
现场区分（实训室）诊断日：　年　月　日　诊断者：				
诊断内容		计点		
		0	-1	-2
地板桌面	1. 无污染且干净			
	2. 物品放置有否占用通道			
	3. 物品堆放有否整齐			
	4. 有无垃圾灰尘			
	5. 材料设备有无掉落			
	6. 有否放置不需要的东西			
壁面门窗	1. 门窗有无灰尘污染			
	2. 门窗帘有无污迹			
	3. 告示书板视觉观感是否良好			
	4. 壁面有无挂贴不需要的东西			

5S 现场诊断表

现场区分（实训室）	诊断日：　　年　月　日　　诊断者：			
天花板	1. 有无污染或蜘蛛丝			
	2. 日光灯有无油类污染			
	3. 吊式告示书板视觉观感是否良好			
实训设备	1. 放置是否良好			
	2. 有无灰尘污染			
	3. 标示是否明确			

8.1.4　解决问题的 5Why 法

准确地认识问题是问题解决的前提。我们失败的原因多半是因为尝试用正确的方法解决错误的问题。

1. 5Why 分析法概念

5Why 分析或称 5 个为什么分析，也被称作为什么 - 为什么分析，它是一种诊断性技术，被用来识别和说明因果关系链，它的根源会引起恰当地定义问题。文件中所有带有"为什么"的语句都会定义真正的问题根源，而通常需要至少 5 个"为什么"，所以叫做 5Why 分析法，但 5 个 Why 不是说一定就是 5 个，可能是 1 个，也可能连问 10 个都没有抓到根源。

使用此分析方法可以恰当地定义问题。不断提问为什么前一个事件会发生，直到回答到"没有好的理由"或直到发现一个新的故障模式时才停止提问。解释出根本原因，以防止问题重演，最终解决问题。如图 8-8 所示。

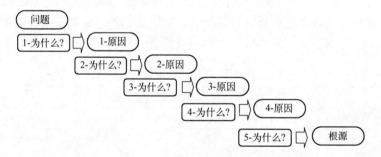

图 8-8　5Why 分析法概念

找不到真正解决问题的对策措施的原因在于没有追求真因，只有找到真因才能防止再发生；认定了一个发生原因之后，不再探索其他的原因；没有科学地解析故障的发生原因；对"故障真因""措施整改内容"理解不足。传统的方法通常是直接找到根本原因，快速解决问题。但是，这只能起到头疼医头，脚疼医脚的作用。无法根治问题的发生。

要想真正解决问题，就需要追求要因，防止问题再发。这就是 5Why 分析法。它不是根据经验等思考诱发现象的要因，而是有规则地、按顺序、没有遗漏地把真正的要因全部梳理出来。针对最后一个"为什么"探寻整改措施。5Why 分析法要以现地现物原则判定哪个要因是真正的源头，纠正要因就是整改措施。5Why 分析法是系统的分析方法。具有根治问题的能力。

使用 5Why 分析法，总的指导方针是不要认为答案是显而易见的；要绝对的客观，确认所描述的状态为事实，而非推断、猜测，可以的话，使用数据进行说明；如果自己不完全熟悉过程，就组建一个多功能的工作组来完成分析；要天真一些。

5Why 法的关键所在为鼓励解决问题的人要努力避开主观或自负的假设和逻辑陷阱，从结果着手，沿着因果关系链条，顺藤摸瓜，穿越不同的抽象层面，直至找出原有问题的根本原因。

2. 5Why 分析法应用步骤

应用 5Why 法需要 4 个步骤：说明问题并描述相关信息；问"为什么"直到找出根本原因；制定对策并执行；执行后，验证有效性，如有效进行定置、标准化、经验总结等。如图 8-9 所示。

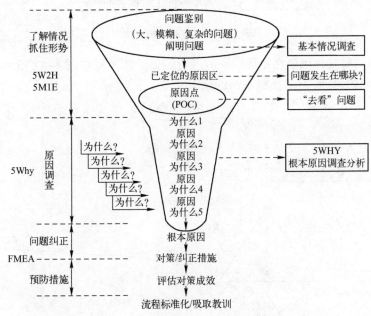

图 8-9　5Why 分析法应用步骤

（1）第 1 步：说明问题并描述相关信息

在这一步中，主要是了解情况抓住形势。要向有关人员清晰陈述所发生的问题和相关信息，做到让所有相关人员都了解要分析问题是什么，即使是不熟悉该类问题的人员。这一步是问题分析的基础，千万不能忽视。

其应用要点是：

1）确认所描述的状态为事实（what、where、when、who 等），而非推断、猜测；

2）尽可能分享已知的相关信息；

3）可以的话，使用数据进行说明。

（2）第 2 步：问为什么

在这一步中，主要是进行原因调查。利用 5Why 法找出真正的要因。如果提出的答案，无法被认为是在第 1 步中问题的根本原因，继续问"为什么"并找出答案。直到问题的根本原因已被识别。其过程如图 8-8 所示。

注意原因的细分，找出每个原因的根源。若问题的答案有一个以上的原因，则应找出每个原因的根源。其过程如图 8-10 所示。

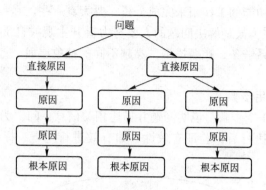

图 8-10　多原因 5Why 分析

在寻找原因的时候，可以在推导的同时进行验证。其过程如图 8-11 所示。应用时应避免：1）假定臆测的原因；2）模糊不清的原因。

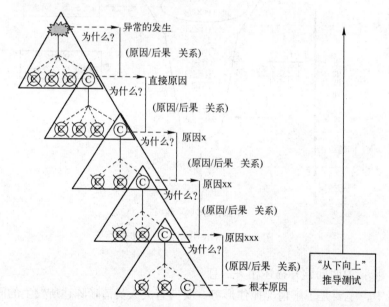

图 8-11　推导的同时验证

（3）第 3 步：制定对策

在这一步中，主要是进行问题纠正。即根据根本原因，制定相应对策并采取纠正措施。比如：规定托盘使用前，每班须使用酒精清洁之。

（4）第 4 步：标准化

在这一步中，主要是采取预防措施。执行第三步制定的对策，评估对策成效并验证其有效性。如果有效，则对其进行定置、经验总结，最后达成标准化。

通常利用表格管理法和看板管理法制订表格，张贴在工位，随时记录工作的状态。

3. 5Why 分析法的应用方法

在运用5Why 分析法时，常常采用两种分析方法，应用状态推理法和原理原则解析法。开始的时候，对于容易理解和分析的部分可以从应有状态入手，运用"应用状态推理法"分析；遇到比较难解和解析的地方，可以利用从原理原则入手，运用"原理原则解析法"来分析。

即，当引起某个问题的要因，如零件和制造条件等，在一定程度上已经明了，需要进一步分析明白从而得出防止再发生的措施的时候，通常使用"应用状态推理法"。引起某个问题的要因，如零件和制造条件等，无法确定，或者即使确定了还存在其他要因的可能性很高，需要找出其他的要因，并得出防止再发生的措施的时候，通常使用"原理原则解析法"。

（1）应用状态推理法

对照目前应有的状态，发现出问题的现象，重复问"为什么"，从而找出要因。这种方法适用于现象比较容易明确，原因接近于单独原因的情况。

比如：出现螺栓拧不动。根据以往的经验，脑子里会浮现螺栓、扳手的应有状态，将应有状态和实际的状态比较比较。从而得出结论。如图8-12 所示。

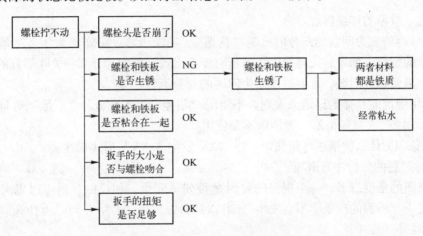

图8-12 应用状态推理法

以一眼能看明白的单位列举项目，以现地现物调查，只分析判定为 NG（不排除）的项目，在分析的最初阶段就聚焦在问题点上。如果调查项目 B（螺栓和铁板是否生锈）遗漏了，那么真正的"根源问题"将找不到。

（2）原理原则解析法

适用于现象的发生机理比较复杂，"根源问题"数量比较多的情况。引起问题的要因无法确定，或者即使确定，还存在其他要因的可能性很高。大多数用于"应有状态推理法"中没有发现的项目。这种方法是从理论展开，能防止跳跃、遗漏。如图8-13 所示。

4. 5Why 分析法注意要点

（1）对问题的描述注意事项

1）整理并区分问题，掌握事实状态。整理有可能认清问题的对象、物品或事项，牢牢地把握其中的事实。如果是故障解析，在"为什么"解析之前，首先要明确发生的现地和

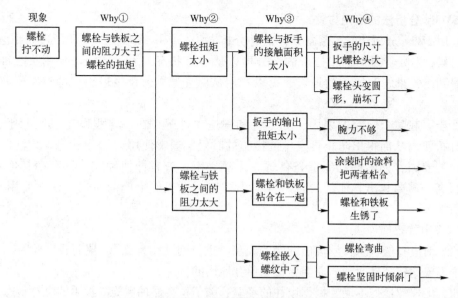

图 8-13 原理原则解析法

现物的状态、故障的详细内容。

2）充分理解成为问题的部分的机制"构造"、功能机理。实施"为什么"解析的时候要集合大家的智慧。如果是机器故障，解析时要把出现问题的部分和相关联部分的草图现场画出来。如果是业务问题，也要写出发生问题的业务流程。

3）使用明确而具体的词语来表现。不使用"很差""不充分""不足"等词语。常见的如"设计很差""材料很差"等词语不要使用。

4）现象和为什么的描述尽量简短。以"XX 发生了 XX"形式描述。

（2）对问题的分析注意事项

从因果图的角度思考，一个现象的要因是否列举完全。相反的，也可以思考"如果这个要因不发生，前面的现象会不会发生"，并以这种方式确认。持续问"为什么"直到出现能引出再发措施的原因。

1）问题及原因描述。只记录事实。要确认在现象栏中都是事实，而非推论。

2）注意避免不自然的推论。推论要理性、客观，千万要避免借口类答案。

3）避免对原因的追求牵涉到了人的心理。牵涉到了人的心理面，往往就导不出防止再发的对策。如：作业者心情烦躁、担当者很忙。检验员在检验时想着其他的事情。矛头要指向能够导出防止再发对策的设备层面、制度层面、执行层面等等。

4）围绕问题本身，避免责任推卸。只列出认为是异常的事项。应该追究硬件方面或管理机制方面的原因。

5）注意层和层间的相关性。每个为什么的问题和答案间必须有必然关系。两个为什么间必须紧密相关，不要跳步。

6）"为什么"解析完了之后，一定要从最后的"为什么"的部分开始以追溯的形式解决，确认理论是否正确。追溯的时候，用"因为 XX 所以 XX"方式。

7）分析要充分。分析不充分的话，通常只能是临时应对措施（异常处置），而非对策（再发防止）。如下列应用示例"汽车故障"所示。

（3）对制定对策的注意事项

防止再发的措施：改进后不再发生问题。即使再次发生，也很容易发现，或有体制促使发现问题。

（4）对结果的确认注意事项

对分析的结果进行确认时，需要眼见为实，耳听为虚。必须亲自去了解现实情况。亲自到现场。亲自看实物、接触实物。

5. 5Why 应用示例

（1）汽车故障

1）步骤1问题描述："有一台汽车故障不能行走"。

2）步骤2问"为什么"：为什么汽车不能行走？因为引擎故障。为什么引擎故障？因为火星塞不点火。为什么火星塞不点火？因为火星塞潮湿沾水。为什么火星塞潮湿沾水？因为引擎盖的密封漏水，以致水进入。

3）步骤3制定对策：如果只是把火星塞换了，汽车是可以走了。但是不用多久火星塞又要潮湿，汽车又要不动了。但如果把密封也换了，那么火星塞使用寿命就可以比较长了。

4）步骤4执行：如果把密封也换了，执行一周后，没有问题，那么火星塞使用寿命就可以比较长了。

（2）粉尘状贴合脏污

1）步骤1问题描述：11月2日白班，JHG0052114水胶贴合后，检查发现有粉尘状的贴合脏污，不良比例为 6/150 = 4.0%

2）步骤2问"为什么"：全部为什么列入图8-14所示，直到找出根本原因。

3）步骤3制定对策：制定托盘使用临时规定：规定托盘使用前，每班须使用酒精清洁。

4）步骤4执行：执行一周后，发现粉尘状贴合脏污现象再没有出现，可见这个5Why的分析有效，其制定的对策也有效。因此，将上述的"托盘使用临时规定"上升为"托盘使用规定"。利用表格管理法和看板管理法，制订表格、张贴在工位，随时记录托盘使用前，每班的使用酒精清洁状态。

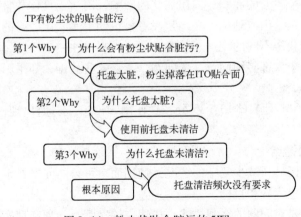

图 8-14　粉尘状贴合脏污的 5Why

8.1.5　解决问题的七步法

学习并掌握了解决问题七步法，可以使我们每个人都使用相同的方法，在解决问题有共同的语言。有相同的问题检查列表并覆盖所有必须的步骤，在解决问题时有一致性使得对于大规模、高复杂性的问题解决具有连续性。同时，对解决问题有一个可测量的和可重复的过程。

解决问题七步法的学习目的是学会一种的通用的问题解决方法，可以用于企业管理，也可以用于销售与市场管理，更能用于故障诊断、事故处理，这个方法不是只能用在本课程中的特定的工具。

无论是维护维修、改进生产设备，提升产品产量和质量，处理客户投诉，还是与供应商交涉。生产中面临的各种内部与外部的问题都可以利用系统的解决方法加以解决。

善于使用解决问题七步法，可以更容易地收集和分析信息；可以识别重要的问题；可以系统地分析复杂的问题；更容易找到问题的真正的原因；问题将得到根本解决，而不是仅仅流于表面；不会因为解决问题引起意外的事故；可以跟踪问题解决的结果，因而使得团队的合作更有效；此外，解决问题的方案也是给团队成员积极的奖励，提供一个共同的语言。

这七个步骤中的每一步都是解决问题的标准流程，按照这个流程和步骤可以对你在企业的任何一个岗位上遇到的问题做标准化解决。

1. 第一步：定义问题

问题解决七步法的第一步是定义问题。即，简明地将现在的状态和对当前影响写出来。执行这个步骤的输出结果是"问题陈述"。目的是明确目前状态和对当前有影响的问题。

什么是问题？问题就是存在于期望、希冀或正常应该的状态和实际发生状态之间的差别。一个好的问题陈述将有助于集中在正确的方向上。糟糕的问题陈述会让你浪费时间和精力。完成一个精确的问题陈述是解决问题最重要的一步。

（1）本步骤的注意事项

要客观地描述必须改变的症状，描述症状的影响，简洁、具体并且是可以衡量的。要观察和描述事实，而不是结论或理论，必须是没有争议的事实。比较好的方式是建立一个团队进行头脑风暴，便于获得不同的观点。陈述必须一次只关注一个问题，并且是可以被评估和检验的。小组中的每个人都必须同意这个问题，承认这些数据，如果不是每个人都同意，不能进行下一步。

比如："信号 X 在 1 月 1 日 13：30 分，在使用 SNC20 工具时出现，导致 5 片晶元损坏，从而影响后续的所有产品质量"。

（2）本步骤的关键点

定义需要改进的区域；减少复杂的情况，使用简单可行的元素；定义需要优先改善的区域；定义问题并指定里程碑和目标。

问题的定义必须是对问题的客观描述。描述应该实际，计划和现实之间应有差别。要描述出问题的"什么、谁、何时和何地"。显示的应该是问题而不是原因，也不是解决方案。应该包含一些数据，比如：出现的频次、大小和时间。一定要准确描述而且要知道为什么这个问题重要。

（3）如何准确描述的例子

现在的状态是货运到客户那里时间太长而且太贵。希望能减少交货期和运费。

现状描述：电子部件运到客户处，平均耗时 14 天，占销售单位价格的 13%。

希望的状态：希望交货期在 2 天之内，运费不超过货价的 3%。

问题描述：改进货运模式，在 30 天内，争取将供货期从 14 天降为 2 天。并且把运输费用从货价的 13% 降为 3%。

2. 第二步：分析问题

本步骤是分析问题，其目的是澄清与问题相关的所有因素，并理清当前存在的情况。执行这个步骤的输出结果是：现状分析文档，过程流程图，支持信息和数据。

在整个过程中沟通是至关重要的，关键点是保持畅通的沟通管道，让团队成员和利益相关者之间有良好的交流。一定要在每一步中都要和利益相关者相互交流。

为了成功地解决一个问题，我们必须首先充分了解它。花时间去研究和分析现状。为确保问题彻底解决，必须考虑到所有的意外事件。并确定表包含了所有的因素。为衡量最后的解决方案是否成功，提供了一个"基准"参考文档。

（1）本步骤的注意事项

需要问一系列问题：谁与这一问题的解决相关？对利益相关者的影响是什么？影响什么时候发生？在什么地方发生？它为什么重要？我们怎么处于现在的位置？他有什么历史和由来？利益相关者价值几何？

经过调查，可以准备分析了当前状态的文档。本文档将包括支持信息和数据。

（2）本步骤的关键点

收集和分析有关问题和处理的数据；描述和显示现有状态；表明潜在的问题根源。

本步骤所用工具包括图表、直方图、流程图。

3. 第三步：确定原因

本步骤是确定原因，其目的是识别和验证问题的根源。执行这个步骤的输出结果是：最可能的根源，相关物理模型，因果图，验证根本原因的数据和分析。

在这一步骤中，需要确定尽可能多的可能原因。组织梳理可能的原因，关注那些频繁的和重复性的问题。收集信息和数据来验证根本原因。

（1）本步骤的注意事项

团队的大小要适宜，在做头脑风暴时，组的规模大一些，在寻找根源问题时，可以把团队再分组，以便于有效地管理客观数据的输入。

本步骤需要问一系列问题，以便于得到输出结果：为什么会发生这个问题？这个问题的所有可能的原因是什么？哪个原因造成的影响最大？我们如何验证根本原因？我们需要什么数据？根据数据，我们正确地描述出问题了吗？基于数据，我们能做出解决方案吗？或者我们需要更多的信息吗？

（2）本步骤的关键点

确定可能的原因，分析每个可能的原因对问题影响的最终结果；选择最可能的原因用于进一步调查；分辨和确认最根本的原因。

本步骤所用工具包括头脑风暴、因果图（鱼骨图）、流程图、趋势图、检查表。

（3）本步骤的任务

完成解决问题的关键是要针对问题的根源完成四个任务：寻找原因；过滤、定义、预测因素；分析过程并执行；确认根本原因或否定次要原因。

本步骤要完成的任务是寻找原因：团队审查所有相关数据；从不同的观点观察这个问题。利用头脑风暴法、列表法，组织团队找出所有可能的原因。

4. 第四步：分析解决方案

本步骤是分析解决方案，其目的是寻找解决方案，用于测试并找出最终问题的根源。这一步的输出是：提出解决方案及其每一项解决方案的评价方式；对解决方案的测试做出选择；对选择的解决方案的测试做出计划以确保它能好用；记录测试的结果。

在这一步骤中，需要确定现实与理想的差距，或者说错误有多大。确定边界条件，收集所有可能的解决方案，评估这些解决方案。使用决策方法选择"最好"的解决方案，并一一测试这些解决方案。

（1）本步骤的注意事项

本步骤需要问一系列问题，以便于得到输出结果：那些是可衡量的预期结果和现状结果之间的区别？能限制我们解决方案的边界条件有哪些？我们将使用什么标准来评估提议的解决方案？我们用什么样的决策方法来选择解决方案？我们如何去测试我们选择的解决方案？我们如何去衡量测试结果？谁来决定是否向前推进？

（2）本步骤的关键点

确定边界条件，收集所有可能的解决方案，评估这些解决方案，将其排序，并一一测试这些解决方案。

（3）本步骤的任务

本步骤要完成的任务是过滤、定义、预测，分析过程并执行。

1）过滤、定义、预测。

过滤原因的数量，使之可控。采用滤波器的方法，要使原因的数量减少到一个很小的数字。要根据已知的数据和经验进行过滤，包括排列优先顺序、团队投票认可。

定义实验的方式，来证明或反驳原因。我们需要什么数据、样本大小、产品；采取什么路线、过程避免数据混淆；采用统计试验设计与分析，进行基本统计和就地统计。

预测结果和结论。实验的可能的结果是什么？你能结果中得出什么结论？模型的结论符合问题的各方面现象吗？这个原因能解决所有的问题吗？

2）分析过程并执行。

优化实验，分配给问题所有者。得到团队批准后，负责人采纳。制定执行时间表。采用趋势图、帕累托图、概率图、实验设计分析等工具。

5. 第五步：实施解决方案

本步骤是实施解决方案，其目的是实现和测试解决方案，并确认他们就是产生问题的根源，以满足改进的目标。

执行这个步骤的结果是可交付的成果、对解决问题的度量指标、所需资源、实施计划、支持用或不用某个方案的决定。

在本步骤中，需要通过确保那些关键元素，以增加解决方案的成功的机会。

（1）本步骤的注意事项

本步骤需要问一系列问题，以便得到结果：可交付的最终成果是什么？衡量的指标是什么？需要哪些资源？能完成可交付成果的计划是什么？何时可以交付？如何确保会有正确的反馈？如何确保反馈立即转化为实际行动？能认可所有有关人员的想法吗？

（2）本步骤的关键点

实施解决方案的步骤共5步：定义可交付成果；确定的度量指标；确定所需的资源；获得支持；计划和执行。

（3）本步骤的任务

本步骤要完成的任务是确认最根本的原因并更正。

基于数据，准备继续探讨解决方案吗？还需要更多的信息吗？这些检测还可以优化吗？能包含全部的原因吗？验证问题的根源，拒绝问题的根源，确认它是否是确定的。

6. 第六步：将解决方案标准化

本步骤是将解决方案标准化，其目的是修改过程和系统，以确保持续改进。执行这个步骤的输出结果是将解决方案做成符合企业格式的文档，将文档更新归档。

我们的业务需要持续改进我们的行为乃至我们的使命和价值观。解决方案成为且只能成为一个必要的技能、工具、方法和价值观支持的标准。技能是能够执行一个动作；工具帮助完成一个动作；方法则是定义完成任务的一系列动作；价值观则是一个我们相信的原则，我们使用的方法、工具和技巧。

（1）本步骤的注意事项

本步骤需要问一系列问题，以便完成解决方案标准化：如何完成这个问题解决方案的归档过程？其他能用的解决方案是否也需要归档？开发何种所需的技能来维持这个解决方案？需要什么工具来维持这个解决方案？这个解决方案是否符合企业的价值观？如何以及和谁分享这个解决方案？

（2）本步骤的关键点

将解决方案标准化的方法，修改程序，更新文档，培训，增设奖励指标，发现其他应用程序。

7. 第七步：确定下一个问题

本步骤是确定下一个问题，其目的是评估前序的成就和经验教训，并确定从这里去往何处。执行这个步骤的输出结果是：将团队保留或者解散，归档便于事后剖析和引用。往往举行事后剖析会来讨论之前的工作情况。

（1）本步骤的注意事项

本步骤需要问一系列问题，以便完成下一个问题的确定：对自己的目标满意吗？怎么知道是否满意？什么地方做得好？是否可以做得更好？谁需要知道这个项目的结果？沟通的结果如何？达到项目的结束吗？应该解散团队吗？怎么庆祝我们的成功？学到了什么教训？如何用我们所学到的，以防止未来出错？

（2）本步骤的关键点

事后剖析的好处是经验分享和学习。过去的成功经验可以归档；识别错误，从而不重复犯错。最佳方法共享。预防未来的问题。

8. 解决问题的七步法实例

将问题的解决分成七个步骤，并不是一成不变的。也可以用更简单的四步法解决，也可以用十个步骤去解决，分几步并不重要，关键在于提供了解决问题的有效思路。

对解决问题来说，七步法只是其形，使用者之心才是其神：在现状把握时是否有细致之心，在设定目标时是否有挑战之心，在要因分析时是否有斟酌之心，在对策研讨时是否有创新之心，在计划实施时是否有务实之心，在效果确认时是否有客观之心，在效果巩固时是否有反省之心。

当员工真正养成了这些品质，问题的解决就会更有成效。即使是基层员工，一旦拥有良好的思维习惯，谁能担保他不是下一个杰出人才呢。

问题举例：我家房前的草坪上有几个大的秃斑点。

为解决这个问题，召集了相关的人员成立一个解决问题团队。包括业主、两个邻居、园林设计师、保姆、化学喷雾公司代表、十几岁的儿子及其一起玩足球的几个朋友。

（1）定义问题

定义问题，目的是简明地将现在的状态和对当前影响写出来。这个步骤的输出结果是"问题陈述"。因此，目前存在的问题是："草坪上有几个大的秃斑点"或者说"草坪上有几处枯黄的地块"。

（2）分析问题

分析问题的输出结果是：现状分析文档、过程流程图、支持信息和数据。

现状分析文档与支持信息和数据：洒水装置运行时间为晚上 7 点，每天运行 20 min；斑秃点没有规律，是随机出现的；请了专业的化学喷雾公司，做了杀虫服务；孩子们每个周末都过来踢足球；院子的栅栏是围起来的，并且锁着门；邻居家的花园没有类似的斑秃点问题；斑秃点问题是开春之后逐渐显现出来的。

过程流程图如图 8-15 所示。

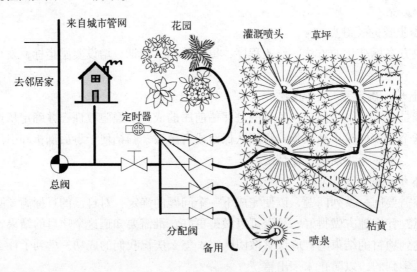

图 8-15　草坪枯黄过程流程图

（3）确定原因

确定原因的目的是识别和验证问题的根源。这个步骤的输出结果是：最可能的根源，相关物理模型，因果图，验证根本原因的数据和分析。

头脑风暴开始，绿色的草坪是水、施肥、温度、疾病、害虫、啮齿动物、外力破坏等的函数。而水对于草坪的根是时间、风、喷头范围、污染、水压力、蒸发、渗透入土速度等的函数。施肥是肥料类型、施肥频率、施肥时间的函数。温度是典型天气、阴影、墙壁反射等的函数。

使用因果图作为工具，进行人工、机械、方法、材料等方面的因果分析，如图8-16所示。

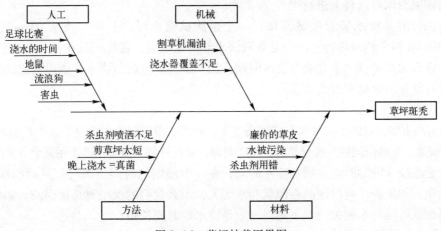

图8-16 草坪枯黄因果图

（4）分析解决方案

分析解决方案的目的是寻找解决方案，用于测试并找出最终问题的根源。这个步骤的输出是：提出解决方案及其每一项解决方案的评价方式；对解决方案的测试做出选择；对选择的解决方案的测试做出计划以确保它能好用；记录测试的结果。

1）过滤、定义与预测。

对上述的原因一一进行过滤、定义与预测，将这些分析列成检查表，如表8-3所示。

表8-3 草坪枯黄原因检查表

数 据 模 型	秃斑点的随机性	邻居没有类似问题	逐渐变暖的天气	栅栏围着并锁着门	原因的可能性
踢足球	不影响	对	无影响（常年踢）	对	中等
浇水时间短	影响	对	对	对	高
有地鼠	影响	不像	不像	对	中等
有虫害	影响	不像	对	对	中等
流浪狗	影响	不像	不对	不对	低
割草机漏油	不影响	对	对	对	中等
浇水器覆盖不足	影响	对	对	对	高
杀虫剂用错	不影响	对	对	对	中等
晚间浇水	影响	对	对	对	高
草坪剪得太短	不影响	对	对	对	中等
草坪廉价	不影响	对	对	对	中等
水质不好	不影响	对	不对	对	低

按照上述的分析，经过滤之后，将喷水时间短、浇水器覆盖不足、晚间浇水这三项作为问题的根源原因。

2）分析过程并执行。

需要收集一些数据来证明或反驳上诉的假设。比如可以对照绿色草坪和枯黄草坪是否使用了同样量的水。可以对照今年与往年春天的气温趋势。当然可以使用更快速、更简单的检查方法。比如比较绿色草坪和枯黄草坪周围的土地哪个干燥？查看浇水装置，检查其覆盖率，做喷洒测试。

那么哪项测试可以马上进行呢？

需要执行的是浇水装置喷洒测试：一个是测试喷水时间长短，按照 10 min、20 min、30 min、40 min 四个档位进行；一个是查看浇水器覆盖范围，将杯子放在枯黄草坪及其周围，看看杯子收集的水量；一个是改变浇水时间，比如清晨 6 点进行浇水。做出对比试验后，等待十天看看草坪的效果有否改善。

（5）实施解决方案

实施解决方案，目的是实现和完成解决方案，并确认根源问题以改进。这个步骤的输出是：可交付的成果，对解决问题的度量指标，所需资源，实施计划，支持用或不用某个方案的决定。

如果更改喷水的时间点、增加喷水时间，在一个星期的时间是否会使枯黄的草坪变绿，是否能量化。如果否，则问题的根源就和水无关，那么我们的模型就是错误的。如果有一些改善，那么就可能与水相关，但不见得一定是浇水的时间长短。

但实际上，我不想尝试减少水量从而杀死我的草坪，也不想把这么一个试验做 6 个月，我可以从另一个方面着手做实验，比如每天浇水 40 min，持续一个星期试试。

（6）将解决方案标准化

将解决方案标准化，目的是修改过程和系统，以确保持续改进。这个步骤的输出结果是：将解决方案做成符合企业格式的文档，将文档更新归档。

假设最终测试得到的是"在清晨 6 点，喷水 30 min，将水压提高 0.1 bar（增加覆盖率），会使枯黄草坪在一周内返青"。那么就需要把这个解决方案书写下来，张贴在室内控制喷水的定时器处。

（7）确定下一个问题

确定下一个问题，目的是评估前序的成就和经验教训，并确定从这里去往何处。这个步骤的输出结果是：将团队保留或者解散，归档便于事后剖析和引用。

如果上述的草坪有斑秃现象已经圆满解决，就要一一通知前序的团队成员处理结果，团队解散。如果没有圆满解决或者出现了新的问题，那么就要重新召集团队，对此问题从头再来一遍。

8.2　磁电式传感器的转速测量实训

8.2.1　实训目的与意义

1. 知识目的

了解解决问题的基本概念、工具和方法，理解与掌握故障查错与处理方法的"5Why 分

析法"和"解决问题七步法"。

理解磁电式传感器测量的电磁感应原理。加深理解磁电式传感器测量转速的工作原理。学习迟滞性、量程范围和精度等级等概念。

2. 能力目的

能够运用问题查错与处理的"5Why分析法"和"解决问题七步法"方法,完成一般故障的检测与维修。

能够运用磁电式传感器的测速原理,学会转速参数测量的方法与操作步骤,完成转速参数测量。能够用迟滞性、量程范围和精度等级等概念,计算实训结果的迟滞性误差、量程范围和确定精度等级。

3. 技能目的

能够按照规则要求进行实训项目的规划、准备、执行、开车,并遵守行为规范、专业规范和安全规范。

能够按照教学要求完成实训项目的实训步骤规划、接线图与设备表准备、材料准备与接线、安装调试与数据测量、故障查找与检测维修,并最终完成实训报告的撰写。

8.2.2 实训原理与设备

1. 实训原理

磁电感应式传感器是以电磁感应原理为基础,根据电磁感应定律,线圈两端的感应电动势正比于线圈所包围的磁通对时间的变化率。即,W 匝线圈所在磁场的磁通变化时,线圈中感应电势 $e = -\dfrac{\mathrm{d}\varPhi}{\mathrm{d}t} = -W\dfrac{\mathrm{d}\varPhi}{\mathrm{d}t}$ 发生变化。

其中,N 是线圈匝数,$\varPhi$ 是线圈所包围的磁通量。若线圈相对磁场运动速度为 v 或角速度为 ω,则上式可改为 $e = -WBlv$ 或者 $e = -WBS\omega$。其中 l 为每匝线圈的平均长度;B 为线圈所在磁场的磁感应强度;S 为每匝线圈的平均截面积。

因此,当转盘上嵌入 N 个磁棒时,每转一周线圈感应电势产生 N 次的变化,通过放大、整形和计数等电路,可以通过测量每秒钟脉冲数量来测得转速。

2. 实训设备与材料

实验台主机箱:其上的 2~24 V 转速电源调节、直流电压表、转速/频率表。有条件的实训室,可以加装示波器。

传感器及其模板:磁电式转速传感器。

动力源:转动源单元。

其他:连接线缆。

3. 实训图纸与资料

实训用的磁电式转速传感器与主机箱的有关连接图纸见图 8-17,磁电式转速传感器的安装图纸见图 8-18。其他资料见附录中的相关内容或学校实训设备生产厂商的随机资料。

8.2.3 实训内容与要求

本次实训的实训内容是根据给出的实训设备与图纸资料,组成磁电式传感器转速测量系统,测得转动源在不同的激励电压下的转速,记录下测得的数据,并按照要求完成实训报告。根据指导教师设置的故障，按照"5Why 分析法"或"解决问题七步法"对故障进行查错与处理。

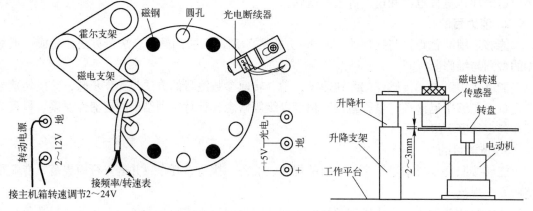

图 8-17　磁电式转速传感器接线示意图　　　图8-18　磁电式转速传感器安装示意图

1. 实训的规划

（1）分组分工

分组后，组长将本实训涉及的实训设备一一检查，填入表 3–1 实训设备记录表。实训过程中如果发现某一设备有任何问题，经老师确认后将故障现象填入表格。

然后进行分工。限于人数，可交叉分工。为了保证每一项工作都有人检查和复核，需设检查员一人。为保证整个实训过程处于安全状态下，需设安全员一人。

组长将分工填入表 3–2 实训成绩记录表。实训过程中，任何人所犯任何错误，按错误类别填入此表。

（2）实训步骤设计

按照下述的实训步骤的概括性描述，编写符合实际要求的"实训具体操作步骤"，其操作步骤与项目 3、4、5 中实训的步骤与格式相似。要求每一个操作都做描述，每一步骤或一个操作为一条目。一定要注明让老师检查和批准的环节，并注明在上电之前和之后要完成的检查和复核环节。

实训步骤设计包括设计记录测得数据的表格，表格的栏目数量、输入参数和单位、输出参数和单位要正确。

实训操作步骤编写完毕后，经由老师检查通过后，才可以进行下一步。

（3）实训步骤描述

按图 8-18 安装"磁电感应式传感器"，传感器底部距离转动源 2～3 mm（目测）。将"转动电源"接到主机箱转速调节 2～24 V 直流电源输出。"磁电式传感器"的两根输出线接到频率/转速表。调节 2～24 V 电压调节旋钮，从 2 V 开始，每间隔 0.5 V（最大不超过 12 V），记录转动源的转速值。做完从小到大的激励电压变化后，再从大到小做一次。即从 12 V 开始，向下调节激励电压，每隔 0.5 V，记录转动源的转速值。有条件的情况下，可通过示波器观测其输出波形。

注意事项：为防止烧坏电动机，必须注意电源正负极。为防止转动源失速和飞转，需要增加一些复位清零环节。激励电压调整完之后，经过一段时间转速才会稳定，要注意提醒。

174

（4）规划过程指导

全组人员按照上述编写的"实训具体操作步骤"查阅接线图。查清连接线的数量、线与线之间的关系。全组人员指导规划人员列出本次实训所需要的材料清单和接线图，即将实训所需材料和设备，填入表 3-3 实训设备材料表。

对于实训步骤设计中出现的错误，对于设备材料表和接线图中出现的错误，组长在"实训成绩记录表"的"规划"和"检查"中的相应负责人做出标记。

2. 实训的准备

根据上述经过检查无误的设备材料表，按照分工和领料规则，派出人员完成设备的领取和材料的领取，做材料准备。

（1）领取材料

去材料库，按材料清单，一人下指令，另一人取出材料并标记。现场做设备与材料的数量检查核对。

（2）检查材料

返回工作位之后，用实训工具完成设备与材料的质量检查核对。进一步检测所领材料品种、数量、质量是否符合要求。

（3）安放材料

对照设备，按材料清单的用途（位置）分出哪些线放在哪些地方。

如果品种、数量有误，需更改清单，再去材料库更换。对于实训准备中出现的错误，组长在"实训成绩记录表"的"准备"和"检查"栏中的相应负责人做出标记。

3. 实训的执行

按照上述编写的"实训具体操作步骤"开始安装与接线。必要时，在动手开始执行之前，负责执行的人员应能够在不动手的情况下，口述或模拟完成实训操作。执行者同组其他人员需监督与检查执行者的执行情况。

检查者要实时检查执行者是否做错。安全员要实时检查全体人员行为是否安全。

对于实训中出现的错误，组长在"实训成绩记录表"的"执行"和"检查"中的相应负责人做出标记。

对于出现的安全错误，比如极性不正确、未做必要的检查而通电、带电作业等，组长在"实训成绩记录表"的"安全"和"检查"中的相应负责人做出标记。

4. 实训的实施

完成接线后，检查者检查接线的正确性。上电前，提请老师确认可以上电。

按照上述编写的"实训具体操作步骤"，根据分组分工，由负责实施的人员完成实训操作。实施者一人发出指令，另一人完成指令。一人报出读数，另一人记录读数。

检查者要实时检查实施者是否做错。安全员要实时检查全体人员行为是否安全。

对于实训步骤设计的实施中出现的错误，组长在"实训成绩记录表"的"实施"和"检查"中的相应负责人做出标记。

5. 实训结束指导

当全部数据读取完毕，意味着实训做完。在数据完成后，检查者复核数据，交由老师检查。之后进行断电、拆线。拆线要注意方法，不允许从一端强拽线缆。

将材料返还到材料库时，需要分类归还，并注意 5S 制度。

整理数据，完成实训报告。

6. 故障查错与处理

指导教师设置故障。学员按照"5Why 分析法"或"解决问题七步法"进行故障查错与处理。完成描述问题、分析现状、确定原因、寻找解决方案、实施解决方案、将解决方案标准化、确定下一个问题等七个步骤的过程。

8.2.4 实训报告撰写要求

1. 实训报告内容要求

报告条目分为：实训目的、实训原理、实训仪器与设备、实训步骤、实训数据记录表、实训曲线、实训数据分析、实训小结、回答问题、故障查错与处理 10 部分。

需要叙述实训目的是否实现，实训原理是否理解，对实训仪器和设备有何认识，实训步骤设计撰写的内容，实训时测得的数据记录表，按照要求绘制的实训曲线，按照要求完成的实训数据分析，根据实训过程获得的知识与技能，体会、经验与教训等小结，并回答针对本实训出现的问题。

针对有"解决问题七步法"进行故障查错与处理环节的实训，还要完成描述问题、分析现状、确定原因、寻找解决方案、实施解决方案、将解决方案标准化、确定下一个问题等七个步骤的过程文件和结果文件。在实训报告中交付这些全部过程文件和结果文件。

2. 实训报告数据要求

（1）实训曲线绘制要求

根据实训数据记录表，根据不同驱动电压和转速时的数据，绘制出正行程和反行程两条电压－转速（$V-n$）特性曲线。

根据绘制的曲线，用文字描述电压－转速（$V-n$）特性，并说明与理想的电压－转速（$V-n$）特性有哪些区别。

（2）实训数据分析要求

计算在有效测量范围内，本磁电式转速传感器的灵敏度、线性度和迟滞性误差。并根据所学的知识，给出量程范围和精度等级。要求必须有计算步骤与计算过程。

3. 回答实训的问题

1）为什么说磁电式转速传感器不能测很低速的转动？说明理由。

2）为什么会出现迟滞性误差？说明理由。

3）如果转动电压的正负极接反了，会出现什么问题？

4）为什么要进行系统复位清零？如何进行？

5）为什么输入的电源电压最大不能超过 12 V？

6）总结一下本实训中必须遵守的注意事项。

8.3 霍尔式传感器的转速测量实训

8.3.1 实训目的与意义

1. 知识目的

了解解决问题的基本概念、工具和方法，理解与掌握故障查错与处理方法的"5Why 分

析法"和"解决问题七步法"。

理解霍尔式传感器测量的霍尔效应原理。加深理解霍尔式传感器测量转速的工作原理。学习迟滞性、量程范围和精度等级等概念。

2. 能力目的

能够运用问题查错与处理的"5Why 分析法"和"解决问题七步法"方法，完成一般故障的检测与维修。

能够运用霍尔式传感器的测速原理，学会转速参数测量的方法与操作步骤，完成转速参数测量。能够用迟滞性、量程范围和精度等级等的概念，计算实训结果的迟滞性误差、量程范围并确定精度等级。

3. 素质目的

能够按照规则要求进行实训项目的规划、准备、执行、开车，并遵守行为规范、专业规范和安全规范。

能够按照教学要求完成实训项目的实训步骤规划、接线图与设备表准备、材料准备与接线、安装调试与数据测量、故障查找与检测维修，并最终完成实训报告的撰写。

8.3.2 实训原理与设备

1. 实训原理

霍尔式传感器是以霍尔效应原理为基础，根据霍尔效应原理 $U_H = K_H IB$，当电流 I 垂直于外磁场 B 通过导体时，载流子发生偏转，垂直于电流和磁场的方向会产生一个附加电场，从而在导体的两端产生电势 U_H，这个电势也被称为霍尔电势。

因此，当被测圆盘上装上 N 只磁性体时，圆盘每转一周磁场就变化 N 次。每转一周霍尔电势就同频率相应变化，输出电势通过放大、整形和计数等电路，就可以通过测量每秒钟脉冲数量来测得被测旋转物的转速。

2. 实训设备与材料

实验台主机箱：其上的 +5 V 直流电源、2~24 V 转速电源调节、直流电压表、转速/频率表。有条件的实训室，可以加装示波器。

传感器及其模板：霍尔式转速传感器。

动力源：转动源单元。

其他：连接线缆。

3. 实训图纸与资料

实训用的霍尔式转速传感器与主机箱的有关连接图纸见图 8-19，霍尔式转速传感器的安装图纸见图 8-20。其他资料见附录中的相关内容或学校实训设备生产厂商的随机资料。

8.3.3 实训内容与要求

本次实训的实训内容是根据给出的实训设备与图纸资料，组成霍尔式传感器转速测量系统，测得转动源在不同的激励电压下的转速，记录下测得的数据，并按照要求完成实训报告。根据指导教师设置的故障，按照"5Why 分析法"或"解决问题七步法"对故障进行查错与处理。

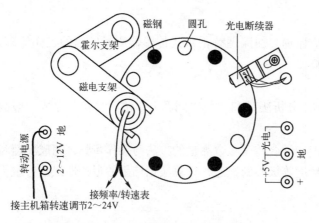

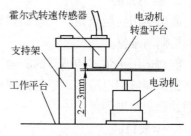

图 8-19　霍尔式转速传感器接线示意图　　　　图 8-20　霍尔式转速传感器安装示意图

1. 实训的规划

（1）分组分工

分组后，组长将本实训涉及的实训设备一一检查，填入表 3 - 1 实训设备记录表。实训过程中如果发现某一设备有任何问题，经老师确认后将故障现象填入表格。

然后进行分工。限于人数，可交叉分工。为了保证每一项工作都有人检查和复核，需设检查员一人。为保证整个实训过程处于安全状态下，需设安全员一人。

组长将分工填入表 3 - 2 实训成绩记录表。实训过程中，任何人所犯任何错误，按错误类别填入此表。

（2）实训步骤设计

按照下述的实训步骤的概括性描述，编写符合实际的实训具体操作步骤，其操作步骤与项目 3、4、5 中实训的步骤与格式相似。要求每一个操作都做描述，每一步骤或一个操作为一条目。一定要注明让老师检查和批准的环节，并注明在上电之前和之后要完成的检查和复核环节。

实训步骤设计包括设计记录测得数据的表格，表格的栏目数量、输入参数和单位、输出参数和单位要正确。

实训操作步骤编写完毕后，经由老师检查通过后，才可以进行下一步。

（3）实训步骤描述

按图 8-20 安装"霍尔式转速传感器"，传感器底部距离转动源 2 ~ 3 mm（目测）。按图接线，为"霍尔式转速传感器"供电，为转动源供电，并监视其电源输出。用频率/转速表测量"霍尔式转速传感器"的输出。改变转动源的供电电压（最大不超过 12 V），使得转动源转速变化。"转动源"的供电电压从 2 V 开始，每变化 0.5 V，记录转动源的转速值。做完从小到大的激励电压变化后，再从大到小做一次。即从 12 V 开始，向下调节激励电压，每隔 0.5 V，记录转动源的转速值。有条件的情况下，可通过示波器观测其输出波形，记录脉冲频率。

注意事项：霍尔式转速传感器是需要供电的。为防止烧坏电动机，必须注意电源正负极。为防止转动源失速和飞转，需要增加一些复位清零环节。激励电压调整完之后，经过一段时间转速才会稳定，要注意提醒。

（4）规划过程指导

全组人员按照上述编写的实训操作步骤查阅接线图。查清连接线的数量、线与线之间的关系。全组人员指导规划人员列出本次实训所需要的材料清单和接线图，即将实训所需材料和设备，填入表3-3实训设备材料表。

对于实训步骤设计中出现的错误，对于设备材料表和接线图中出现的错误，组长在"实训成绩记录表"的"规划"和"检查"中的相应负责人做出标记。

2. 实训的准备

根据上述经过检查无误的设备材料表，按照分工和领料规则，派出人员完成设备的领取和材料的领取，做材料准备。

（1）领取材料

去材料库，按材料清单，一人下指令，另一人取出材料并标记。现场做设备与材料的数量检查核对。

（2）检查材料

返回工作位之后，用实训工具完成设备与材料的质量检查核对。进一步检测所领材料品种、数量、质量是否符合要求。

（3）安放材料

对照设备，按材料清单的用途（位置）分出哪些线放在哪些地方。

如果品种、数量有误，需更改清单，再去材料库更换。对于实训准备中出现的错误，组长在"实训成绩记录表"的"准备"和"检查"栏中的相应负责人做出标记。

3. 实训的执行

执行者和同组其他人员进行检查。必要时，在动作之前，负责执行的人员应能够在不动手的情况下，模拟完成实训操作。

检查者要实时检查执行者是否做错。安全员要实时检查全体人员行为是否安全。

对于实训中出现的错误，组长在"实训成绩记录表"的"执行"和"检查"中的相应负责人做出标记。

对于出现的安全错误，比如极性不正确、未做必要的检查而通电、带电作业等，组长在"实训成绩记录表"的"安全"和"检查"中的相应负责人做出标记。

4. 实训的实施

完成接线后，检查者检查接线的正确性。上电前，提请老师确认可以上电。

按照上述编写的实训步骤，根据分组分工，由负责实施的人员完成实训操作。实施者一人发出指令，另一人完成指令。一人报出读数，另一人记录读数。

检查者要实时检查实施者是否做错。安全员要实时检查全体人员行为是否安全。

对于实训步骤设计中出现的错误，组长在"实训成绩记录表"的"执行""实施"和"检查"中的相应负责人做出标记。

5. 实训结束指导

当全部数据读取完毕，意味着实训做完。在数据完成后，检查者复核数据，交由老师检查。之后进行断电、拆线。拆线要注意方法，不允许从一端强拽线缆。

将材料返还到材料库时，需要分类归还并注意5S制度。

整理数据，完成实训报告。

6. 故障查错与处理

指导教师设置故障。学员按照"5Why 分析法"或"解决问题七步法"进行故障查错与处理。完成描述问题、分析现状、确定原因、寻找解决方案、实施解决方案、将解决方案标准化、确定下一个问题等七个步骤的过程。

8.3.4 实训报告的撰写

1. 实训报告内容要求

报告条目分为：实训目的、实训原理、实训仪器与设备、实训步骤、实训数据记录表、实训曲线、实训数据分析、实训小结、回答问题、故障查错与处理 10 部分。

需要叙述实训目的是否实现，实训原理是否理解，对实训仪器和设备有何认识，实训步骤设计撰写的内容，实训时测得的数据记录表，按照要求绘制的实训曲线，按照要求完成的实训数据分析，根据实训过程获得的知识与技能，体会、经验与教训等小结，并回答针对本实训出现的问题。

针对有"5Why 分析法"或"解决问题七步法"进行故障查错与处理环节的实训，还要完成描述问题、分析现状、确定原因、寻找解决方案、实施解决方案、将解决方案标准化、确定下一个问题等七个步骤的过程文件和结果文件。在实训报告中交付这些全部过程文件和结果文件。

2. 实训报告数据要求

（1）实训曲线绘制要求

根据实训数据记录表，根据不同驱动电压和转速时的数据，绘制出正行程和反行程两条电压－转速（$V-n$）特性曲线。

根据绘制的曲线，用文字描述电压－转速（$V-n$）特性，并说明与理想的电压－转速（$V-n$）特性有哪些区别，为什么。

（2）实训数据分析要求

计算在有效测量范围内，本霍尔式转速传感器的灵敏度、线性度和迟滞性误差，并根据所学的知识，给出量程范围和精度等级。要求必须有计算步骤与计算过程。

3. 回答实训的问题

1）霍尔式转速传感器与磁电式转速传感器在测量低速转动时有什么区别？

2）为什么霍尔传感器需要供电，而磁电式传感器不需要？

3）利用霍尔元件测转速，在测量上有否限制？

4）本实验装置上用了多少只磁钢？能否只用一只磁钢？

5）尝试更改转速/频率表的选择按钮，你发现数值上有什么区别？为什么？

6）总结一下本实训中必须遵守的注意事项。

8.4 光电式传感器的转速测量实训

8.4.1 实训目的与意义

1. 知识目的

了解解决问题的基本概念、工具和方法，理解与掌握故障查错与处理方法的"5Why 分

析法"和"解决问题七步法"。

理解光电式转速传感器的测量原理。加深理解光电式传感器测量转速的工作原理。学习迟滞性、量程范围和精度等级等概念。

2. 能力目的

能够运用问题查错与处理的"5Why分析法"和"解决问题七步法",完成一般故障的检测与维修。

能够运用光电式传感器的测速原理,学会转速参数测量的方法与操作步骤,完成转速参数测量。能够用迟滞性、量程范围和精度等级等的概念,计算实训结果的迟滞性误差、量程范围和确定精度等级。

3. 素质目的

能够按照规则要求进行实训项目的规划、准备、执行、开车,并遵守行为规范、专业规范和安全规范。

能够按照教学要求完成实训项目的实训步骤规划、接线图与设备表准备、材料准备与接线、安装调试与数据测量、故障查找与检测维修,并最终完成实训报告的撰写。

8.4.2　实训原理与设备

1. 实训原理

光电式转速传感器是以光电效应原理为基础,有反射型和透射型两种,本实训装置是采用透射型的光电断续性测量(有时称为光电断续器)。光电转速传感器端部两内侧分别装有发光二极管和光电式传感器,发光二极管发出的光源,透过转盘上的通透圆孔后,由光电式传感器接收,并转换成电信号。

由于转盘上有均匀间隔的 N 个孔,转动时将获得与转速有关的光电脉冲,每转一周光电脉冲就同频率相应变化,输出光电脉冲通过放大、整形和计数等电路,就可以通过测量每秒钟脉冲数量来测得被测旋转物的转速。将脉冲计数处理即可得到转速值。

2. 实训设备与材料

实验台主机箱:其上的 +5 V 直流电源、2 ~ 24 V 转速电源调节、直流电压表、转速/频率表。有条件的实训室,可以加装示波器。

传感器及其模板:光电式转速传感器 – 光电断续器(通常已经安装在转动源上)。

动力源:转动源单元。

其他:连接线缆。

3. 实训图纸与资料

实训用的光电式转速传感器与主机箱的有关连接图纸见图 8-21,大多数的实训装置上,光电式转速传感器已经安装在转动源上。其他资料见附录中的相关内容或学校实训设备生产厂商的随机资料。

8.4.3　实训内容与要求

本次实训的实训内容是根据给出的实训设备与图纸资料,组成光电式传感器转速测量系统,测得转动源在不同的激励电压下的转速,记录下测得的数据,并按照要求完成实训报告。根据指导教师设置的故障,按照"5Why分析法"和"解决问题七步法"对故障进行查

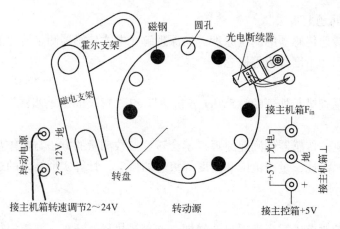

图 8-21　光电式转速传感器接线示意图

错与处理。

1. 实训的规划

（1）分组分工

分组后，组长将本实训涉及的实训设备一一检查，填入表 3-1 实训设备记录表。实训过程中如果发现某一设备有任何问题，经老师确认后将故障现象填入表格。

然后进行分工。限于人数，可交叉分工。为了保证每一项工作都有人检查和复核，需设检查员一人。为保证整个实训过程处于安全状态下，需设安全员一人。

组长将分工填入表 3-2 实训成绩记录表。实训过程中，任何人所犯任何错误，按错误类别填入此表。

（2）实训步骤设计

按照下述的实训步骤的概括性描述，编写符合实际要求的"实训具体操作步骤"，其操作步骤与项目 3、4、5 中实训的步骤与格式相似。要求每一个操作都做描述，每一步骤或一个操作为一条目。一定要注明让老师检查和批准的环节，并注明在上电之前和之后要完成的检查和复核环节。

实训步骤设计包括设计记录测得数据的表格，表格的栏目数量、输入参数和单位、输出参数和单位要正确。

实训操作步骤编写完毕后，经由老师检查通过后，才可以进行下一步。

（3）实训步骤描述

按图接线，调节 2~24 V 电压调节旋钮，从 2 V 开始，每间隔 0.5 V（最大不超过 12 V），记录转动源的转速值。做完从小到大的激励电压变化后，再从大到小做一次。有条件的情况下，可通过示波器观测其输出波形。

注意事项：光电式转速传感器是需要供电的。为防止烧坏电动机，必须注意电源正负极。为防止转动源失速和飞转，需要增加一些复位清零环节。激励电压调整完之后，经过一段时间转速才会稳定，要注意提醒。

（4）规划过程指导

全组人员按照上述编写的"实训具体操作步骤"查阅接线图。查清连接线的数量、线与线之间的关系。全组人员指导规划人员列出本次实训所需要的材料清单和接线图，即将实训所需材料和设备，填入表3 – 3实训设备材料表。

对于实训步骤设计中出现的错误，对于设备材料表和接线图中出现的错误，组长在"实训成绩记录表"的"规划"和"检查"中的相应负责人做出标记。

2. 实训的准备

根据上述经过检查无误的设备材料表，按照分工和领料规则，派人员完成设备的领取和材料的领取，做材料准备。

（1）领取材料

去材料库，按材料清单，一人下指令，另一人取出材料并标记。现场做设备与材料的数量检查核对。

（2）检查材料

返回工作位之后，用实训工具完成设备与材料的质量检查核对。进一步检测所领材料品种、数量、质量是否符合要求。

（3）安放材料

对照设备，按材料清单的用途（位置）分出哪些线放在哪些地方。

如果品种、数量有误，需更改清单，再去材料库更换。对于实训准备中出现的错误，组长在"实训成绩记录表"的"准备"和"检查"栏中的相应负责人做出标记。

3. 实训的执行

按照上述编写的"实训具体操作步骤"开始安装与接线。必要时，在动手开始执行之前，负责执行的人员应能够在不动手的情况下，口述或模拟完成实训操作。执行者同组其他人员需监督与检查执行者的执行情况。

检查者要实时检查执行者是否做错。安全员要实时检查全体人员行为是否安全。

对于实训中出现的错误，组长在"实训成绩记录表"的"执行"和"检查"中的相应负责人做出标记。

对于出现的安全错误，比如极性不正确、未做必要的检查而通电、带电作业等，组长在"实训成绩记录表"的"安全"和"检查"中的相应负责人做出标记。

4. 实训的实施

完成接线后，检查者检查接线的正确性。上电前，提请老师确认可以上电。

按照上述编写的"实训具体操作步骤"，根据分组分工，由负责实施的人员完成实训操作。实施者一人发出指令，另一人完成指令。一人报出读数，另一人记录读数。

检查者要实时检查实施者是否做错。安全员要实时检查全体人员行为是否安全。

对于实训步骤设计的实施中出现的错误，组长在"实训成绩记录表"的"实施"和"检查"中的相应负责人做出标记。

5. 实训结束指导

当全部数据读取完毕，意味着实训做完。在数据完成后，检查者复核数据，交由老师检查。之后进行断电、拆线。拆线要注意方法，不允许从一端强拽线缆。

将材料返还到材料库时，需要分类归还并注意5S制度。

整理数据，完成实训报告。

6. 故障查错与处理

指导教师设置故障。学员按照"5Why分析法"或"解决问题七步法"进行故障查错与处理。完成描述问题、分析现状、确定原因、寻找解决方案、实施解决方案、将解决方案标准化、确定下一个问题等七个步骤的过程。

8.4.4 实训报告的撰写

1. 实训报告内容要求

报告条目分为：实训目的、实训原理、实训仪器与设备、实训步骤、实训数据记录表、实训曲线、实训数据分析、实训小结、回答问题、故障查错与处理 10 部分。

需要叙述实训目的是否实现，实训原理是否理解，对实训仪器和设备有何认识，实训步骤设计撰写的内容，实训时测得的数据记录表，按照要求绘制的实训曲线，按照要求完成的实训数据分析，根据实训过程获得的知识与技能，体会、经验与教训等小结，并回答针对本实训出现的问题。

针对有"5Why 分析法"或"解决问题七步法"进行故障查错与处理环节的实训，还要完成描述问题、分析现状、确定原因、寻找解决方案、实施解决方案、将解决方案标准化、确定下一个问题等七个步骤的过程文件和结果文件。在实训报告中交付这些全部过程文件和结果文件。

2. 实训报告数据要求

（1）实训曲线绘制要求

根据实训数据记录表，根据不同驱动电压和转速时的数据，绘制出正行程和反行程两条电压－转速（$V-n$）特性曲线。

根据绘制的曲线，用文字描述电压－转速（$V-n$）特性，并说明与理想的电压－转速（$V-n$）特性有哪些区别？为什么？

（2）实训数据分析要求

计算在有效测量范围内，本霍尔式转速传感器的灵敏度、线性度和迟滞性误差，并根据所学的知识，给出量程范围和精度等级。要求必须有计算步骤与计算过程。

3. 回答实训的问题

1）光电式转速传感器与磁电式转速传感器在测量低速转动时有什么区别？

2）为什么光电式传感器需要供电，而磁电式传感器不需要？

3）为什么光电转速传感器要事先安装在转动源上，我们自己安装行不行？为什么？

4）计算测得的转速与频率之间的关系。

5）总结一下本实训中必须遵守的注意事项。

项目9 控制系统的调试与参数整定能力训练

【提要】 本项目介绍了自动控制系统的基本概念，讲解了 PID 控制规律，介绍了控制系统的品质指标，详细讲解了自动控制系统的整定，详细讲解了实训装置上的控制单元的使用方法。依托一个必做和三个选做的实训项目，完成对上述控制系统的调试与参数整定能力训练。以期学生能够经过本项目的训练，根据自动控制系统的基本概念，熟练运用自动控制系统的整定的基本工具，完成 PID 参数整定，达成控制系统的品质指标，并且能熟练地将智能工业调节仪这一工具的使用方法和整定流程，应用在后续的课程中，运用在其实际工作中，从而获得优异的学习成绩和良好的职业素养。

本项目成果：温度控制系统的阶跃响应曲线、PID 整定参数表。

9.1 自动控制系统的基本知识

9.1.1 自动控制系统

自动控制系统简称自控系统，是在无人直接参与下可使生产过程或其他过程按期望规律或预定程序进行控制的系统。自动控制系统是实现自动化的主要手段。

自动控制系统主要由控制单元、被控对象、执行单元和传感变送单元四个环节组成。按照自动控制系统的应用领域和各个环节的复杂程度，各环节的名称可用"器""元件""环节""装置"替代。按控制原理的不同，自动控制系统分为开环控制系统和闭环控制系统。按控制信号的不同，自动控制系统分为模拟控制系统和数字控制系统。

1. 开环控制系统

开环控制系统是最基本的控制系统，它是在手动控制基础上发展起来的控制系统，又叫自动操纵装置。图 9-1 所示的炉温控制系统为典型的开环控制系统，控制炉温的加热信号提供给交流接触器，交流接触器的输出为开关信号，控制加热器的启停，加热器通过加热媒介将加热炉的温度提升。

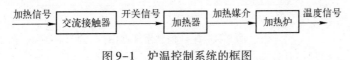

图 9-1 炉温控制系统的框图

图 9-1 的框图可以提炼为开环控制系统框图，如图 9-2 所示，开环控制系统的输入信号 V_i 由手动设定，也可由上一级控制系统给出。控制单元输出控制信号 V_o 提供给执行单元，执行单元的输出信号 V_p 调整了被控对象的被控参数即温度 t。

开环控制系统中，基于按时序进行逻辑控制的称为顺序控制系统。由顺序控制器、检测元件、执行器和被控对象所组成。主要应用于机械、化工、物料装卸运输等过程的控制以及

图 9-2　开环控制系统的框图

机械手和生产自动线。

2. 闭环控制系统

在开环控制系统中，由于输入信号与输出信号之间没有反馈联系，使得最终的被控参数不见得是想要的状态。

将系统的输出信号反馈到输入端参与控制，输出信号通过传感变送单元与输入信号联系在一起，形成一个闭合回路的控制系统，称为闭环控制系统，也称为反馈控制系统。

如图 9-3 所示，温度信号通过温度传感器得到温度信号，反馈信号反馈到输入端，与给定温度相比较，产生偏差信号，将偏差信号送入温度控制器，温度控制器经过运算后输出晶闸管控制信号，控制加热器的加热功率，从而实现对加热炉温度的精细控制。

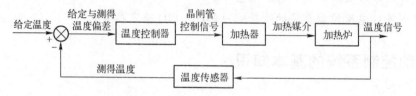

图 9-3　炉温闭环控制系统框图

闭环控制系统是建立在反馈原理基础之上的，利用输出量同期望值的偏差对系统进行控制，可获得比较好的控制性能。

程序控制系统：给定值按一定时间函数变化。如程控机床。

3. 自动控制系统中的术语

（1）自动控制系统的组成部分

由图 9-4 可见，温度自动控制系统由控制单元、执行单元、被控对象和传感变送单元四部分组成。此结构是一个典型的简单控制系统的基本组成。

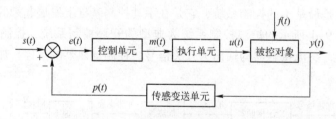

图 9-4　闭环控制系统框图

1）控制单元，包含比较机构和控制器。它接收来自于传感变送单元的信号，与设定值进行比较得出偏差 $e(t) = s(t) - p(t)$，按系统的不同要求，采用不同的规律进行运算（调节），将运算结果输出控制信号，去控制执行机构的运动。比较机构是控制单元的一个组成部分。

2）执行单元，又叫执行器、执行装置或执行元件，它根据控制单元送来的信号相应地改变控制信号，以达到控制被控参数的目的。根据控制单元输出控制信号的方向、大小，控制执行机构的动作，如电动机的变速，阀门的开启等。从而改变被控参数的数值。

3）被控对象，需要实现控制的设备、机械或生产过程称为被控对象，简称对象，如图 9-3 中的加热炉。

4）传感与变送单元，又叫变送器、测量装置或检测元件，由传感器完成对湿度、压力和温度等非电物理量的感受，并将其转换成相应的电学量，而变换后的电量作为被调节参数，它测量被控变量 $y(t)$，并将被控变量转换为特定的反馈信号 $p(t)$。

（2）自动控制系统的参数

1）被控参数 $y(t)$，又叫被控变量，被控对象内要求保持一定数值（或按某一规律变化）的物理量称为被控参数，如图 9-3 中的温度。被控变量即为对象的输出变量。

2）给定值 $s(t)$，又叫设定值，工艺规定被控变量所要保持的数值或保持的规律，如图 9-3 中的加热炉的加热给定值。

3）反馈信号 $p(t)$，又叫被测参数、反馈变量，是传感与变送单元对被控参数的测量值。

4）偏差 $e(t)$，又叫误差，偏差本应是设定值与控制变量的实际值之差，但能获取的信息是被控变量的测量值而非实际值，因此，在控制系统中通常把设定值与测量值之差定义为偏差。

5）输出信号 $m(t)$，又叫控制器输出信号，是控制器经过运算后输出的，用以使执行器输出相应被控变量的信号，如图 9-3 所示的开关信号。

6）控制信号 $u(t)$，又叫控制变量或操纵变量，受执行器控制，用以使被控变量保持一定数值，如图 9-3 所示的加热媒介。

7）干扰 $f(t)$，又叫扰动，除控制信号以外，作用于对象并引起被控变量变化的一切因素称为干扰，如图 9-3 中的流入加热炉的液体流量。

9.1.2　PID 控制规律

在过去的几十年里，PID 控制，也就是比例、积分、微分控制在工业控制中得到了广泛应用。在控制理论和技术飞速发展的今天，在工业过程控制中 95% 以上的控制回路都是具有 PID 控制规律的结构，而且许多高级控制都是以 PID 控制规律为基础的。

1. 反馈控制系统的控制过程

当今的自动控制系统绝大部分是基于反馈概念的。反馈理论包括三个基本要素：传感测量、比较控制和执行输出。控制系统的传感变送单元得到测量结果；控制单元做出决定；通过执行单元做出反应。如图 9-4 所示。

控制单元从传感变送单元得到测量结果反馈信号，然后用给定值这一需求结果减去测量结果来得到偏差。然后用偏差运用某种算法，来计算出一个对系统的纠正值来作为控制单元的输出结果，这样控制系统就可以从执行单元的输出结果中消除误差。

在一个反馈控制系统的控制回路中，这个纠正值有三种算法：消除目前的误差、平均过去的误差、透过误差的改变来预测将来的误差。PID 是以它的这三种纠正算法而命名的。这三种算法都是用加法调整被控制的数值。而实际上这些加法运算大部分变成了减法运算，因为被加数总是负值。

假如一个水龙头在为一个人提供热水洗澡，这个水龙头的水需要保持在一定的温度。一个传感器就会用来检查水龙头里水的温度，这样就得到了测量结果；控制器会有一个固定的用户输入值来表示需要的热水温度；执行器为一个电动机控制的水阀门，是连续可调型；控制信号为进水口的热水流量与冷水流量之比，开上阀门就会让热水进入多一些，开下阀门就会让冷水多一些，被控参数为出水口的水温；控制目标为保持出水温度基本恒定；各种扰动包括进水口水温和水压的波动、环境温度变化、用户的用水量变化等。总的控制思路是把水温控制在40℃。若水温偏低，则增大控制信号输出，即增大热/冷水流量的比值；若水温偏高，则减小控制信号输出，即减小热/冷水流量的比值。如图9-5所示。

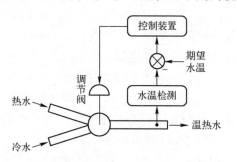

图9-5　水温控制系统

2. 阶跃响应

在一个自动控制系统中有两种输入信号对系统起作用，一是设定值的变化，称为设定作用或控制作用；一是扰动的变化，称为干扰作用。当输入（给定值和干扰）不变时，整个系统能够建立"平衡"，系统的各个环节暂时不动作，处于相对静止状态，这种状态称为自控系统的静态。

在分析控制系统时，我们将被控变量不随时间而变化的平衡状态称为系统的静态。将被控变量随时间而变化的不平衡状态称为系统的动态。一般情况下，会给设定值一个变化信号，看看系统的动态反应。最常见的是阶跃响应，如图9-6所示，即在某一时刻t_0突然给设定值一个跃变信号。将一个阶跃输入加到控制器上时，控制器的输出会随时间的变化而发生变化，其响应曲线会因控制器内部的运算方法不同而不同。

3. 比例（P）控制

比例控制用来消除目前的偏差，偏差值和一个负常数P（表示比例）相乘，然后和预定的值相加。P只是在控制器的输出和系统的偏差成比例的时候成立。这种控制器输出的变化与输入控制器的偏差成比例关系。

在水温调节系统中，比例控制能达到的是：若水温偏低，则水温低得越多，就使控制输出增大得越多；若水温偏高，则水温高得越多，就使控制输出减小得越多。即控制量的大小大致与偏差成比例。

设在正常情况下，温度为40℃时，水阀开度为90°。如果受到扰动，使温度低于40℃，每低2℃，手柄就向热水方向转5°；如果受到扰动，使温度高于40℃，每高2℃，手柄就向冷水方向转5°。可见阀门的开度与温度的偏差成比例关系，即

$$\beta = 90 - \frac{T-40}{2} \times 5 \tag{9-1}$$

可见，比例控制的特点如下。

1）比例控制的结构最简单，只有一个比例系数，可以使输出在有扰动的情况下基本恒定。

2）比例系数的设置应适当，过小则调节作用太弱，系统变化过于缓慢，并产生较大误差；过大就会调节过头，偏差的一点点变化会对应产生很大的控制作用，容易引起系统输出上下波动，即发生振荡。

3）比例系数的确定是在响应的快速性与平稳性之间进行折中。

4）比例调节基于偏差，但不可能完全消除偏差。

公式（9-1）可以写成

$$u(t) = u(0) + K_p \cdot e(t) \qquad (9-2)$$

其阶跃响应如图9-6所示。

4. 积分（I）控制

积分控制用来消除过去的偏差，偏差值是过去一段时间的偏差和，然后乘以一个负常数 I，然后和预定值相加。I 从过去的平均偏差值来找到系统的输出结果和预定值的平均偏差。

一个简单的比例系统会振荡，会在预定值的附近来回变化，因为系统无法消除多余的纠正。通过加上一个负的平均偏差比例值，平均的系统偏差值就会总是减少。所以，最终这个 PID 回路系统会在预定值定下来。

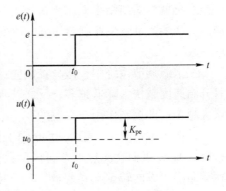

图 9-6　比例控制的阶跃响应

在水温调节系统中，积分控制能达到的是：若水温低于期望值，则将输入增大一些，如果还没有达到，就再增大一些，这样一点一点地调节，直到水温合适为止；控制信号输出包含偏差在时间上的累积即对偏差的积分，可最终消除偏差。

设在正常情况下，温度为40℃时，水阀开度为90°。如果受到扰动，使温度低于40℃，每低2℃，手柄就每秒钟向热水方向转5°；如果受到扰动，使温度高于40℃，每高2℃，手柄就每秒钟向冷水方向转5°。可见阀门的开关的速度与温度的偏差成比例关系，即

$$\frac{\Delta\beta}{\Delta t} = \frac{T-40}{2} \times 5 \qquad (9-3)$$

积分控制的特点如下。

1）只要偏差不为零，偏差就不断累积，从而使控制量不断增大或减小，直到偏差为零为止。

2）积分作用一般和比例作用配合组成 PI 调节器，并不单独使用，原因是积分控制作用比较缓慢。例如，水温很低，也就是偏差很大，本应该大幅度增大输入量，使水温尽快上升，但若只有积分控制，则输入量只能逐渐增大，水温上升缓慢；而比例作用则是误差越大，控制作用越强。

3）比例控制是最基本的、不可缺少的控制作用，积分控制只是配合比例控制起作用。

公式（9-3）可以写成

$$\frac{\mathrm{d}u(t)}{\mathrm{d}t} = K_I \cdot e(t) \qquad (9-4)$$

或

$$u(t) = u(0) + K_I \int_0^t e(t)\,\mathrm{d}t \qquad (9-5)$$

其阶跃响应如图9-7所示。

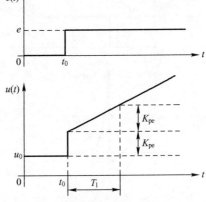

图 9-7　积分控制的阶跃响应

5. 微分（D）控制

微分控制用来消除将来的偏差，偏差值是计算偏差的一阶导数，并和一个负常数 D 相乘，最后和预定值相加。这个导数的控制会对系统的改变做出反应。导数的结果越大，那么控制系统就对输出结果做出更快速的反应。这个 D 参数也是 PID 被称为可预测的控制器的原因。D 参数对减少控制器短期的改变很有帮助。一些实际中的速度缓慢的系统可以不需要 D 参数。

在水温调节系统中，微分控制能达到的是：若扰动使水温升高，则应降低热冷水比值，且升温速度越快，降低越多；反之若水温要降低，则应增大热冷水比值，且降低速度越快，增大越多；即控制作用与水温的变化率成正比。

设在正常情况下，温度为40℃时，手柄为90°。如果受到扰动，使温度低于40℃，若每秒降2℃，手柄就向热水方向转5°；如果受到扰动，使温度高于40℃，若每秒高2℃，手柄就向冷水方向转5°。可见阀门的开度与温度的偏差变化速度成比例关系，即

$$\beta = \frac{T-40}{2t} \times 5 \tag{9-6}$$

微分控制的特点如下。

1）微分控制是基于偏差的变化率，水温还没有变，刚有变化的趋势，调节作用就开始了，所以微分控制具有"超前"或"预测"的性质，可以及时地抑制水温的变化。

2）微分控制只在系统的动态过程中起作用，系统达到稳态后微分作用对控制量没有影响，所以不能单独使用，一般是和比例、积分作用一起构成 PD 或 PID 调节器。

公式 9-6 可以写成

$$u(t) = K_{\mathrm{D}} \cdot \frac{\mathrm{d}e(t)}{\mathrm{d}t} \tag{9-7}$$

其阶跃响应如图9-8所示。

6. PID 综合控制

PID 是将比例、积分、微分控制加在一起的控制形式，PID 控制的原理及结构简单，使用方便。PID 控制的结构如图9-9所示。

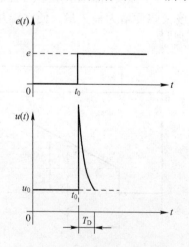

图9-8　微分控制的阶跃响应

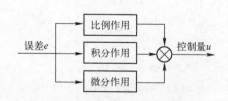

图9-9　PID 控制系统的结构图

190

如图 9-9 所示的理想 PID 控制的基本形式，其表达式为

$$u(t) = K_{p}e(t) + K_{i}\int e(t)\,\mathrm{d}t + K_{d}\frac{\mathrm{d}e(t)}{\mathrm{d}t} \tag{9-8}$$

$$u(t) = K_{p}\left(e(t) + \frac{1}{T_{i}}\int e(t)\,\mathrm{d}t + T_{d}\frac{\mathrm{d}e(t)}{\mathrm{d}t}\right) \tag{9-9}$$

式中，K_{p} 为比例增益；K_{i} 为积分增益；K_{d} 为微分增益；T_{i} 为积分时间；T_{d} 为微分时间；u 为操作量；e 为控制输出量 y 和给定值之间的偏差。

PID 控制的特点如下。

1）比例、积分、微分作用可根据需要进行不同组合，如 P 控制、PI 控制、PD 控制、PID 控制。PID 控制简单实用，工作原理简单，物理意义清楚，一线的工程师很容易理解和接受。

2）PID 控制的设计和调节参数少，且调整方针明确。

3）PID 控制是以简单的控制结构来获得相对满意的控制性能，控制效果有限，且对时变、大时滞、多变量系统等常常无能为力。

4）PID 控制是一种通用控制方式，广泛应用于各种场合，且不断改进和完善。

其阶跃响应如图 9-10 所示。

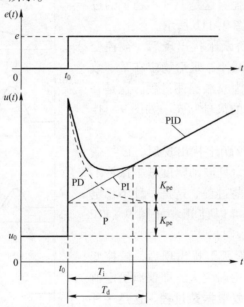

图 9-10　比例积分微分控制的阶跃响应

9.1.3　控制系统的品质指标

自动控制系统的性能可以用稳、准、快三个字来描述。"稳"是指系统的稳定性，一个系统要能正常工作，首先必须是稳定的，从阶跃响应上看应该是收敛的；"准"是指控制系统的准确性、控制精度，通常用稳态误差来描述，它表示系统输出稳态值与期望值之差；"快"是指控制系统响应的快速性，通常用上升时间来定量描述。

1. 控制系统的过渡过程

在图 9-5 所示的简单控制系统框图中,假定系统原先处于静态,系统中的各个环节都不改变其原有状态,其输出信号都处于相对静止状态;在某一时刻 t_0,有一干扰因素作用于对象,引起输出 y 发生变化,系统进入动态。由于自动控制系统的负反馈作用,经过一段时间后,系统会重新恢复平衡,达到一个新的静态。系统从一个平衡状态过渡到另一个平衡状态的过程,称为系统的过渡过程。

自动控制系统在阶跃干扰作用下过渡过程的基本形式有如图 9-11 所示的五种。

1)非周期衰减过程。阶跃干扰出现后,被控变量在给定值的某一侧作缓慢变化,没有来回波动,最后稳定在某一数值上,这种过渡过程形式称为非周期衰减过程。这是一种稳定过渡的过程。如图 9-11a 所示。

2)非周期单调发散。阶跃干扰出现后,被控变量在给定值的某一侧作缓慢变化,没有来回波动,逐渐远离给定值,这种过渡过程形式称为单调发散过程或非周期发散过程。这是一种不稳定的过渡过程,应尽量避免。如图 9-11b 所示。

3)衰减振荡过程。阶跃干扰出现后,被控变量上下波动,但幅度逐渐减小,最后稳定在某一数值上,这种过渡过程形式为衰减振荡过程。这是一种稳定过程,是自动控制的最佳状态。如图 9-11c 所示。

4)等幅振荡过程。阶跃干扰出现后,被控变量在给定值附近来回波动,且波动幅度基本保持不变,这种情况称为等幅振荡过程。这是一种不稳定过程,但在某现情况下可以使用。如图 9-11d 所示。

5)发散振荡过程。阶跃干扰出现后,被控变量来回波动,且波动幅度逐渐变大,即偏离给定值越来越远,这种情况称为发散振荡过程。这是一种不稳定的过渡过程,应当避免。如图 9-11e 所示。

2. 控制系统的品质指标

评价自控系统工作质量的好坏,常从分析系统瞬态过程入手。假定系统在阶跃输入作用下,被控变量的变化,属于衰减振荡过程。如图 9-11c 所示。图中横坐标为时间 t,纵坐标为被控变量 $y(t)$。

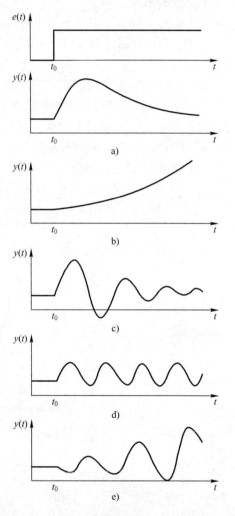

图 9-11 控制系统的阶跃响应

1)$t = t_0$ 之前,系统稳定,且被控变量等于给定值;

2)$t = t_0$ 时刻,在外加阶跃输入作用下,系统的被控变量开始按衰减振荡的规律变化;

3)经过相当长时间后,$t = \infty$,被控变量 y 逐渐稳定在一定值。

为了直观起见,将被控变量曲线图进行简化。则其系统瞬态过程(动态过程)响应曲线如图9–12所示。工程上为定量表征自动控制系统品质指标，常常使用以下几个能标志自控系统调节质量的品质指标。

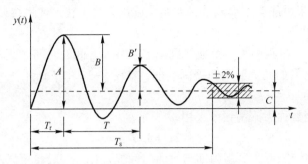

图9–12　控制系统阶跃响应的衰减振荡过程

（1）过渡时间 T_s

过渡时间是指系统过渡过程曲线进入新的稳定值的2%或5%范围内所需的时间。又叫瞬态过程时间，如图9–12中之 T_s 所示。

过渡时间短，表示过渡过程进行得比较迅速，这种情况下，即使干扰频繁出现，系统也能适应，系统控制质量就高；反之，过渡时间过长，第一个干扰引起的过渡过程尚未结束，第二个干扰就已经出现，这样，几个干扰的影响叠加起来，就可能使系统满足不了生产的要求。

（2）余差 C

余差是指系统过渡过程终了时给定值与被控参数稳定值之差，如图9–12中 C 所示。

给定值是最终的技术指标，所以，被控变量越接近给定值越好，即理论上，余差越小越好。但也不能一概而论，特别是考虑到投资问题时。有余差的控制过程称为有差调节，相应的系统称为有差系统；无余差的控制过程称为无差调节，相应的系统称为无差系统。

（3）最大偏差 A

最大偏差是被控参数第一个波的峰值与给定值的差，如图9–12中 A 所示。

最大偏差表示系统瞬间偏离给定值的最大程度。偏离越大，表明系统离规定的工艺指标就越远，这对稳定生产是不利的。因此最大偏差可以作为衡量系统质量的一个品质指标。一般来讲，最大偏差越小越好。

（4）超调量 B

超调量就是第一个峰值（最大偏差 A）与余差 C 之差，如图9–12中 B 所示。

因此，有时也可以用超调量来表征被控变量偏离给定值的程度。

$$B = A - C$$

对于无差调节系统，余差 C 为零，新的稳定值等于给定值。此时，最大偏差等于超调量。

（5）衰减比 n

衰减比是振荡过程的第一个波的振幅与第二个波的振幅之比。即

$$n = (A - C)/B$$

衰减比在4:1到10:1之间时，过渡过程开始阶段的变化速度比较快，被控变量能比较快地达到一个峰值，然后马上下降，又较快地达到一个低峰值，而且第二个峰值远远低于第

一个峰值，操作人员可以判断出被控变量会很快稳定下来。所以，一般 n 取 $4\sim10$ 为宜。

如果过渡过程接近于非振荡的衰减过程，操作人员可能在较长的时间内看到被控变量一直上升（或下降），很可能会手动调节，对系统施加人为干扰，使系统处于难控制的状态。

（6）振荡周期 T

振荡周期是指瞬态过程中第一个波峰到第二个波峰之间的时间，或者说是过渡过程同向两波峰（或波谷）之间的间隔时间叫振荡周期，如图 9-18 中 T 所示。

（7）振荡频率 ω

振荡周期 T 的倒数称为振荡频率，用 ω 表示。

$$\omega = 1/T$$

在衰减比相同的情况下，振荡周期与过渡时间成正比，一般希望振荡周期短一些为好。

（8）振荡次数

过渡过程内被控变量的振荡周期数，称为振荡次数。振荡次数实际上与衰减比 n 有关，数学上等于 T_s/T。

当 $n=4$ 时，过渡过程振荡二次就能够稳定下来，即所谓的"理想过渡二个波，二次波动即安定"。

（9）上升时间

自干扰（或变化）开始作用起，至达到第一个波峰时所需的时间，称为上升时间。上升时间反映了系统的灵敏性，一般情况下以较短为宜，但应具体分析，如 $n=1$ 时，上升时间很短，但无意义。

综上所述，过程时间与振荡周期都是衡量系统快速性的品质指标。超调量、最大偏差和衰减比是衡量系统的稳定性的品质指标。静差是衡量系统的准确性的品质指标。

这些指标间既有联系，又有矛盾，有时不可兼得。对不同系统，指标各有侧重，应根据情况分清主次。指标满足要求即可，不可过分偏高、偏严。

9.1.4 自动控制系统的整定

1. 控制系统整定的基本要求

在自动控制系统中，$E=SP-PV$。其中，E 为偏差、SP 为给定值、PV 为测量值。当 SP 大于 PV 时为正偏差，反之为负偏差。

比例调节作用的动作与偏差的大小成正比。当比例度为 100 时，比例作用的输出与偏差按各自量程范围的 1:1 动作。当比例度为 10 时，按 10:1 动作。即比例度越小，比例作用越强。比例作用太强会引起振荡。太弱会造成比例欠调，造成系统收敛过程的波动周期太多，衰减比太小。其作用是稳定被调参数。

积分调节作用的动作与偏差对时间的积分成正比。即偏差存在积分作用就会有输出。它起着消除余差的作用。积分作用太强也会引起振荡，太弱会使系统存在余差。

微分调节作用的动作与偏差的变化速度成正比。其效果是阻止被调参数的一切变化，有超前调节的作用。对滞后大的对象有很好的效果。但不能克服纯滞后。适用于温度调节。使用微分调节可使系统收敛周期的时间缩短。微分时间太长也会引起振荡。

简单控制系统的控制质量的决定因素是被控对象的动态特性。与此相比，其他则处于次要地位。当一个控制系统经过设计、安装之后，系统能否在最佳状态下工作，则主要取决于控制器各参数的设置是否合适。

2. 控制系统的工程整定方法

系统的整定方法有两类。一类为理论计算整定法，一类是工程整定法。

理论计算方法是，预先给定稳定裕量（或给定衰减率，或给定误差积分准则），通过计算取出最佳整定参数。由于表征调节对象动态特性的传递函数是近似的，所以最佳整定参数的理论计算结果是大致正确的。但是，最终选用的最佳参数，是通过实际现场调试得到的，理论计算数据只能作为试验调整时的参数数据。因此，在工程上常用的仍然是工程整定法。

常用的工程整定法各有其优缺点和适用范围，因此在对系统参数进行整定时应根据其系统的特点和生产过程中的要求采用适当的方法。无论采用何种方法所得控制器整定参数都需要通过现场试验、反复调整。

（1）稳定边界法

稳定边界法，又叫临界比例带法，是一种闭环整定方法，它建立在纯比例控制系统临界振荡试验所得试验数据（即临界比例带 δ_k 和临界振荡周期 T_k）基础上，利用一些公式，以求出控制器最佳参数值。其整定计算公式如表 9-1 所示。

表 9-1　稳定边界法计算控制器参数

调 节 作 用	比例度 $\delta/\%$	积分时间 T_i/min	微分时间 T_d/min
P	$2\delta_k$		
PI	$2.2\delta_k$	$0.85T_k$	
PID	$1.67\delta_k$	$0.5T_k$	$0.125T_k$

整定步骤如下：

1）置控制器积分时间 T_i 为最大值（$T_i = \infty$），微分时间设置为零（$T_d = 0$），比例带 δ 置为较大值，使控制系统投入运行。

2）在系统运行稳定后，逐渐减小比例带，直到系统出现等幅振荡，即临界振荡过程时，记下此时的比例带 δ_k 此为临界比例带，并计算两个波峰间的时间 T_k 此为临界振荡周期。

3）利用临界比例带 δ_k 和临界振荡周期 T_k 按上表给出的相应计算公式，求控制器各整定参数 δ、T_i、T_d 的数值。

采用稳定边界法进行控制器各参数整定时，控制系统必须工作在线性区段，否则得到的持续振荡曲线可能是极限环，因而不能依据此时的数据来计算整定参数。

由于被控对象特性的不同，按上述公式求得的控制器整定参数不一定能获得满意的效果。实践证明，对于无自平衡特性的对象，用稳定边界法求得的控制参数往往使系统响应的衰减率偏大（>75%）；而对于有自平衡特性的高阶对象，用此法进行整定控制器参数时，系统响应的衰减率大多偏小（<75%）。因此，用上述方法求得的控制器参数，需针对具体系统在实际运行过程中进行在线校正。

这种方法在下面两种情况下不宜采用：

1）临界比例度过小，因为这时候调节阀很容易处于全开及全关位置，对于工艺生产不利，举例来说，对于一个用燃料油（或瓦斯）加热的炉子，如 δ 很小，接近双位调节，将一会儿熄火，一会儿烟囱浓烟直冲。

2）工艺上约束条件较严格时，因为这时候如达到等幅振荡，将影响生产的安全运行。

（2）衰减曲线法

临界比例度法是要系统等幅振荡，还要多次试凑，而用衰减曲线法则较简单。与稳定边界法类似，所不同的只是此方法采用某衰减比（通常为 4:1 或 10:1）时设定值扰动的衰减振荡试验数据，而后利用一些经验公式来求取控制器相应的整定参数。其整定计算公式如表 9-2 所示。

表 9-2　衰减曲线法计算控制器参数

衰 减 率	调节作用	比例度 $\delta / \%$	积分时间 T_i/min	微分时间 T_d/（min）
4:1	P	δ_S		
	PI	$1.2\delta_S$	$0.5T_S$	
	PID	$0.8\delta_S$	$0.3T_S$	$0.1T_S$
10:1	P	δ_S		
	PI	$1.2\delta_S$	$2T_S$	
	PID	$0.8\delta_S$	$1.2T_S$	$0.4T_S$

对于 4:1 衰减曲线法的具体步骤如下：

1）将控制器的积分时间 T_i 为最大值（$T_i = \infty$），微分时间设置为零（$T_d = 0$），比例带 δ 置为较大值，并将控制系统投入运行。

2）待系统稳定后，通过设定值进行阶跃扰动，并仔细观察系统的响应。如果系统响应衰减太快，则可减小比例带 δ；反之，如果系统响应衰减过慢，则应增大比例带 δ。如此反复，直到系统出现 4:1 衰减振荡过程。记下此时的比例带 δ_S 和振荡周期 T_S 的数值。

3）利用 δ_S 和 T_S 值按表 9-2 给出的经验公式，求出控制器的整定参数 δ、T_i、T_d 的数值。

有的过程，4:1 衰减仍嫌振荡过强，可采用 10:1 衰减曲线法。方法同上，得到 10:1 衰减曲线，记下此时的比例度 δ_S 和上升时间 T_S，再按表 9-2 的经验公式来确定 PID 的数值。

采用衰减曲线法必须注意几点：

1）加给定干扰不能太大，要根据生产操作要求来定，一般在 5% 左右，也有例外的情况。

2）必须在工艺参数稳定的情况下才能加给定干扰，否则得不到正确得 δ_S、T_S 值。

3）对于扰动频繁，过程进行较快的控制系统，如流量、管道压力和小容量的液位调节等，要准确地确定系统响应的衰减程度比较困难，往往只能根据控制器输出摆动次数加以判断。一般以被调参数来回波动两次达到稳定，就近似地认为达到 4:1 衰减过程了。摆动一次所需时间即为 T_S。因此，这样测得的 δ_S 和 T_S 值会给控制器参数整定带来误差。

（3）经验整定法

在现场控制系统的整定工作中，经验丰富的运行调试人员常采用经验整定法。这种方法的实质是经验试凑法，它不需要进行上述方法中所要求的试验和计算，而是根据各自的运行经验，先确定一组控制器的参数，并将系统投入运行。而后，人为地加入阶跃扰动（一般采用改变控制器的设定值来产生扰动），来观察被调量或控制器输出的阶跃响应曲线，并依照控制器各参数对控制过程的影响，改变相应的整定参数值。

一般先调整比例带 δ，再调整积分时间 T_i，最后调整微分时间 T_d，如此反复试验多次，直到获得满意的阶跃响应曲线为止。

表 9-3 和表 9-4 分别就不同对象给出控制器参数的经验数据以及设定值扰动下，控制器参数的经验数据以及设定值扰动下控制器各参数对控制过程的影响。试凑法是通过模拟或闭环运行来观察系统的响应曲线（如阶跃响应），然后根据各控制器参数对响应的大致影响，反复试凑参数，以达到满意的响应，从而确定 PID 控制参数。

表 9-3　控制器参数的经验数据

调节系统	比例度 $\delta/\%$	积分时间 T_i /min	微分时间 T_d /min	说　明
流量	$40 \sim 100$	$0.1 \sim 1$		对象时间常数小，并有杂散扰动，δ 应大，T_i 较短，不必用微分
压力	$30 \sim 70$	$0.4 \sim 3$		对象滞后一般不大，δ 略小，T_i 略大，不用微分
液位	$20 \sim 80$	$1 \sim 5$		δ 小，T_i 较大，要求不高时可不用积分，不用微分
温度	$20 \sim 60$	$3 \sim 10$	$0.5 \sim 3$	对象容量滞后较大。δ 小，T_i 大，加微分作用

表 9-4　设定值扰动下控制器各参数对控制过程的影响

	$\delta \downarrow$	$T_i \downarrow$	$T_d \uparrow$
最大动态偏差	↑	↑	↓
残差	↓	—	—
衰减率	↓	↓	↑
振荡频率	↑	↑	↑

增大比例系数 δ，一般将加快系统的响应，在有静差情况下有利于减小静差，但过大的比例系数会使系统有较大的超调，并产生振荡，使稳定性破坏。

增大积分时间 T_i 有利于减小超调，使系统更加稳定，但系统静差的消除将随之减慢。

增大微分时间 T_d 亦有利于加快系统的响应，使超调量减小，稳定性增加，但系统对扰动的抑制能力减弱，对扰动有较敏感的反应。因此，在试凑时可参考以上对控制过程的影响趋势，对参数实行下述先比例、后积分、再微分的整定步骤。

此种方法使用得当，同样可以获得满意的控制参数，取得最佳控制效果。同时这种方法节省时间，对控制系统影响较小。

3. PID 参数的自整定

PID 控制体现着折中的思想。其控制作用是在比例、积分、微分三种作用间进行折中。从时域看，PID 控制是对系统的过去、现在、未来的状态信息的折中利用。从频域看，PID 控制是对系统偏差信号中的低频、中频、高频成分的折中利用。从性能看，PID 控制是在准确性和快速性进行折中。

这种折中由操作者依照经验和现场实践来把握，以此来获得系统较好的综合控制性能。由于 PID 的三个参数都有明确的物理意义，这给操作者进行参数的调整带来方便。

PID 参数自整定概念中应包括参数自动整定和参数在线自校正。具有自动整定功能的控制器，能由控制器自身来完成控制参数的整定，不需要人工干预，它既可用于简单系统投运，也可用于复杂系统预整定。运用自动整定的方法与人工整定法相比，无论是在时间节省方面还是在整定精度上都得以大幅度提高，这同时也就增进了经济效益。目前，自动整定技术在国内外已被许多控制产品所采用。

9.1.5 实训装置上的控制单元

1. 调节仪简介

实训设备的主机箱上，装有涉及自动控制系统实训用的控制单元，此控制器又称为调节仪，是具有人工智能的工业调节仪。它具有测量显示和模糊逻辑数字 PID 调节，还具有参数自整定功能的先进控制算法。

其输入是可以接万能输入信号的，即通过输入规格设置，可接收热电阻、热电偶、线性电压、线性电流等输入信号。其输出有多种信号，即晶闸管触发信号输出、线性电流输出（可设置为 $0 \sim 10\,mA$ 或 $4 \sim 20\,mA$ 线性电流输出）。

因此，它是一只通用调节仪，可以接入执行单元和传感变送单元组成通用自动控制系统。也就是说可以接入温度传感器和电加热器组成温度控制系统，也可以接入压力或差压传感器和阀门驱动器组成压力控制系统、液位控制系统，甚至流量控制系统，接入转速传感器也可以组成转速控制系统。

图 9-13 是本调节仪的组成框图，传感变送单元的各种传感器接到测量输入端，经放大处理后，进行 A-D 转换，在显示窗显示出其工程测量值，用 PV 表示。设定值 SV 设定后，与测量值 PV 比较后进行 PID 运算处理后，送往控制输出 MV，控制输出接执行单元，同时如果测量值太高，则输出报警信号。

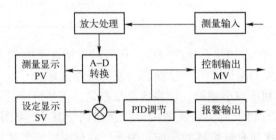

图 9-13 调节仪组成框图

2. 调节仪面板

（1）面板组成

面板由 PV 测量显示窗、SV 给定显示窗、4 个指示灯窗和 4 个按键组成。如图 9-14 所示。

（2）显示窗

调节仪上电后，上显示窗口显示测量值（PV），下显示窗口显示给定值（SV）。

在基本状态下，SV 窗口能用交替显示的字符来表示系统某些状态。

1）输入的测量信号超出量程（因传感器规格设置错误、输入断线或短路均可能引起）时，则闪动显示："orAL"。此时仪表将自动停止控制，并将输出固定在参数 oPL 定义的值上。

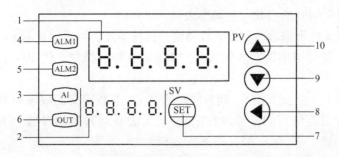

图 9-14　调节仪面板图

1—PV 测量值显示窗　2—SV 给定值显示窗　3—AT 自整定灯　4—ALM1 报警灯　5—ALM2 手动指示灯
6—OUT 调节控制输出指示灯　7—SET 功能键　8—（A/M）数据移位键（兼手动/自动切换及参数设置进入）
9—数据减少键（兼程序运行/暂停操作）　10—数据增加键（兼程序序复位操作）

2）有报警发生时，可分别显示"HIAL""LoAL""dHAL"或"dLAL"，分别表示发生了上限报警、下限报警、正偏差报警和负偏差报警。报警闪动的功能是可以关闭的（参看 bAud 参数的设置），将报警作为控制时，可关闭报警字符闪动功能以避免过多的闪动。

（3）LED 灯

仪表面板上的 4 个 LED 指示灯，其含义分别如下。

1）OUT 输出指示灯：在线性电流输出时，通过指示亮暗变化反映输出电流的大小。在时间比例方式输出（继电器、固态继电器及晶闸管过零触发输出）时，通过闪动时间长短反映输出大小。

2）ALM1 指示灯：当 AL1 事件动作时点亮的指示灯。

3）ALM2 指示灯：当手动时，点亮的指示灯，兼程序运行指示灯。

4）AT 灯：自整定开启时点亮对应的灯。

3. 基本使用操作

（1）显示切换

按 SET 键可以切换不同的显示状态。如果参数锁没有锁上，仪表下显示（SV）窗显示的数值数据均可通过按◄、▼或▲键来修改数据。

例如：需要设置给定值时，可将仪表切换到正常显示状态，即可通过按◄、▼或▲键来修改给定值。仪表同时具备数据快速增减法和小数点移位法。按▼键减小数据，按▲键增加数据，按◄可修改数值位（如同光标）。按住按键并保持不放，可以快速地增加/减少数值，并且速度会自动加快。而按◄键则可直接移动修改数据的位置（光标），操作快捷。

（2）手动/自动切换

按◄（A/M）键，可以使仪表在自动及手动两种状态下进行无扰动切换。手动时下排显示器第一字显示"M"，仪表处于手动状态下，直接按▲键或▼键可增加及减少手动输出值。自动时按 SET 键可直接查看自动输出值，下排显示器第一字显示"A"。

通过对 run 参数设置（详见后文），也可使仪表不允许由面板按键操作来切换至手动状态，以防止误入手动状态。

（3）设置参数

按 SET 键并保持约 3 s，即进入参数设置状态。在参数设置状态下按 SET 键，仪表将依次显示各参数，例如上限报警值 HIAL、参数锁 Loc 等，对于配置好并锁上参数锁的仪表，只出现操作人员需要用到的参数（现场参数）。

用▼、▲、◄等键可修改参数值。按◄键并保持不放，可返回显示上一参数。先按◄键不放接着再按 SET 键可退出设置参数状态。如果没有按键操作，约 30 s 后会自动退出设置参数状态。

如果参数被锁上（后文介绍），则只能显示被 EP 参数定义的现场参数（可由用户定义的，工作现场经常需要使用的参数及程序），而无法看到其他的参数。不过，至少能看到 Loc 参数显示出来。

4. 自整定操作

（1）自动自整定

仪表初次使用时，可启动自整定功能来协助确定 M50、P、t 等控制参数。初次启动自整定时，可将仪表切换到正常显示状态下，按◄键并保持约 2 s，此时仪表 AT 指示灯点亮，表明仪表已进入自整定状态。

自整定时，仪表执行位式调节，约 2 ~ 3 次振荡后，仪表根据位式控制产生的振荡，分析其周期、幅度及波形来自动计算出 M50、P、t 等控制参数。如果在自整定过程中要提前放弃自整定，可再按◄键并保持约 2 s，使仪表 AT 指示灯熄灭即可。视不同系统，自整定需要的时间可从数秒至数小时不等。

仪表在自整定成功结束后，会将参数 CtrL 设置为 3（出厂时为 1）或 4，这样今后无法从面板再按◄键启动自整定，可以避免人为的误操作再次启动自整定。已启动过一次自整定功能的仪表如果今后还要启动自整定时，可以用将参数 CtrL 设置为 2 的方法进行启动（参见后文"参数功能"说明）。

系统在不同给定值下整定得出的参数值不完全相同，执行自整定功能前，应先将给定值设置在最常用值或是中间值上，如果系统是保温性能好的电炉，给定值应设置在系统使用的最大值上，再执行启动自整定的操作功能。

参数 Ct1（控制周期）及 dF（回差）的设置，对自整定过程也有影响，一般来说，这两个参数的设定值越小，理论上自整定参数准确度越高。但 dF 值如果过小，则仪表可能因输入波动而在给定值附近引起位式调节的误动作，这样反而可能整定出彻底错误的参数。推荐 Ct1 = 0 ~ 2，dF = 0.3。

（2）手动自整定

由于自整定执行时采用位式调节，其输出将定位在由参数 oPL 及 oPH 定义的位置。在一些输出不允许大幅度变化的场合，如某些执行器采用调节阀的场合，常规的自整定并不适宜。对此仪表具有手动自整定模式。

方法是：先用手动方式进行调节，等手动调节基本稳定后，再在手动状态下启动自整定，这样仪表的输出值将限制在当前手动值 + 10% 及 − 10% 的范围而不是 oPL 及 oPH 定义的范围，从而避免了生产现场不允许的阀门大幅度变化现象。

此外，当被控物理量响应快速时，手动自整定方式能获得更准确的自整定结果。

5. 参数功能说明

仪表通过参数来定义仪表的输入、输出、报警及控制方式（以温度为例）。表 9-5 为参数功能表。

表 9-5　参数功能表

参 数 代 号	参 数 含 义	说　　明	设 置 范 围
HIAL	上限报警	测量值大于 HIAL + dF 值时仪表将产生上限报警。测量值小于 HIAL − dF 值时，仪表将解除上限报警。设置 HIAL 到其最大值（9999）可避免产生报警	− 1999 ~ 9999℃或 1 定义单位
LoAL	下限报警	当测量值小于 LoAL − dF 时产生下限报警，当测量值大于 LoAL + dF 时下限报警解除。设置 LoAL 到最小值（− 1999）可避免产生报警作用	同上
dHAL	正偏差报警	采用人工智能调节时，当偏差（测量值 PV 减给定值 SV）大于 dHAL + dF 时产生正偏差报警。当偏差小于 dHAL − dF 时正偏差报警解除。设置 dHAL = 9999（温度实为 999.9℃）时，正偏差报警功能被取消。 采用位式调节时，则 dHAL 和 dLAL 分别作为第二个上限和下限绝对值报警	0 ~ 999.9℃、0 ~ 9999℃或 1 定义单位
dLAL	负偏差报警	采用人工智能调节时，当负偏差（给定值 SV 减测量值 PV）大于 dHAL + dF 时产生负偏差报警，当负偏差小于 dLAL − dF 时负偏差报警解除。设置 dLAL = 9999（温度实为 999.9℃）时，负偏差报警功能取消	同上
dF	回差 （死区、滞环）	回差用于避免因测量输入值波动而导致位式调节频繁通断或报警频繁产生/解除 例如：dF 参数对上限报警控制的影响如下，假定上限报警参数 HIAL 为 800℃，dF 参数为 2.0℃。 1）仪表在正常状态，当测量温度值大于 802℃时（HIAL + dF）时，才进入上限报警状态。 2）仪表在上限报警状态时，则当测量温度值小于 798℃（HIAL − dF）时，仪表才解除报警状态。 又如：仪表在采用位式调节或自整定时，假定给定值 SV 为 700℃，dF 参数设置为 0.5℃，以反作用调节（加热控制为例） 3）输出在接通状态时当测量温度值大于 700.5℃时（SV + dF）关断 4）输出在关断状态时，则当测量温度小于 699.5℃（SV − dF）时，才重新接通进行加热。 对采用位式调节而言，dF 值越大，通断周期越长，控制精度越低。反之，dF 值越小，通断周期越短，控制精度越高，但容易因输入波动而产生误动作，使继电器或接触器等机械开关寿命降低。 　dF 参数对人工智能调节没有影响。但自整定参数时，由于也是位式调节，所以 dF 会影响自整定结果，一般 dF 值越小，自整定精度越高，但应避免测量值因受干扰跳动造成误动作。如果测量值数字跳动过大，应先加大数字滤波参数 dL 值，使得测量值跳动小于 2 ~ 5 个数字，然后可将 dF 设置为等于测量值的瞬间跳动值为佳	0 ~ 200.0℃、0 ~ 2000℃或 1 定义单位
CtrL	控制方式	CtrL = 0，采用位式调节（ON − OFF），只适合要求不高的场合进行控制时采用。 　CtrL = 1，采用人工智能调节/PID 调节，该设置下，允许从面板启动执行自整定功能。 　CtrL = 2，启动自整定参数功能，自整定结束后会自动设置为 3 或 4。 　CtrL = 3，采用人工智能调节，自整定结束后，仪表自动进入该设置，该设置下不允许从面板启动自整定参数功能。以防止误操作重复启动自整定	0 ~ 3

参数代号	参数含义	说　明	设置范围
M50	保持参数	M50、P、t、Ct1 等参数为人工智能调节算法的控制参数，对位式调节方式（CtrL = 0 时），这些参数不起作用。由于在工业控制中温度的控制难度较大，应用也最广泛，故以温度为例介绍参数定义。 　　M50 定义为输出值变化为 50% 时，控制对象基本稳定后测量值的差值。同一系统的 M50 参数一般会随测量值有所变化，应取工作点附近为准。 　　例如，某电炉温度控制，工作点为 700℃，为找出最佳 M50 值，假定输出保持为 50% 时，电炉温度最后稳定在 700℃左右，而 55% 输出时，电炉温度最后稳定在 750℃左右。则最佳参数值可按以下公式计算 　　　　　　M50 = 750 - 700 = 50 （℃） 　　M50 参数值主要决定调节法中积分作用，和 PID 调节的积分时间类同。M50 值减小，系统积分作用越强。M50 值越大，积分作用越弱（积分时间增加）。 　　设置 M50 = 0 时，系统取消积分作用及人工智能调节功能，调节部分成为一个比例微分（PD）调节器，这时仪表可在串级调节中作为副调节器使用	0 ~ 999.9、0 ~ 9999 或 1 定义单位
P	速率参数	P 与每秒内仪表输出变化 100% 时测量值对应变化的大小成反比，当 CtrL = 1 或 3 时，其数值定义如下 　　P = 1000 ÷ 每秒测量值升高值（测量值单位是 0.1℃或 1 个定义单位） 　　如仪表以 100% 功率加热并假定没有散热时，电炉每秒升高 1℃，则 　　　　　　P = 1000 ÷ 10 = 100 　　P 值类似 PID 调节器的比例带，但变化相反，P 值越大，比例、微分作用成正比增强，而 P 值越小，比例、微分作用相应减弱。P 参数与积分作用无关。设置 P = 0 相当于 P = 0.5	1 ~ 9999
t	滞后时间	对于工业控制而言，被控系统的滞后效应是影响控制效果的主要因素，系统滞后时间越大，要获得理想的控制效果就越困难，滞后时间参数 t 是人工智能算法相对标准 PID 算法而引进的新的重要参数，仪表能根据 t 参数来进行一些模糊规则运算，以便能较完善地解决超调现象及振荡现象，同时使控制响应速度最佳。 　　t 定义为假定没有散热，电炉以某功率开始升温，当其升温速率达到最大值 63.5% 时所需的时间。仪表中 t 参数值单位是 s。 　　t 参数对控制的比例、积分、微分均起影响作用，t 越小，则比例和积分作用均成正比增强，而微分作用相对减小，但整体反馈作用增强；反之，t 越大，则比例和积分作用均减弱，而微分作用相对增强。此外 t 还影响超调抑制功能的发挥，其设置对控制效果影响很大。 　　如果设置 t ≤ ct1 时，系统的微分作用被取消	0 ~ 2000 s
Ct1	输出周期	Ct1 参数值可在 0.5 ~ 125 s（0 表示 0.5 s）之间设置，它反映仪表运算调节的快慢。Ct1 值越大，比例作用增强，微分作用减弱。Ct1 值越小，则比例作用减弱，微分作用增强。Ct1 值大于或等于 5 s 时，则微分作用被完全取消，系统成为比例或比例积分调节。Ct1 小于滞后时间的 1/5 时，其变化对控制影响较小，例如系统滞后时间 t 为 100 s，则 Ct1 设置为 0.5 s 或 10 s 的控制效果基本相同。 　　Ct1 确定的原则如下： 　　1）用时间比例方式输出时，如果采用 SSR（固态继电器）或可控硅作输出执行器件，控制周期可取短一些（一般为 0.5 ~ 2 s），可提高控制精度。 　　2）用继电器开关输出时，短的控制周期会相应缩短机械开关的寿命，此时一般设置 Ct1 要大于或等于 4 s，设置越大继电器在寿命越长，但太大将使控制精度降低，应根据需要选择一个能二者兼顾的值。 　　3）当仪表输出为线性电流或位置比例输出（直接控制阀门电动机正、反转）时，Ct1 值小可使调节器输出响应较快，提高控制精度，但由此可能导致输出电流变化频繁	0 ~ 125 s

参数代号	参数含义	说　　明	设　置　范　围
Sn	输入信号规格	Sn 用于选择输入信号规格，其数值对应的输入规格如下 | Sn	输入规格	Sn	输入规格
0	K	1	S
2	WRe	3	T
4	E	5	J
6	B	7	N
8 ~ 9	特殊热电偶备用	20	CU50
11 ~ 19	特殊热电偶备用	10	用户指定的扩充输入规格
21	Pt100	22 ~ 25	特殊热电阻备用
26	0 ~ 80Ω 电阻输入	27	0 ~ 400 欧电阻输入
28	0 ~ 20 mV 电压输入	29	0 ~ 100 mV 电压输入
30	0 ~ 60 mV 电压输入	31	0 ~ 1 V（0 ~ 500 mV）
32	0.2 ~ 1 V 电压输入	33	1 ~ 5 V 电压输入或 4 ~ 20 mA 电流输入
34	0 ~ 5 V 电压输入	35	− 20 ~ + 20 mV（0 ~ 10 V）
36	− 100 ~ + 100 mV 或 2 ~ 20 V	37	− 5 V ~ + 5 V（0 ~ 50 V）		0 ~ 37 注：$S_n = 10$ 时，采用外部分度号扩展
dIP	小数点位置	线性输入时：定义小数点位置，以配合用户习惯的显示数值。 dIP = 0，显示格式为 0000，不显示小数点。 dIP = 1，显示格式为 000.0，小数点在十位。 dIP = 2，显示格式为 00.00，小数点在百位。 dIP = 3，显示格式为 0.000，小数点在千位。 采用热电偶或热电阻输入时，dIP 选择温度显示的分辨率。 dIP = 0，温度显示分辨率为 1℃（内部维持 0.1℃ 分辨率用于控制运算）。 dIP = 1，温度显示分辨率为 0.1℃（1000℃ 以上自动转为 1℃ 分辨率）。 改变小数点位置参数的设置只影响显示，对测量精度及控制精度均不产生影响	0 ~ 3
Sc	主输入平移修正	Sc 参数用于对输入进行平移修正，以补偿传感器信号本身的误差，对于热电偶信号而言，当仪表冷端自动补偿存在误差时，也可利用 Sc 参数进行修正。 例如：假定输入信号保持不变，Sc 设置为 0.0℃ 时，仪表测量温度为 500.0 ℃，则当仪表 Sc 设置为 10.0 时，则仪表显示测定温度为 510.0℃。 仪表出厂时都进行内部校正，所以 Sc 参数出厂时数值均为 0。该参数仅当用户认为测量需要重新校正时才进行调整	− 1999 ~ 4000、0.1℃ 或 1 定义单位
dIL	输入下限显示值	用于定义线性输入信号下限刻度值，对外给定、变送输出显示。 例如，在采用压力变送器将压力（也可是温度、流量、湿度等其他物理量）变换为标准的 1 ~ 5 V 信号输入（4 ~ 20 mA 信号也可外接 250 Ω 电阻予以变换）中，对于 1 V 信号压力为 0，对于 5 V 信号压力为 1 MPa，希望仪表显示分辨率为 0.001 MPa，则参数设置如下： Sn = 33（选择 1 ~ 5 V 线性电压输入）； dIP = 3（小数点位置设置，采用 0.000 格式）； dIL = 0.000（确定输入下限 1 V 时压力显示值）； dIH = 1.000（确定输入上限 5 V 时压力显示值）	− 1999 ~ 9999℃ 或 1 定义单位

参数代号	参数含义	说　明	设 置 范 围
dIH	输入上限显示值	用于定义线性输入信号上限刻度值，与 dIL 配合使用	同上
CJC	热电偶冷端补偿温度	CJC 参数显示所测量到的环境温度值，由于仪表本身发热原因（仪表接线端子温度往往同步升高），该数值不一定等于室温	
oP1	输出方式	oP1 表示主输出信号的方式，主输出上安装的模块类型应该相一致 oP1 = 0，主输出为时间比例输出方式（用人工智能调节）或位式方式（用位式调节），当主模块上安装 SSR 电压输出应用此方式 oP1 = 1，任意规格线性电流连续输出，主输出模块上安装线性电流输出模块 oP1 = 2，继电器触点开关（常开常闭）输出，时间比例输出方式 oP1 = 3，采用阀位限制模式进行输出控制 oP1 = 4，4 ~ 20 mA 线性电流连续输出，主输出模块上安装线性电流输出模块	0 ~ 2
oPL	输出下限	通常作为限制调节输出最小值	0 ~ 110%
oPH	输出上限	限制调节输出最大值	0 ~ 110%
CF	系统功能选择	CF 参数用于选择部分系统功能：$CF = A \times 1 + B \times 2 + C \times 4 + D \times 8$ A = 0，为反作用调节方式，输入增大时，输出趋向减小如加热控制； A = 1，为正作用调节方式，输入增大时，输出趋向增大如致冷控制。 B = 0，仪表报警无上电/给定值修改免除报警功能； B = 1，仪表有上电/给定值修改免除报警功能（详细说明见后文叙述）。 C = 0，仪表串行接口按通信方式工作； C = 1，仪表串行接口按打印方式工作。 D = 0，不允许外部给定； D = 1，允许外部给定。 例如要求仪表为反作用调节，有上电免除报警功能，仪表辅助功能模块为通信接口，不允许外部给定，则可得 A = 0、B = 1、C = 0、D = 0、CF 参数值应设置如下： $CF = 0 \times 1 + 1 \times 2 + 0 \times 4 + 0 \times 8 = 2$	0 ~ 7
Aud	通信波特率/报警定义	当仪表具有通信接口时，bAud 参数定义通信波特率，可定义范围是 300 ~ 19200 bit/s（19.2 K）。 但如果仪表选购件为报警继电器 2，则 bAud 参数的设置范围为 0 ~ 31，用于定义报警功能，它由以下公式定义其功能： $bAud = A \times 1 + B \times 2 + C \times 4 + D \times 8 + E \times 16$ A = 0 时上限报警由继电器 1 输出；A = 1 时上限报警由继电器 2 输出。 B = 0 时下限报警由继电器 1 输出；B = 1 时下限报警由继电器 2 输出。 C = 0 时正偏差报警由继电器 1 输出；C = 1 时由继电器 2 输出。 D = 0 时负偏差报警由继电器 1 输出；D = 1 时由继电器 2 输出。 E = 0 时报警时在下显示器交替显示报警符号，如 HIAL、LoAL 等。 例如要求上限报警由报警 2 继电器输出，下限报警、正偏差报警及负偏差报警由报警 1 输出，报警时在下显示器不显示报警符号，则由上得出 A = 1、B = 0、C = 0、D = 0、E = 1，则应设置 bAud 参数： $bAud = 1 \times 1 + 0 \times 2 + 0 \times 4 + 0 \times 8 + 1 \times 16 = 17$	
Addr	通信地址/打印时间	当仪表安装 RS485 通信接口时，bAud 设置范围应是 300 ~ 19200 之间），Addr 参数用于定义仪表通信地址，有效范围是 0 ~ 100。在同一条通信线路上的仪表应分别设置一个不同的 Addr 值以便相互区别。但如果仪表串行接口功能设置为打印功能，则 Addr 定义打印时间（即定时打印的间隔时间）	0 ~ 100

参数代号	参数含义	说　明	设置范围
dL	输入数字滤波	仪表内部具有一个取中间值滤波和一个一阶积分数字滤波系统，取值滤波为3个连续值取中间值，积分滤波和电子线路中的阻容积分滤波效果相当。当因输入干扰而导致数字出现跳动时，可采用数字滤波将其平滑。 dL设置范围是0~20，0没有任何滤波，1只有取中间值滤波，2~20同时有取中间值滤波和积分滤波。dL越大，测量值越稳定，但响应也越慢。一般在测量受到较大干扰时，可逐步增大dL值，调整使测量值瞬间跳动小于2~5个字。 在实验室对仪表进行计量检定时，则应将dL设置为0或1以提高响应速度	0~20
run	运行状态及上电信号处理	run参数定义自动/手动工作状态。 run=0，手动调节状态。 run=1，自动调节状态。 run=2，自动调节状态，并且禁止手动操作。不需要手动功能时，该功能可防止因误操作而进入手动状态。 通过RS485通信接口控制仪表操作时，可通过修改run参数的方式用计算机（上位机）实现仪表的手动/自动切换操作	
Loc	参数修改级别	仪表当Loc设置为808时，才能设置全部参数。Loc参数提供多种不同的参数操作权限。当用户技术人员配置完仪表的输入、输出等重要参数后，可设置Loc为808以外的数。以避免现场操作工人无意修改了某些重要操参数。如下： Loc=0，允许修改现场参数、给定值。 Loc=1，可显示查看现场参数，不允许修改，但允许设置给定值。 Loc=2，可显示查看现场参数，不允许修改，也不允许设置给定值。 Loc=808，可设置全部参数及给定值。 注意：808是仪表的设置密码，仪表使用时应设置其他值以保持参数不被随意修改。同时应加强生产管理，避免随意地操作仪表。 如果Loc设置为其他值，其结果可能是以上结果之一。 上锁后（Loc=0）要返回重新设置全部参数，可将仪表断电按住SET键通电，在仪表显示Loc时松开SET键，将Loc设为808即可。在设置现场参数时将Loc参数设置为808，可临时性开锁，结束设置后Loc自动被设为0，开锁后在参数表中将Loc设置为808，则Loc将被保存为808，等于长久开锁	0~9999
EP1~EP8	现场参数定义	当仪表的设置完成后，大多数参数将不再需要现场工人进行设置。现场操作人员对许多参数也可能不理解，并且可能发生误操作将参数设置为错误的数值而使得仪表无法正常工作。 在参数表中EP1~EP8定义1~8个现场参数给现场操作工使用。其参数值是EP参数本身外其他参数，如HIAL、LoAL等参数。当Loc=0、1、2等值时，只有被定义到的参数才能被显示，其他参数不能被显示及修改。该功能可加快修改参数的速度，又能避免重要参数（如输入、输出参数）不被误修改。 参数EP1~EP8最多可定义8个现场参数，如果现场参数小于8个（有时甚至没有），应将要用到的参数从EP1~EP8依次定义，没用到的第一个参数定义为nonE。例如：某仪表现场需要修改HIAL（上限报警）、LoAL（下限报警）两个参数，可将EP参数设置如下： Loc=0、EP1=HAIL、EP2=LoAL、EP3=nonE 如果仪表调试完成后并不需要现场参数，此时可将EP1参数值设置为nonE	

9.2　热电阻温度控制系统特性实训

9.2.1　实训目的与意义

1. 知识目的

了解自动控制系统的组成，加深理解控制系统的位置控制及PID控制，熟悉控制系统的品质指标，了解控制系统的自整定方法。

理解温度控制的基本原理，熟悉温度调节仪的使用，熟悉温度源的温度调节过程。

2. 能力目的

掌握自动控制系统的组成方式，能用现有设备组成一个温度控制系统；掌握控制系统的控制方式，能解释温度控制系统的控制规律，能完成控制系统的参数自整定。

熟练掌握温度调节仪的使用方法，能顺利地完成温度调节过程。

3. 技能目的

能够按照规则要求进行实训项目的规划、准备、执行、开车，并遵守行为规范、专业规范和安全规范。

能够按照教学要求完成实训项目的实训步骤规划、接线图与设备表准备、材料准备与接线、安装调试与数据测量，并最终完成实训报告的撰写。

9.2.2 实训原理与设备

1. 实训原理

（1）位式调节

位式调节（ON/OFF）是一种简单的调节方式，常用于一些对控制精度不高的场合作温度控制，或用于报警。位式调节仪表用于温度控制时，通常利用仪表内部的继电器控制外部的中间继电器，再控制一个交流接触器，或用晶闸管控制电路来控制电热丝的通断达到控制温度的目的。

（2）PID 智能模糊调节

PID 智能温度调节器采用人工智能调节方式，是采用模糊规则进行 PID 调节的一种先进的新型人工智能算法，能实现高精度控制，先进的自整定（AT）功能使得无须设置控制参数。在误差大时，运用模糊算法进行调节，以消除 PID 饱和积分现象，当误差趋小时，采用 PID 算法进行调节，并能在调节中自动学习和记忆被控对象的部分特征以使效果最优化，具有无超调、高精度、参数确定简单等特点。

（3）温度控制基本原理

由于温度具有滞后性，加热源为一滞后时间较长的系统。本实训装置采用 PID 智能模糊 + 位式双重调节控制温度。用继电器报警输出端口控制风扇开启与关闭，用调节仪的晶闸管控制输出端口控制电热丝的接通与断开。使加热源在尽可能短的时间内控制在某一温度值上，并能在操作结束后通过参数设置将加热源温度快速冷却下来，节约操作时间。

当温度源的温度发生变化时，温度源中温度传感器的输出值发生变化，将电阻变化量作为温度的反馈信号输给 PID 智能温度调节器，经调节器的电阻－电压转换后与温度设定值比较，再进行数字 PID 运算，输出晶闸管触发信号（加热）和继电器触发信号（冷却），使温度源的温度趋近温度设定值。如图 9-15 所示。

2. 实训设备与材料

实验台主机箱上调节单元：调节仪、继电器输出、加热输出、热电阻输入。

传感器及其模板：Pt100 温度传感器。

动力源：温度源单元。

其他：连接线缆。

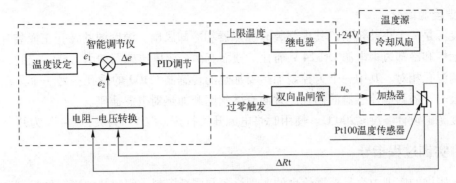

图 9-15　温度控制系统控制原理图

3. 实训图纸与资料

实训用的温度传感器与主机箱调节单元的有关连接图纸如图 9-16 所示。其他资料见学校实训设备生产厂商的随机资料。

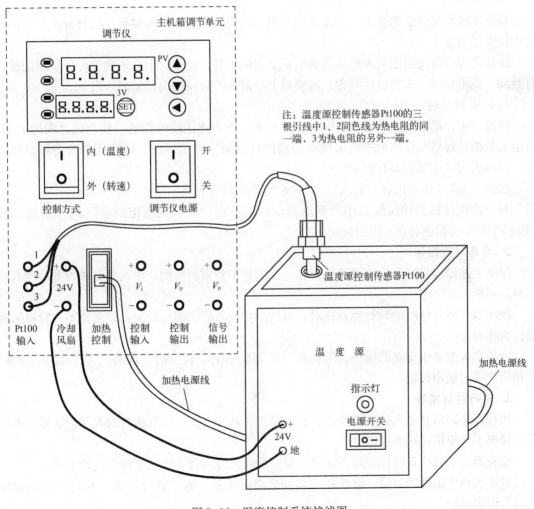

注：温度源控制传感器Pt100的三根引线中1、2同色线为热电阻的同一端，3为热电阻的另外一端。

图 9-16　温度控制系统接线图

4. 温度源简介

温度源是一个小铁箱子，其内部装有加热器和冷却风扇。温度源的外壳正面装有电源开关、指示灯和冷却风扇电源 DC 24 V 插孔。顶面有两个温度传感器的引入孔，它们与内部加热器的测温孔相对。其中一个为控制加热器加热的传感器 Pt100 的插孔；另一个是在做温度测量实验时，插其他传感器的插孔。背面有熔丝座和加热器电源插座。

温度源的设计温度≤200℃。使用时将电源开关打开，"○"为关，"−"为开。

9.2.3 实训过程指导

本次实训的实训内容是根据给出的实训设备与图纸资料，组成热电阻温度控制系统，完成对温度控制系统特别是调节仪的参数设定。测得在不同设定值下，被测值（被控参数）的变化过程，记录下测得的极限值数据和所用时间，获得温度控制系统的阶跃响应曲线和过渡过程参数。同时，完成调节仪的自整定功能。并按照要求完成实训报告。

1. 规划过程指导

（1）分组分工

根据本课程实训规则要求，完成人员分组，组内选举组长，并对组员进行分工，每位组员牢记自己的分工。

组长完成设备使用记录表和实训成绩记录表的填写，如果对上一班次的设备使用记录表有疑问，提出疑问。未提出疑问者，需要对上一班次的设备使用记录表认可。

（2）实训规划

经过讨论，根据上述分工和实训内容的要求，查清连接线的数量、线与线之间的关系。全组人员指导规划人员列出本次实训所需要的材料清单和接线图，即将实训所需材料和设备，填入表 3-3 实训设备材料表。

阅读"9.2.4 实训内容与要求"，设计出实训用记录表。

对于设备材料表和接线图中出现的错误，组长在"实训成绩记录表"的"规划"和"检查"栏中的相应负责人做出标记。

2. 准备过程指导

根据上述经过检查无误的设备材料表，按照分工和领料规则，派人员完成设备的领取和材料的领取。

现场做设备与材料的数量检查核对。返回工作位之后，用实训工具完成设备与材料的质量检查核对。

对于实训准备中出现的错误，组长在"实训成绩记录表"的"准备"和"检查"栏中的相应负责人做出标记。

3. 执行过程指导

执行者和同组其他人员进行检查。必要时，在动作之前，负责执行的人员应能够在不动手的情况下，模拟完成实训操作。

检查者要实时检查执行者是否做错。安全员要实时检查全体人员行为是否安全。

对于实训中出现的错误，组长在"实训成绩记录表"的"执行"和"检查"中的相应负责人做出标记。

对于出现的安全错误，比如极性不正确、未做必要的检查而通电、带电作业等，组长在

"实训成绩记录表"的"安全"和"检查"中的相应负责人做出标记。

4. 实施过程指导

完成接线后，检查者检查接线的正确性。上电前，提请老师确认可以上电。

按照上述编写的实训步骤，根据分组分工，由负责实施的人员完成实训操作。实施者一人发出指令，另一人完成指令。一人报出读数，另一人记录读数。

检查者要实时检查实施者是否做错。安全员要实时检查全体人员行为是否安全。

当全部数据读取完毕，意味着实训做完。在数据完成后，检查者复核数据，交由老师检查。之后进行断电、拆线。拆线要注意方法，不允许从一端强拽线缆。

将材料返还到材料库时，需要分类归还，并注意 5S 制度。

整理数据，完成实训报告。

对于实训中出现的错误，组长在"实训成绩记录表"的"实施"和"检查"中的相应负责人做出标记。

9.2.4 实训内容与要求

1. 实训的执行操作内容

根据下列内容提纲，完成实训操作。

（1）设置调节仪温度控制参数

合上主机箱上的电源开关，再合上主机箱上的调节仪电源开关；仪表上电后，仪表的上显示窗口（PV）显示随机数，仪表的下显示窗口（SV）显示控制给定值或交替闪烁显示控制给定值和"orAL"。

按 SET 键并保持约 3 s，即进入参数设置状态。在参数设置状态下按 SET 键，仪表将依次显示各参数，例如上限报警值 HIAL、参数锁 Loc 等等，对于配置好并锁上参数锁的仪表，用▼、▲、◀（A/M）等键可修改参数值。

按◀键并保持不放，可返回显示上一参数。先按◀键不放接着再按 SET 键可退出设置参数状态。如果没有按键操作，约 30 s 后会自动退出设置参数状态。如果参数被锁上，则只能显示被 EP 参数定义的参数（可由用户定义的，工作现场经常需要使用的参数及程序），而无法看到其他的参数。不过，至少能看到 Loc 参数显示出来。

设置调节仪温度控制参数的方法步骤如下。

1）按 SET 键并保持约 3 s，仪表进入参数设置状态；PV 窗显示 HIAL（上限），用▼、▲、◀键可修改参数值，使 SV 窗显示实验温度（＞室温），如 50。

2）再按 SET 键，PV 窗显示 LoAL（下限），用▼、▲、◀键可修改参数值，使 SV 窗显示上述步骤 1）所设置的温度值 50。

3）再按 SET 键，PV 窗显示 dHAL（正偏差报警），长按▲键，使 SV 窗显示 9999（消除报警功能）后释放▲键。

4）再按 SET 键，PV 窗显示 dLAL（负偏差报警），长按▲键，使 SV 窗显示 9999（消除报警功能）后释放▲键。

5）再按 SET 键，PV 窗显示 dF（回差、死区、滞环），用▼、▲、◀键修改参数值，使 SV 窗显示 0.1。

6）再按 SET 键，PV 窗显示 CtrL（控制方式），用▼、▲、◀键修改参数值，使 SV 窗显示 1。

7）再按 SET 键，PV 窗显示 M50（保持参数），用▼、▲、◀键修改参数值，使 SV 窗显示 300。

8）再按 SET 键，PV 窗显示 P（速率参数），用▼、▲、◀键修改参数值，使 SV 窗显示 350。

9）再按 SET 键，PV 窗显示 t（滞后时间），用▼、▲、◀键修改参数值，使 SV 窗显示 153。

10）再按 SET 键，PV 窗显示 Ct1（输出周期），用▼、▲、◀键修改参数值，使 SV 窗显示 1。

11）再按 SET 键，PV 窗显示 Sn（输入规格），用▼、▲、◀键修改参数值，使 SV 窗显示 21。

12）再按 SET 键，PV 窗显示 dIP（小数点位置），用▼、▲、◀键修改参数值，使 SV 窗显示 1。

13）再按 SET 键，PV 窗显示 dIL，不按键，SV 窗显示默认值。

14）再按 SET 键，PV 窗显示 dIH，不按键，SV 窗显示默认值。

15）再按 SET 键，PV 窗显示 CJC（热电偶冷端补偿温度），不按键，SV 窗显示默认冷端补偿温度值。

16）再按 SET 键，PV 窗显示 SC（主输入平移修正），用▼、▲、◀键修改参数值，使 SV 窗显示 00。

17）再按 SET 键，PV 窗显示 oP1（输出方式），用▼、▲、◀键修改参数值，使 SV 窗显示 2。

18）再按 SET 键，PV 窗显示 oPL（输出下限），长按▼键，使 SV 窗显示 0 后释放▼键。

19）再按 SET 键，PV 窗显示 oPH（输出上限），长按▲键，用▼、▲、◀键修改参数，使 SV 窗显示 100 后释放▲键。

20）再按 SET 键，PV 窗显示 CF（系统功能选择），用▼、▲、◀键修改参数值，使 SV 窗显示 2。

21）再按 SET 键，PV 窗显示 bAud（通信波特率/报警定义），用▼、▲、◀键修改参数值，使 SV 窗显示 17。

22）再按 SET 键，PV 窗显示 Addr（通信地址/打印时间），不按键，SV 窗显示默认值。

23）再按 SET 键，PV 窗显示 dL（输入数字滤波），用▼、▲、◀键修改参数值，使 SV 窗显示 1。

24）再按 SET 键，PV 窗显示 run（运行状态及上电信号处理），用▼、▲、◀键修改参数值，使 SV 窗显示 2。

25）再按 SET 键，PV 窗显示 Loc（参数修改级别），不按键，SV 窗显示默认值 808。如果，SV 窗不显示 808，则用▼、▲、◀键修改参数值，使 SV 窗显示 808。

26）再按 SET 键，PV 窗显示 EP1（现场参数定义），不按键，SV 窗显示默认值。

27）与 26）相同，重复按 SET 键七次。到此，调节仪的控制参数设置完成。

（2）接线

关闭主机箱总电源开关，按图 9-19 接线；将主机箱上的转速调节旋钮（2～24 V）顺时针转到底（24 V），将温度源电源开关打开。

检查接线无误后，合上主机箱总电源和调节仪电源，将调节仪的控制方式（控制对象）开关按到内（温度）位置。

2. 实训的实施操作内容

（1）设定温度设定值

1）记录此时 SV 窗的显示值与 PV 窗的显示值。等待 SV 窗与 PV 窗的显示值相等，记录所用时间。

2）用▼、▲、◀键修改温度设定值，使 SV 窗显示 50.0。调节仪经过几次振荡调节，等待较长时间后，温度源会自动动态平衡在 50.0℃，调节仪的 PV 显示窗在 50.0 左右波动。

3）记录每次 PV 值振荡达到的极限值及其所用的时间，填入表中。

（2）改变温度设定值

1）按 SET 键并保持约 3 s，仪表进入参数设置状态；PV 窗显示 HIAL（上限），用▼、▲、◀键修改实验温度值，使 SV 窗显示实验温度 60（在原有的实验温度值增加 10℃）。

2）再按 SET 键，PV 窗显示 LoAL（下限），用▼、▲、◀键修改实验温度值，使 SV 窗显示 2）所设置的温度值 60。

3）先按◀（A/M）键不放接着再按 SET 键退出设置参数状态（或不按任何键，等待约 30 s 后会自动退出设置参数状态）；再用▼、▲、◀键修改实验温度设定值，使 SV 窗显示实验温度 60.0（在原有的实验增加 10℃）。调节仪进入正常显示自动调节控制状态，最终温度源会在设定温度值上达到动态平衡。

4）记录每次 PV 值振荡达到的极限值及其所用的时间，填入表 9-6PID 实训数据记录表一中。

5）以后每次改变温度实验值都必须重复 1）~4）实验步骤进行实验。需要注意，温度设定值需要在大于等于 10℃，小于等于 150℃范围内。

表 9-6　PID 实训数据记录表一

PV₁		P. I. D 经验参数		$P=350$		$t=153$		M50 = 300	
t_1		第一个波峰		第二个波峰		第三个波峰		第四个波峰	
设定值 SV	PV 极限值	时间 t	PV 极限值	时间 t	PV 极限值	时间 t	PV 极限值	时间 t	
50									
70									
90									
110									
……									
150									

3. 调节仪控制参数的自整定

（1）自整定控制参数

1）设置某个实验温度值（建议恢复到 50℃后，重复上述 1）~4）步骤设置温度值）。

2）在仪表正常显示状态下，按◀（A/M）键并保持约 2 s，仪表 AT 指示灯点亮（前提 CtrL = 1，否则无法从面板启动执行自整定功能），表明仪表已进入自整定状态。（自整定时，仪表执行位式调节，约 3 次振荡后，仪表内部微处理器根据位式控制产生的振荡，分析其周期、幅度及波型来自动计算出 M50、P、t 等控制参数）。

3）等待自整定结束，即 AT 指示灯熄灭（等待较长时间）。在温度源温度已达到平衡时，按 SET 键并保持约 3 s，仪表进入参数设置状态。

4）按 SET 键查阅控制参数 M50、P、t 的值，并记录下来，此为温度实验时的自整定控制参数即 M50、P、t 值，比较以前设置的经验控制参数值 M50、P、t 有否大的变化。

经验控制参数值，M50 = 300、P = 350、t = 153。

（2）改变温度设定值

1）按 SET 键并保持约 3 s，仪表进入参数设置状态；PV 窗显示 HIAL（上限），用▼、▲、◄键修改实验温度值，使 SV 窗显示实验温度 60（在原有的实验温度值增加 10℃）。

2）再按 SET 键，PV 窗显示 LoAL（下限），用▼、▲、◄键修改实验温度值，使 SV 窗显示 2）所设置的温度值 60。

3）先按◄（A/M）键不放接着再按 SET 键退出设置参数状态（或不按任何键，等待约 30 s 后会自动退出设置参数状态）；再用▼、▲、◄键修改实验温度设定值，使 SV 窗显示实验温度 60.0（在原有的实验增加 10℃）。调节仪进入正常显示自动调节控制状态，最终温度源会在设定温度值上达到动态平衡。

4）记录每次 PV 值振荡达到的极限值及其所用的时间，填入表 9-7 PID 实训数据记录表二中。

表 9-7 PID 实训数据记录表二

P. I. D 测量参数	P =		t =		M50 =			
	第一个波峰		第二个波峰		第三个波峰		第四个波峰	
设定值 SV	PV 极限值	时间 t	PV 极限值	时间 t	PV 极限值	时间 t	PV 极限值	时间 t
50								
70								
90								
110								
……								
150								

4. 实训结果要求

实验结束，关闭所有电源。

1）根据上述设计的实训数据记录表记录的数据，绘制实验曲线（PV - t 曲线）。

2）根据上述实训数据记录表绘制的实验曲线，计算此温度控制系统的阶跃响应参数。

9.2.5 实训报告撰写要求

1. 实训报告内容要求

报告条目分为：实训目的、实训原理、实训仪器与设备、实训步骤、实训数据记录表、实训曲线、实训数据分析、实训小结、回答问题 9 部分。

需要叙述实训目的是否实现，实训原理是否理解，对实训仪器和设备有何认识，实训步骤设计撰写的内容，实训时测得的数据记录表，按照要求绘制的实训曲线，按照要求完成的实训数据分析，根据实训过程获得的知识与技能、体会、经验与教训等小结，并回答针对本实训出现的问题。

最终交付全部过程文件和结果文件。

2. 实训报告数据要求

（1）实训曲线绘制要求

根据实训数据记录表一、二记录的被控参数 PV 振荡极限值和时间的数据，分别绘制出被控参数 PV – 时间的（PV – t）特性曲线，此为温度控制系统的阶跃响应曲线。表一为经验控制参数值，表二为自整定控制参数值。并在曲线图上标注 M50、P、t 的值。

根据绘制的曲线，用文字描述阶跃响应特性，并说明这是何种形式的响应。思考与理想的阶跃响应特性有哪些区别，为什么。

（2）实训数据分析要求

根据实训曲线，分别计算经验控制参数值时和自整定控制参数值时的温度控制系统的阶跃响应参数：过渡时间 T_s，余差 C，最大偏差 A，超调量 B，衰减比 n，振荡周期 T，振荡频率 ω，振荡次数，上升时间。

要求必须有计算步骤与计算过程。

3. 回答实训的问题

1）自整定控制参数即 M50、P、t 值，与经验控制参数值 M50、P、t 有哪些变化？分别说明了什么问题。

2）绘制的特性曲线一与特性曲线二有什么不同？为什么？

3）按 SET 键并保持约 3 s，即进入参数设置状态，只大范围改变控制参数 M50 或 P 或 t 的其中之一设置值（其他任何参数的设置值不要改动），进行温度控制调节，观察 PV 窗测量值的变化过程，看能否达到控制平衡及控制误差大小。这说明了什么问题？

4）总结一下本实训中学到的知识与技能，以及必须遵守的注意事项。

9.3 Pt100 铂热电阻温度测量实训

9.3.1 实训目的与意义

1. 知识目的

了解自动控制系统的组成，加深理解控制系统的位置控制及 PID 控制，熟悉控制系统的品质指标，了解控制系统的自整定方法。

理解热电阻温度测量的基本原理，熟悉铂热电阻的温度特性，掌握铂热电阻的应用。

2. 能力目的

掌握自动控制系统的组成方式，能用现有设备组成一个温度控制系统；掌握控制系统的控制方式，能解释温度控制系统的控制规律，能完成控制系统的参数自整定。

熟练掌握铂热电阻的温度特性，能顺利地应用铂热电阻完成温度测量过程。

3. 技能目的

能够按照规则要求进行实训项目的规划、准备、执行、开车，并遵守行为规范、专业规范和安全规范。

能够按照教学要求完成实训项目的实训步骤规划、接线图与设备表准备、材料准备与接线、安装调试与数据测量，并最终完成实训报告的撰写。

9.3.2 实训原理与设备

1. 实训原理

利用导体电阻随温度变化的特性，可以制成热电阻，要求其材料电阻温度系数大，稳定性好，电阻率高，电阻与温度之间最好有线性关系。

常用的热电阻有铂热电阻（650℃以内）和铜热电阻（150℃以内）。铂热电阻是将 0.05 ~ 0.07 mm 的铂丝绕在线圈骨架上封装在玻璃或陶瓷管等保护管内构成。在 0 ~ 650℃以内，它的电阻 R_t 与温度 t 的关系为

$$R_t = R_0 (1 + At + Bt^2)$$

式中，R_0 是温度为 0℃时的电阻值。$A = 3.9684 \times 10^{-3}/℃$，$B = -5.847 \times 10^{-7}/℃^2$。

本实验的铂热电阻 $R_0 = 100\ \Omega$。铂热电阻一般是三线制，其中一端接一根引线另一端接两根引线，主要为远距离测量消除引线电阻对桥臂的影响，近距离可用二线制，导线电阻忽略不计。实际测量时将铂热电阻随温度变化的阻值通过电桥转换成电压的变化量输出，再经放大器放大后直接用电压表显示。

2. 实训设备与材料

实验台主机箱上调节单元：调节仪、继电器输出、加热输出、热电阻输入，计时器。

传感器及其模板：Pt100 温度传感器×2，温度传感器实验模板。

动力源：温度源单元。

其他：连接线缆。自备万用表。

3. 实训图纸与资料

（1）实训图纸

实训用的铂热电阻温度测量系统连接图纸如图 9-17 所示。其他资料见学校实训设备生产厂商的随机资料。

（2）温度传感器实验模板简介

图 9-17 中的温度传感器实验模板是由三运放组成的差动放大电路、调零电路、ab 传感器符号、传感器信号转换电桥电路及放大器工作电源引入插孔构成。其中 R_{W2} 为放大器的增益电位器，R_{W3} 为放大器电平移动电位器；ab 传感器符号接热电偶（K 热电偶或 E 热电偶），双圈符号接 AD590 集成温度传感器，R_t 接热电阻（Pt100 铂热电阻或 Cu50 铜热电阻）。

9.3.3 实训过程指导

本次实训的实训内容是根据给出的实训设备与图纸资料，组成铂热电阻温度测量系统，完成对温度的测量。测得在不同设定值下，被测值（被控参数）的变化过程，记录下测得的极限值数据和所用时间，获得温度控制系统的阶跃响应曲线和过渡过程参数。同时，完成调节仪的自整定功能。并按照要求完成实训报告。

1. 规划过程指导

（1）分组分工

根据本课程实训规则要求，完成人员分组，组内选举组长，并对组员进行分工，每位组员牢记自己的分工。

组长完成设备使用记录表和实训成绩记录表的填写，如果对上一班次的设备使用记录表有疑问，提出疑问。未提出疑问者，需要对上一班次的设备使用记录表认可。

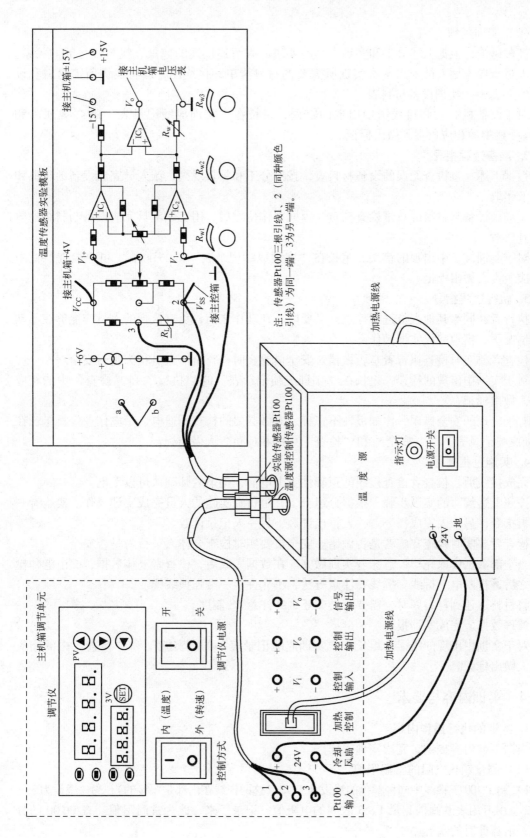

图9-17 铂热电阻温度测量系统连接图

注：传感器Pt100三根引线1、2（同种颜色引线）为同一端，3为另一端。

温度传感器实验模板

接主机箱±15V

接主机箱电压表

接主机箱+4V

接主控箱

主机箱调节单元

调节仪

调节仪电源

控制方式 内（温度） 外（转速）

开 关

Pt100 输入

24V 冷却 反扇

加热 控制

控制 输入

控制 输出

信号 输出

温度源控制传感器Pt100

实验传感器Pt100

温 度 源

指示灯 电源开关

加热电源线

24V + 地

215

（2）实训规划

经过讨论，根据上述分工和实训内容的要求，查清连接线的数量、线与线之间的关系。全组人员指导规划人员列出本次实训所需要的材料清单和接线图，即将实训所需材料和设备，填入表3-3实训设备材料表。

对于设备材料表和接线图中出现的错误，组长在"实训成绩记录表"的"规划"和"检查"栏中的相应负责人做出标记。

2. 准备过程指导

根据上述经过检查无误的设备材料表，按照分工和领料规则，派人员完成设备的领取和材料的领取。

现场做设备与材料的数量检查核对。返回工作位之后，用实训工具完成设备与材料的质量检查核对。

对于实训准备中出现的错误，组长在"实训成绩记录表"的"准备"和"检查"栏中的相应负责人做出标记。

3. 执行过程指导

执行者和同组其他人员进行检查。必要时，在动作之前，负责执行的人员应能够在不动手的情况下，模拟完成实训操作。

检查者要实时检查执行者是否做错。安全员要实时检查全体人员行为是否安全。

对于实训中出现的错误，组长在"实训成绩记录表"的"执行"和"检查"中的相应负责人做出标记。

对于出现的安全错误，比如极性不正确、未做必要的检查而通电、带电作业等，组长在"实训成绩记录表"的"安全"和"检查"中的相应负责人做出标记。

4. 实施过程指导

完成接线后，检查者检查接线的正确性。上电前，提请老师确认可以上电。

按照上述编写的实训步骤，根据分组分工，由负责实施的人员完成实训操作。实施者一人发出指令，另一人完成指令。一人报出读数，另一人记录读数。

检查者要实时检查实施者是否做错。安全员要实时检查全体人员行为是否安全。

当全部数据读取完毕，意味着实训做完。在数据完成后，检查者复核数据，交由老师检查。之后进行断电、拆线。拆线要注意方法，不允许从一端强拽线缆。

将材料返还到材料库时，需要分类归还，并注意5S制度。

整理数据，完成实训报告。

对于实训中出现的错误，组长在"实训成绩记录表"的"实施"和"检查"中的相应负责人做出标记。

9.3.4 实训内容与要求

1. 实训的执行操作内容

根据下列内容提纲，完成实训操作。

（1）测量铂热电阻的常温阻值

1）将Pt100三根线中同种颜色的线设为1、2（这两根线在内部是短接的），另一根设为3。

2）用万用表欧姆档测量1、3之间的电阻值，记录下来，此为常温阻值。查Pt100的分度表，估算此时的室温。

（2）放大器调零

1）用导线直接将放大器的两输入端 V_{1+}、V_{1-} 相连短接；将主机箱上的电压表量程（显示选择）切换开关打到 2 V 档。

2）检查无误后，合上主机箱电源开关，调节温度传感器实验模板中的增益电位器 R_{W2}，逆时针转到底，使放大器增益最小；

3）再调节调零电位器 R_{W3}，使主机箱的电压表显示为 0。关闭电源。

（3）接线

1）在主机箱总电源、调节仪电源都关闭的状态下，根据图 9-17 示意图接线。

2）温度传感器实验模板中接入传感器，这样传感器 R_t 与 R_3、R_1、R_{w1}、R_4 组成直流电桥，这是一种单臂电桥工作形式。

3）将主机箱上的转速调节旋钮（2~24 V）顺时针转到底，设为 DC 24 V 输出。

（4）整定控制参数

1）检查接线无误后，合上主机箱电源开关。

2）合上温度源电源开关和调节仪电源开关，将调节仪控制方式（控制对象）开关按到内（温度）位置。

3）按照 9.2.4 的步骤 3，完成控制参数自整定。建议温度设定值为 40℃。

（5）电压测量

1）按照 9.2.4 的步骤 2，改变温度源温度设定值。

2）在上述温度基础上，可按每步增加 5℃ 的温度改变温度源温度设定值，待温度源温度动态平衡时，读取主机箱电压表的显示值并填入表 9-8。

3）直至温度源温度达到 150℃ 为止。

（6）电阻测量

1）上述电压测量结束后，将温度传感器模板撤下，将万用表按照实训步骤（1）的方式将温度传感器与万用表欧姆档连接。

2）从 150℃ 开始，可按每步减少 5℃ 的温度改变温度源温度设定值，待温度源温度动态平衡时，读取万用表的阻值并填入表 9-8。直至温度源温度减少到 40℃ 为止。

表 9-8 铂电阻温度实验数据记录表

$t/℃$					……					
V/mv					……					
R/Ω					……					

2. 实训结果要求

实验结束，关闭所有电源。

1）根据上述设计的实训数据记录表记录的数据，绘制实训曲线（$t-V$ 曲线和 $t-\Omega$ 曲线）。

2）根据上述实训数据记录表绘制的实训曲线，利用最小二乘法，计算拟合直线方程。

3）计算实训曲线的拟合直线的系统灵敏度和非线性误差。

9.3.5 实训报告撰写要求

1. 实训报告内容要求

报告条目分为：实训目的、实训原理、实训仪器与设备、实训步骤、实训数据记录表、实训曲线、实训数据分析、实训小结、回答问题 9 部分。

需要叙述实训目的是否实现，实训原理是否理解，对实训仪器和设备有何认识，实训步骤设计撰写的内容，实训时测得的数据记录表，按照要求绘制的实训曲线，按照要求完成的实训数据分析，根据实训过程获得的知识与技能、体会、经验与教训等小结，并回答针对本实训出现的问题。

最终交付全部过程文件和结果文件。

2. 实训报告数据要求

（1）实训曲线绘制要求

根据上述设计的实训数据记录表记录的数据，绘制温度与输出电压之间的关系曲线（$t-V$ 曲线），以及温度与热电阻的电阻值之间的关系曲线（$t-\Omega$ 曲线）。

请注意：$t-V$ 曲线中的输出电压 V 值，是经过了转换电路处理后的测量值。$t-\Omega$ 曲线中的热电阻值 Ω 值，是未经转换电路处理的测量值。

（2）实训数据分析要求

1）根据上述实训数据记录表绘制的实训曲线（$t-V$ 曲线），利用最小二乘法，计算拟合直线方程。计算拟合直线的系统灵敏度和非线性误差。

2）根据上述实训数据记录表绘制的实训曲线（$t-\Omega$ 曲线），利用最小二乘法，计算拟合直线方程。并与电阻 R_t 与温度 t 的关系式 $R_t = R_0(1 + At + Bt^2)$ 比较，计算拟合直线的系统灵敏度和非线性误差。

上述数据必须有计算步骤与计算过程。

3. 回答实训的问题

1）$t-V$ 曲线中的输出电压 V 值，是经过了转换电路处理后的测量值。那么，这个放大电路的放大倍数有多大？你是如何获得的？

2）对照附录的 Pt100 铂热电阻分度表，与实验数据比较有什么不同？为什么？

3）实训曲线 $t-V$ 曲线和 $t-\Omega$ 曲线有什么不同？为什么？

4）总结一下本实训中学到的知识与技能，以及必须遵守的注意事项。

9.4 K 型热电偶冷端温度补偿实训

9.4.1 实训目的与意义

1. 知识目的

了解自动控制系统的组成，加深理解控制系统的位置控制及 PID 控制，熟悉控制系统的品质指标，熟悉控制系统的自整定方法。

掌握热电偶温度测量的基本原理，理解热电偶冷端补偿的原理，熟悉热电偶的直流电桥冷端补偿方法，掌握 K 型热电偶的应用。

2. 能力目的

掌握自动控制系统的组成方式，能用现有设备组成一个温度控制系统；掌握控制系统的控制方式，能解释温度控制系统的控制规律，能完成控制系统的参数自整定。

熟练掌握热电偶的冷端补偿原理，能应用直流电桥补偿法完成热电偶冷端补偿，能顺利地应用 K 型热电偶完成温度测量过程。

3. 技能目的

能够按照规则要求进行实训项目的规划、准备、执行、开车，并遵守行为规范、专业规范和安全规范。

能够按照教学要求完成实训项目的实训步骤规划、接线图与设备表准备、材料准备与接线、安装调试与数据测量，并最终完成实训报告的撰写。

9.4.2 实训原理与设备

1. 实训原理

热电偶冷端温度补偿器是用来自动补偿热电偶测量值因冷端温度变化而变化的一种装置。冷端温度补偿器实质上就是产生一个直流信号的毫伏发生器，当它串接在热电偶测量电路中测量时，就可以使读数得到自动补偿。冷端补偿器的直流信号应随冷端温度的变化而变化，并且要求补偿器在补偿的温度范围内，直流信号和冷端温度的关系应与配用的热电偶之热电特性一致，即不同分度号的热电偶配相应的冷端补偿器。

本实验为 K 分度热电偶，采用的冷端补偿器为 PN 结二极管补偿器，其原理图参见图 9-18。冷端补偿器外形为一个小方盒，有 4 个引线端子，4、3 接 +5V 专用电源，2、1 输出接经冷端温度补偿后的热电势信号；它的内部是一个不平衡电桥，通过调节 R_w 使桥路输出冷端温度为室温时的热电势值，利用二极管的 PN 结特性自动补偿冷端温度的变化。

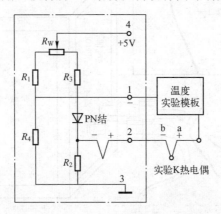

图 9-18　热电偶 PN 结二极管直流电桥补偿原理图

2. 实训设备与材料

实验台主机箱上调节单元：调节仪、继电器输出、加热输出、热电阻输入，直流电压表，专用直流电源 +5 V，计时器。

传感器及其模板：Pt100 温度传感器（温度源温度控制传感器），K 型热电偶温度传感器（温度测量实验传感器），温度传感器实验模板，冷端温度补偿器应变传感器实验模板。

动力源：温度源单元。

其他：连接线缆。自备万用表。

3. 实训图纸与资料

（1）实训图纸

实训用的 K 型热电偶冷端温度补偿系统连接图纸如图 9-19 所示。其他资料见学校实训设备生产厂商的随机资料。

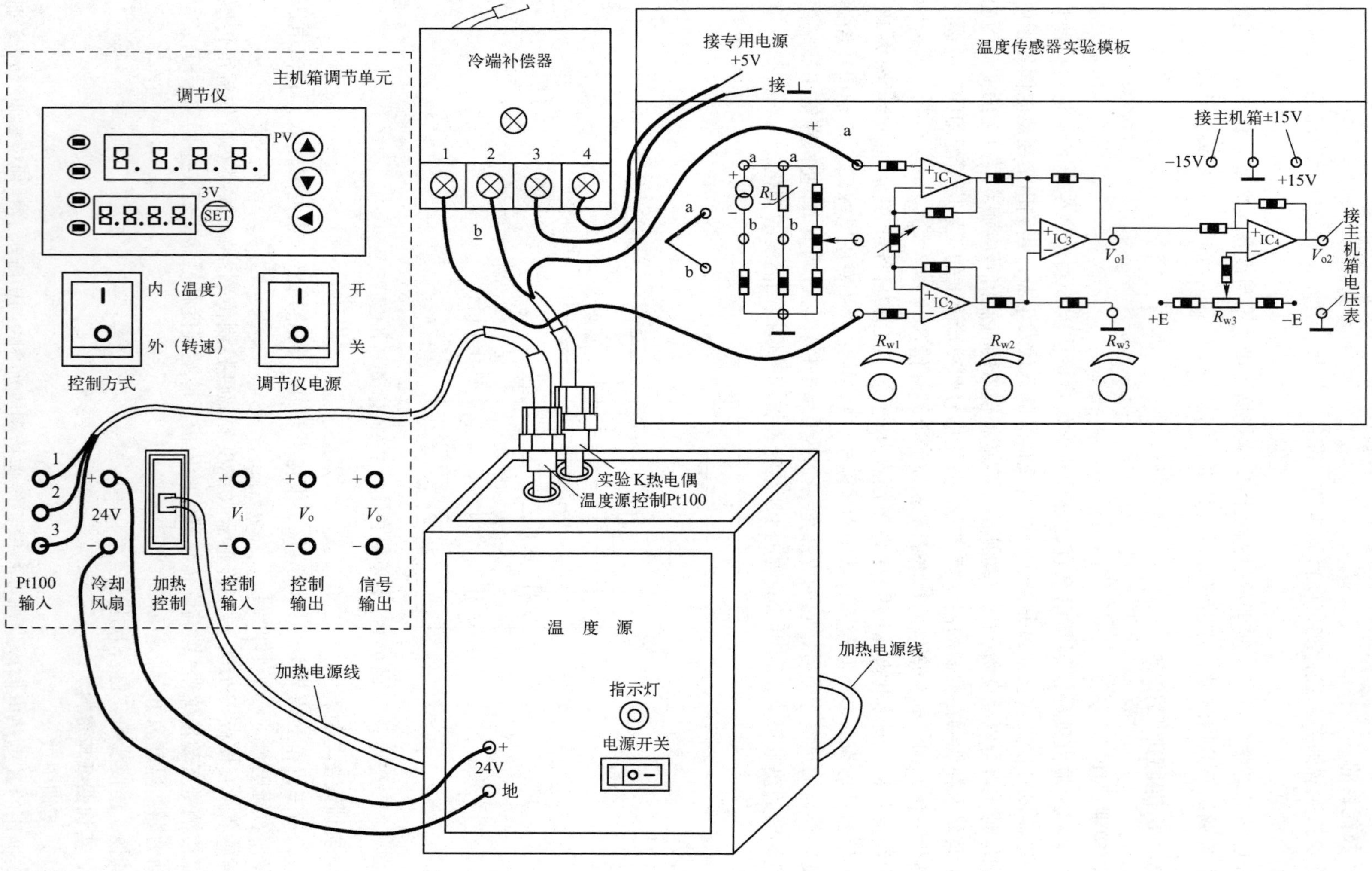

图9-19 K型热电偶温度冷端补偿系统连接图

（2）温度传感器实验模板简介

图 9-19 中的温度传感器实验模板是由三运放组成的差动放大电路、调零电路、ab 传感器符号、传感器信号转换电桥电路及放大器工作电源引入插孔构成。其中 R_{W2} 为放大器的增益电位器，R_{W3} 为放大器电平移动电位器；ab 传感器符号接热电偶（K 热电偶或 E 热电偶），双圈符号接 AD590 集成温度传感器，R_t 接热电阻（Pt100 铂热电阻或 Cu50 铜热电阻）。

9.4.3 实训过程指导

本次实训的实训内容是根据给出的实训设备与图纸资料，组成 K 型热电偶的温度测量系统，应用直流电桥补偿法的冷端补偿完成对温度的测量。测得在不同设定值下，被测值（被控参数）的变化过程，记录下测得的极限值数据和所用时间，获得温度控制系统的阶跃响应曲线和过渡过程参数。同时，完成调节仪的自整定功能。并按照要求完成实训报告。

1. 规划过程指导

（1）分组分工

根据本课程实训规则要求，完成人员分组，组内选举组长，并对组员进行分工，每位组员牢记自己的分工。

组长完成设备使用记录表和实训成绩记录表的填写，如果对上一班次的设备使用记录表有疑问，提出疑问。未提出疑问者，需要对上一班次的设备使用记录表认可。

（2）实训规划

经过讨论，根据上述分工和"9.4.4 实训内容的要求"，完善各步骤的接线图纸，并查清与每份图纸相对应的连接线的数量、线与线之间的关系。

全组人员指导规划人员列出本次实训所需要的材料清单和接线图，即将实训所需材料和设备，填入表 3-3 实训设备材料表。

对于设备材料表和接线图中出现的错误，组长在"实训成绩记录表"的"规划"和"检查"栏中的相应负责人做出标记。

2. 准备过程指导

根据上述经过检查无误的设备材料表，按照分工和领料规则，派人员完成设备的领取和材料的领取。

现场做设备与材料的数量检查核对。返回工作位之后，用实训工具完成设备与材料的质量检查核对。

对于实训准备中出现的错误，组长在"实训成绩记录表"的"准备"和"检查"栏中的相应负责人做出标记。

3. 执行过程指导

执行者和同组其他人员进行检查。必要时，在动作之前，负责执行的人员应能够在不动手的情况下，模拟完成实训操作。

检查者要实时检查执行者是否做错。安全员要实时检查全体人员行为是否安全。

对于实训中出现的错误，组长在"实训成绩记录表"的"执行"和"检查"中的相应负责人做出标记。

对于出现的安全错误，比如极性不正确、未做必要的检查而通电、带电作业等，组长在"实训成绩记录表"的"安全"和"检查"中的相应负责人做出标记。

4. 实施过程指导

完成接线后，检查者检查接线的正确性。上电前，提请老师确认可以上电。

按照上述编写的实训步骤，根据分组分工，由负责实施的人员完成实训操作。实施者一人发出指令，另一人完成指令。一人报出读数，另一人记录读数。

检查者要实时检查实施者是否做错。安全员要实时检查全体人员行为是否安全。

当全部数据读取完毕，意味着实训做完。在数据完成后，检查者复核数据，交由老师检查。之后进行断电、拆线。拆线要注意方法，不允许从一端强拽线缆。

将材料返还到材料库时，需要分类归还并注意 5S 制度。

整理数据，完成实训报告。

对于实训中出现的错误，组长在"实训成绩记录表"的"实施"和"检查"中的相应负责人做出标记。

9.4.4 实训内容与要求

1. 实训的执行操作内容

根据下列内容提纲，完成实训操作。

（1）放大器调零

1）用导线直接将放大器的两输入端 V_{1+}、V_{1-} 相连短接；将主机箱上的电压表量程（显示选择）切换开关打到 2 V 档。

2）检查无误后，合上主机箱电源开关，调节温度传感器实验模板中的增益电位器 R_{W2}，顺时针转到底，使放大器增益最大；

3）再调节调零电位器 R_{W3}，使主机箱的电压表显示为 0。关闭电源。

（2）整定控制参数

1）断开主机箱电源开关，按照图 9-27 接线，不接入 K 型热电偶，不接入冷端补偿器。并保持温度传感器实验模板上的增益电位器 R_{W2}、电平平移电位器 R_{W3} 不变。

2）将主机箱上的转速调节旋钮（2~24 V）顺时针转到底，使其输出为 24 V。

3）检查接线无误后，合上主机箱电源开关。

4）合上温度源电源开关和调节仪电源开关，将调节仪控制方式（控制对象）开关按到内（温度）位置。

5）按照 9.2.4 的步骤 3，完成控制参数自整定。建议温度设定值为 40℃。

（3）冷端温度测量与补偿

1）按照图 9-27 接线。接入 K 型热电偶。

2）将冷端补偿器的专用电源插头插到主机箱侧面的交流 220 V 插座上。

（4）温度测量

1）按照 9.2.4 的步骤 2，改变温度源温度设定值。

2）在室温的基础上，可按 $\Delta t = 5℃$ 的幅度设定温度源温度值，待温度源温度动态平衡时读取主机箱电压表的显示值并填入表 9-9。

3）直至温度源温度达到 150℃ 为止。

表 9-9　K 型热电偶冷端温度补偿实验数据记录表

$t/℃$					……				
V/mV					……				

2. 实训结果要求

实验结束，关闭所有电源。

1）根据上述设计的实训数据记录表记录的数据，绘制实训曲线（t-E 曲线）。

2）根据上述实训数据记录表绘制的实训曲线，利用最小二乘法，计算拟合直线方程。

3）计算实训曲线的拟合直线的系统灵敏度和非线性误差。

9.4.5　实训报告撰写要求

1. 实训报告内容要求

报告条目分为：实训目的、实训原理、实训仪器与设备、实训步骤、实训数据记录表、实训曲线、实训数据分析、实训小结、回答问题 9 部分。

需要叙述实训目的是否实现，实训原理是否理解，对实训仪器和设备有何认识，实训步骤设计撰写的内容，实训时测得的数据记录表，按照要求绘制的实训曲线，按照要求完成的实训数据分析，根据实训过程获得的知识与技能、体会、经验与教训等小结，并回答针对本实训出现的问题。

最终交付全部过程文件和结果文件。

2. 实训报告数据要求

（1）实训曲线绘制要求

1）根据上述实训数据记录表（t-V 表），计算出 K 型热电偶输出热电势测量换算表（t-E 表）。

请注意：实训数据记录表记的 V 值，是经过了放大电路处理后的测量值。应该将此 V 值除以放大倍数 K，获得相应的热电偶输出热电势 E 值。即：$E(T, T_0) = V/K$

2）根据上述 K 型热电偶输出热电势测量换算表（t-E 表）记录的数据，绘制温度与 K 型热电偶输出热电势之间的关系曲线（t-E 曲线）。

（2）实训数据分析要求

1）根据上述 K 型热电偶输出热电势测量曲线（t-E 曲线），利用最小二乘法，计算拟合直线方程。计算拟合直线的系统灵敏度和非线性误差。

2）根据上述 K 型热电偶输出热电势测量换算表，与 K 型热电偶的分度表相应数据比较，计算此 K 型热电偶的测量误差，并计算其测量精度。

要求必须有计算步骤与计算过程。

3. 回答实训的问题

1）实验数据记录表（t-V 表）和经过换算的 K 型热电偶输出热电势表（t-E 表）有什么不同？为什么？

2）上述 K 型热电偶输出热电势测量换算表，与 K 型热电偶的分度表相应数据比较，有什么不同？为什么？

3）如果不进行冷端温度测量与补偿环节行不行，为什么？

4）本实训与9.4的实训比较，有什么不同？一般实际应用时选择哪一种方法为好？

5）用什么方法获得上述放大倍数 K？

6）如果实训结果与理论值有很大误差，请分析一下原因。

7）总结一下本实训中学到的知识与技能，以及必须遵守的注意事项。

9.5 光电传感器的转速控制实训

9.5.1 实训目的与意义

1. 知识目的

了解自动控制系统的组成，加深理解控制系统的位置控制及 PID 控制，熟悉控制系统的品质指标，了解控制系统的自整定方法。

理解速度控制的基本原理，熟悉智能调节仪的使用，熟悉速度调节过程。

2. 能力目的

掌握自动控制系统的组成方式，能用现有设备组成一个速度控制系统；掌握控制系统的控制方式，能解释速度控制系统的控制规律，能完成控制系统的参数自整定。

熟练掌握智能调节仪的使用方法，掌握智能调节仪控制转速的方法，能顺利地完成速度调节过程。

3. 技能目的

能够按照规则要求进行实训项目的规划、准备、执行、开车，并遵守行为规范、专业规范和安全规范。

能够按照教学要求完成实训项目的实训步骤规划、接线图与设备表准备、材料准备与接线、安装调试与数据测量，并最终完成实训报告的撰写。

9.5.2 实训原理与设备

1. 实训原理

利用光电转速传感器检测到的转速频率信号，经 f/V 转换后作为转速的反馈信号，该反馈信号与智能调节仪的转速设定进行比较，然后进行数字 PID 运算。运算输出的控制信号调节电压驱动器，从而改变直流电动机电枢电压，使电动机的转速改变。

选择合适的 PID 参数，会使速度逐渐趋近设定转速。转速控制原理框图如图 9-20 所示。

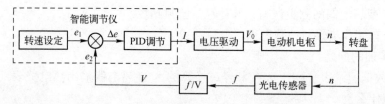

图 9-20 光电传感器转速控制系统图

2. 实训设备与材料

实验台主机箱上调节单元：调节仪，0 ~ 24 V 电源、+5 V 电源、频率转速表、计时器。

传感器及其模板：光电转速传感器。

动力源：转动源单元。

其他：连接线缆。

3. 实训图纸与资料

实训用的光电转速传感器与主机箱调节单元的有关连接图纸如图 9-21 所示。其他资料见学校实训设备生产厂商的随机资料。

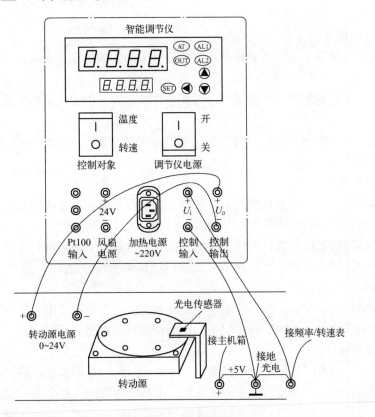

图 9-21　光电转速控制系统接线图

9.5.3　实训过程指导

本次实训的内容是根据给出的实训设备与图纸资料，组成热电阻温度控制系统，完成对温度控制系统特别是调节仪的参数设定。测得在不同设定值下，被测值（被控参数）的变化过程，记录下测得的极限值数据和所用时间，获得温度控制系统的阶跃响应曲线和过渡过程参数。同时，完成调节仪的自整定功能。并按照要求完成实训报告。

1. 规划过程指导

（1）分组分工

根据本课程实训规则要求，完成人员分组，组内选举组长并对组员进行分工，每位组员牢记自己的分工。

组长完成设备使用记录表和实训成绩记录表的填写，如果对上一班次的设备使用记录表有疑问，提出疑问。未提出疑问者，需要对上一班次的设备使用记录表认可。

（2）实训规划

经过讨论，根据上述分工和实训内容的要求，查清连接线的数量、线与线之间的关系。全组人员指导规划人员列出本次实训所需要的材料清单和接线图，即将实训所需材料和设备，填入表3-3实训设备材料表。

阅读"9.5.4实训内容与要求"，设计出实训用记录表。

对于设备材料表和接线图中出现的错误，组长在"实训成绩记录表"的"规划"和"检查"栏中的相应负责人做出标记。

2. 准备过程指导

根据上述经过检查无误的设备材料表，按照分工和领料规则，派人员完成设备的领取和材料的领取。

现场做设备与材料的数量检查核对。返回工作位之后，用实训工具完成设备与材料的质量检查核对。

对于实训准备中出现的错误，组长在"实训成绩记录表"的"准备"和"检查"栏中的相应负责人做出标记。

3. 执行过程指导

执行者和同组其他人员进行检查。必要时，在动作之前，负责执行的人员应能够在不动手的情况下，模拟完成实训操作。

检查者要实时检查执行者是否做错。安全员要实时检查全体人员行为是否安全。

对于实训中出现的错误，组长在"实训成绩记录表"的"执行"和"检查"中的相应负责人做出标记。

对于出现的安全错误，比如极性不正确、未做必要的检查而通电、带电作业等，组长在"实训成绩记录表"的"安全"和"检查"中的相应负责人做出标记。

4. 实施过程指导

完成接线后，检查者检查接线的正确性。上电前，提请老师确认可以上电。

按照上述编写的实训步骤，根据分组分工，由负责实施的人员完成实训操作。实施者一人发出指令，另一人完成指令。一人报出读数，另一人记录读数。

检查者要实时检查实施者是否做错。安全员要实时检查全体人员行为是否安全。

当全部数据读取完毕，意味着实训做完。在数据完成后，检查者复核数据，交由老师检查。之后进行断电、拆线。拆线要注意方法，不允许从一端强拽线缆。

将材料返还到材料库时，需要分类归还并注意5S制度。

整理数据，完成实训报告。

对于实训中出现的错误，组长在"实训成绩记录表"的"实施"和"检查"中的相应负责人做出标记。

9.5.4 实训内容与要求

1. 实训的操作步骤

根据下列内容提纲，完成实训操作。

1）选择智能调节仪的控制对象为转速，并按图9-21接线。开启实训台总电源，打开智能调节仪电源开关。调节2~24 V输出调节到最大位置。

2）按住 SET 键 3 s 以下，进入智能调节仪 A 菜单，仪表靠上的窗口显示"SV"，靠下窗口显示待设置的设定值。当 LOCK 等于 0 或 1 时使能，设置转速的设定值，按"◄"可改变小数点位置，按▼、▲键可修改靠下窗口的设定值（参考值 1500～2500）。否则提示"LCK"表示已加锁。再按 SET 键 3 s 以下，回到初始状态。

3）按住 SET 键 3 s 以上，进入智能调节仪 B 菜单，靠上窗口显示"dAH"，靠下窗口显示待设置的上限报警值。按"◄"可改变小数点位置，按▼、▲键可修改靠下窗口的上限报警值。上限报警时仪表右上"AL1"指示灯亮。（参考值 5000）。

4）继续按 SET 键 3 s 以下，靠上窗口显示"AUT"，靠下窗口显示待设置的自整定开关，控制转速时无效。

5）继续按 SET 键 3 s 以下，靠上窗口显示"P"，靠下窗口显示待设置的比例参数值，按"◄"可改变小数点位置，按▼、▲键可修改靠下窗口的比例参数值。

6）继续按 SET 键 3 s 以下，靠上窗口显示"I"，靠下窗口显示待设置的积分参数值，按"◄"可改变小数点位置，按▼、▲键可修改靠下窗口的积分参数值。

7）继续按 SET 键 3 s 以下，靠上窗口显示"LCK"，靠下窗口显示待设置的锁定开关，按▼、▲键可修改靠下窗口的锁定开关状态值，"0"允许 A、B 菜单，"1"只允许 A 菜单，"2"禁止所有菜单。继续按 SET 键 3 s 以下，回到初始状态。

8）经过一段时间（20 min 左右）后，转动源的转速可控制在设定值，控制精度 ±2%。

2. 实训的操作内容

按照本章的控制系统工程整定方法，选择任意一种方法，实现本系统的 P、I 参数的整定。

（1）稳定边界法

1）重复上述操作步骤 2，设置 SV = 1500；

2）重复上述操作步骤 5，控制器比例 P 设置为较大值（$P = 1$）；

3）重复上述操作步骤 6，控制器积分时间 I 设置为最大值（$I = \infty$），使控制系统投入运行。

4）记录每次 PV 值振荡达到的极限值，及其所用的时间，填入实训数据记录表 9-9 中。

5）系统运行稳定后，重复上述操作步骤 5，控制器比例 P 设置为增大（$P = 2$）；重复上述步骤 2，设置 SV 增加 100，为 SV = 1600；

6）记录每次 PV 值振荡达到的极限值，及其所用的时间，填入实训数据记录表 9-9 中。

7）比较 4）、6）的数据。如果出现等幅振荡，即临界振荡过程时，则此时的比例 P 为临界比例 P_k，两个波峰间的时间 T 为临界振荡周期 T_k。如果未出现等幅振荡，则重复 5）、6）步骤，直到出现等幅振荡。

8）利用临界比例 P_k 和临界振荡周期 T_k 值，按 $P = 0.4 P_k$ 和 $I = 0.85 T_k$，重新设置控制器整定参数 P、I 数值。

9）重复 1）~4）步骤。

（2）衰减曲线法

1）重复上述操作步骤 2，设置 SV = 1500；

2）重复上述操作步骤 5，控制器比例 P 设置为较大值（$P = 1$）；

3）重复上述操作步骤 6，控制器积分时间 I 设置为最大值（$I = \infty$），使控制系统投入运行。

4）记录每次 PV 值振荡达到的极限值，及其所用的时间，填入实训数据记录表 9-10 中。

5）系统运行稳定后，观察系统的衰减响应，即振荡过程的第一个波的振幅与第二个波的振幅之比 n。如果 n 大于 4，则增大控制器比例 P 为 2；如果 n 小于 4，则减小控制器比例 P 为 0.5；重复上述操作步骤 2，设置 SV 增加 100，为 SV=1600；

6）直到 $n=4$ 即达到 4:1 的衰减。则此时的比例 P 为衰减比例 P_s，两个波峰间的时间 T 为衰减周期 T_s。

7）利用衰减比例 P_s 和衰减周期 T_s 值，按 $P=0.8P_s$ 和 $I=0.5T_s$，重新设置控制器整定参数 P、I 数值。

8）重复 1）~4）步骤。

表 9-10　转速控制实训数据记录表

设定值	第一个波峰		第一个波峰		第一个波峰		第一个波峰	
SV	转速 N	时间 t	转速 N	时间 t	转速 N	时间 t	转速 N	时间 t
P								
I								

3. 实训结果要求

实验结束，关闭所有电源。

1）根据上述设计的实训数据记录表记录的数据，绘制实训曲线（N-t 曲线）。

2）根据上述实训数据记录表绘制的实训曲线，计算此温度控制系统的阶跃响应参数。

9.5.5　实训报告撰写要求

1. 实训报告内容要求

报告条目分为：实训目的、实训原理、实训仪器与设备、实训步骤、实训数据记录表、实训曲线、实训数据分析、实训小结、回答问题 9 部分。

需要叙述实训目的是否实现，实训原理是否理解，对实训仪器和设备有何认识，实训步骤设计撰写的内容，实训时测得的数据记录表，按照要求绘制的实训曲线，按照要求完成的实训数据分析，根据实训过程获得的知识与技能、体会、经验与教训等小结，并回答针对本实训出现的问题。

最终交付全部过程文件和结果文件。

2. 实训报告数据要求

（1）实训曲线绘制要求

根据实训数据记录表记录的转速 N 的振荡极限值和时间的数据，分别绘制出转速 N 与时间 t 的 N-t 特性曲线，此为转速控制系统的阶跃响应曲线。并在曲线图上标注 P、I 的值。

根据绘制的曲线，用文字描述阶跃响应特性，并说明这是何种形式的响应。与理想的阶跃响应特性有哪些区别，为什么。

（2）实训数据分析要求

根据实训曲线，分别计算经验控制参数值时和自整定控制参数值时的温度控制系统的阶跃响应参数：过渡时间 T_s，余差 C，最大偏差 A，超调量 B，衰减比 n，振荡周期 T，振荡频率 ω，振荡次数，上升时间。

要求必须有计算步骤与计算过程。

3. 回答实训的问题

1）控制参数 P 与本章第一节里所述的比例带 δ 是什么关系？

2）你选择的哪种工程整定方法？为什么？两种整定方法有什么不同？

3）根据自己的理解，描述 P、I 参数对转速控制效果的影响。

4）画出转速控制原理框图。

5）总结一下本实训中学到的知识与技能，以及必须遵守的注意事项。

参 考 文 献

[1] 董春利. 传感器与检测技术［M］. 2 版. 北京：机械工业出版社，2016.

[2] 梁森，等. 自动检测与转换技术［M］. 3 版. 北京：机械工业出版社，2013.

[3] 赵玉刚，邱东. 传感器基础［M］. 北京：北京大学出版社，2006.

[4] 美崎荣一郎. 别告诉我你会记笔记［M］. 糜玲，译. 北京：中信出版社，2011.

[5] 博赞. 思维导图［M］. 叶刚译. 北京：中信出版社，2011.

[6] 孙玉叶，夏登友. 危险化学品事故应急救援与处理［M］. 北京：化学工业出版社，2014.

[7] 黄林军. 职业健康与安全管理体系理论与实践［M］. 广州：暨南大学出版社，2013.

[8] 董春利. 国内外危险区域划分及仪表电气防爆概述［J］. 炼油化工自动化. 1994（4）.

[9] 陈旭东，孔庆玲. 现代企业车间管理［M］. 北京：清华大学出版社，2013.

[10] 戚安邦、张边营. 项目管理概论［M］. 北京：清华大学出版社，2008.

[11] 徐云升，黎瑞珍，张铁涛. 实验数据处理与科技绘图［M］. 广州：华南理工大学出版社，2010.

[12] 董春利. 论电气控制设备与系统产品样本与技术资料的编写［J］. 电气制造. 2010（4）.

[13] 卡耐基. 卡耐基演讲与口才［M］. 刘祜，译. 北京：中国城市出版社，2006.

[14] 黄玲. 毕业论文写作与答辩［M］. 成都：四川大学出版社，2007.

[15] 达伦·布里奇，戴维·路易斯. 解决问题最简单的方法［M］. 秦彦杰，译. 北京：新世界出版社，2012.

[16] 俞金寿. 过程控制系统［M］. 北京：机械工业出版社，2013.

[17] 乐嘉谦. 化工仪表维修工［M］. 北京：化学工业出版社，2005.

[18] 乐嘉谦. 仪表工手册［M］. 2 版. 北京：化学工业出版社，2003.

[19] 刘元杨. 自动检测和过程控制［M］. 北京：冶金工业出版社，2005.